U0063019

普通高等教育高职高专**园林景观类**『十二五』规划教材

计算机辅助园林设计

——AutoCAD+3dsMax+Photoshop

主　编　张晓红　李　燕

副主编　胡继光　刘　涛　于化强　陈锦忠　石向征

内 容 提 要

《计算机辅助园林设计》是园林专业实践性很强的课程，包括课堂讲授和上机实习两个主要环节，这两个环节相辅相承、密不可分，本教材正是以培养学生的实际操作能力和创新能力为核心目标，根据该专业课程的特点而编写。教材共分四个模块，共22个项目，模块一系统讲述了AutoCAD软件在园林设计中的应用；模块二结合实例讲述利用3ds Max软件制作园林效果图；模块三结合实例讲述利用Photoshop软件绘制园林设计平面效果图；模块四则是综合利用上述三个软件共同完成园林景观效果图制作。本教材的编写凝聚了多所院校园林和计算机专业教师的智慧和经验，按照项目编写，易教好学，非常适合学校当做教材使用。

本教材可供园林设计、景观设计等专业师生使用，也可作为相关专业培训用书。

图书在版编目（CIP）数据

计算机辅助园林设计 : AutoCAD+3dsMax+Photoshop / 张晓红，李燕主编. -- 北京 : 中国水利水电出版社，2014.2

普通高等教育高职高专园林景观类“十二五”规划教材

ISBN 978-7-5170-1450-8

Ⅰ. ①计… Ⅱ. ①张… ②李… Ⅲ. ①园林设计－计算机辅助设计－应用软件－高等职业教育－教材 Ⅳ. ①TU986.2-39

中国版本图书馆CIP数据核字(2014)第029703号

书 名	普通高等教育高职高专园林景观类“十二五”规划教材 **计算机辅助园林设计——AutoCAD＋3dsMax＋Photoshop**
作 者	主 编 张晓红 李 燕 副主编 胡继光 刘 涛 于化强 陈锦忠 石向征
出版发行	中国水利水电出版社 （北京市海淀区玉渊潭南路1号D座 100038） 网址：www.waterpub.com.cn E-mail：sales@waterpub.com.cn 电话：（010）68367658（发行部）
经 售	北京科水图书销售中心（零售） 电话：（010）88383994、63202643、68545874 全国各地新华书店和相关出版物销售网点
排 版	北京时代澄宇科技有限公司
印 刷	北京嘉恒彩色印刷有限责任公司
规 格	210mm×285mm 16开本 14.5印张 357千字
版 次	2014年2月第1版 2014年2月第1次印刷
印 数	0001—3000册
定 价	**42.00**元

前言

改革开放以来，中国经济社会迅猛发展，社会对技能型人才特别是对高技能人才的需求在不断增加。随着中国经济社会的快速发展，高职高专教育以服务为宗旨，以就业为导向，以“产、学、研”结合的道路为教学模式，进入了快速、健康的发展阶段。同时各类企业对高技能型人才的需求量也在加大，并对高技能型人才提出了更具体的要求，强调以核心职业技能培养为中心。

本教材是根据教育部《关于加强高职高专教育教材建设的若干意见》的有关精神，依据培养高技能型园林人才的具体要求进行编写的。本教材按学会基础知识、完善专业素养、培养岗位基本技能为原则，重点在进行操作技能和案例实战的教学实训实习，并以项目式案例教学为教学模式，以园林案例为载体进行情景式教学，旨在使学生掌握更多的实用知识和技能。本教材反映了最新的计算机辅助园林设计成果，打破了传统教学模式的章节编写，引入了适应高职改革的项目教学教材，是园林计算机辅助设计类教材的一次重大突破。

计算机辅助园林设计课程是园林专业的专业主干课程，是园林专业学生必备的核心能力之一。整合“计算机辅助园林设计”类课程开设，增加授课时数；增强课程的岗位针对性，提高学生使用计算机进行园林规划设计与制图的能力，是园林专业课程体系改革的必然趋势。具备熟练的计算机设计与制图技能，已成为园林设计人员从业的基本条件。

全书分四个模块，共22个项目。由张晓红任第一主编，李燕担任第二主编；胡继光、刘涛、于化强、陈锦忠、石向征任副主编。具体编写分工如下。

张晓红（甘肃林业职业技术学院）编写绪论、模块一项目一、项目三和模块三项目三，并负责全书的统稿。

李燕（河南建筑职业技术学院）编写模块一项目五至项目八。

胡继光（河南职业技术学院）编写模块二项目二至项目四，以及项目六。

刘涛（黑龙江农垦科技职业学院）编写模块四项目二至项目五。

于化强（黑龙江农垦科技职业学院）编写模块三项目一和项目二。

陈锦忠（甘肃林业职业技术学院）编写模块二项目一、项目五，以及模块四项目一。

石向征（甘肃林业职业技术学院）编写模块一项目二和项目四。

本教材的编写，凝聚了以上各位高职高专院校园林和计算机专业教师的智慧与经验。在编写中还广泛参阅引用了许多专家、学者的著作、论文和教材，在此一并致以诚挚的感谢。

由于时间仓促，加之编写水平有限，书中难免有不当和错误之处，恳请园林界同仁批评指正。

编 者

2013年10月

目录

绪论

一、计算机辅助设计现状

随着计算机硬件技术飞速发展和计算机辅助设计软件功能的不断完善，使计算机在广告制作、影视制作、建筑设计、室内设计、服装设计、电子和机械设计及城市规划等领域广泛应用，并取得了很好的实践效果。计算机辅助设计以精度高、效率高，设计资料交流、存储、修改方便，效果精美、逼真，可实现网络协同工作等强大优势，迅速取代绘图笔和画板。经过20世纪90年代的信息革命，计算机辅助设计是加快了设计速度、提高了设计质量的现代设计方法，是工程技术人员进行创造性设计的重要手段。

计算机辅助设计CAD（Computer Aided Design），是指利用计算机的计算功能和高效的图形处理能力，对产品进行辅助设计分析、修改和优化。它综合了计算机知识和工程设计知识的成果，并且随着计算机硬件性能和软件功能的不断提高而逐渐完善。目前在计算机辅助设计领域，已涌现出数以千计的软件。AutoCAD是美国Autodesk公司开发的计算机辅助绘图设计软件包。它作为一个通用平面设计软件，以其精确、易于掌握的特点，成为个人计算机CAD系统中的主流图形设计软件。计算机辅助园林设计（Computer Aided Landscape Architecture Design）中的应用也取得了发展，但却显得相对迟缓。尽管在实践中园林设计行业内普及和应用技术的范围很大，但是一些客观、主观的原因，使得计算机辅助园林设计实际上发展缓慢。

在工程和产品设计中，计算机可以帮助设计人员担负计算、信息存储和制图等项工作。在设计中通常要用计算机对不同方案进行大量的计算、分析和比较，以决定最优方案；各种设计信息，不论是数字的、文字的或图形的，都能存放在计算机的内存或外存里，并能快速地检索；设计人员通常用草图开始设计，将草图变为工作图的繁重工作可以交给计算机完成；由计算机自动产生的设计结果，可以快速作出图形显示出来，使设计人员及时对设计作出判断和修改；利用计算机可以进行与图形的编辑、放大、缩小、平移和旋转等有关的图形数据加工工作。CAD能够减轻设计人员的劳动，缩短设计周期和提高设计质量。

二、计算机辅助园林设计特点

计算机辅助园林设计可以说在中国的应用起步较晚，能够用于场地分析、规划、设计的专业软件相对较少，目前大部分园林工作者利用计算机进行的工作主要是辅助绘图（Computer Aided Drafting），而辅助园林设计却相对更少，造成这种状况的主要原因如下所述。

（1）园林艺术学科的复杂性决定了其发展有一定的难度。园林艺术是一门时间与空间的艺术，除了要表现园林设计中的空间实体，如植物、建筑、山石、水体，更重要的是在园林规划设计中设想阶段的动态概念，这是一个虚体，例如景观的时间上的变换就比较难表达。在园林规划设计中只有做到实体、虚体的完美结合，才能完整地表达规划设计者的设计思想，才是一个完整的规划设计，这是园林规划设计表现的特点所决定的。正因为园林设计是一门综合性的交叉学科，涉及领域广泛，对象复杂多变，信息量极大，要完全依赖计算机技术还有较多的实际困难，特别是对于园林设计中的计算机模拟技术。建筑业和装潢业的三维模拟技术已较为成熟，相应的软件开发也较为完善，专门配套的图库、插件等很多，而对于园林设计来说，它所要表现的主体是建筑和装潢等行业作为陪衬的配景，如山水、亭台楼阁、花草树木、园林小品等，其中山石、植物又是园林三维模拟的重点和难点，这方面的专业图库及三维制作插件相对制作难度较大，所以现在很少见到。

（2）没有一个权威、功能齐全的适合中国园林工作者使用的计算机辅助园林设计软件。这种状况使得园林工作者只能应用各种变通的方法来进行一些辅助园林设计的旺作，这也是现在进行计算机辅助园林设计的主流，但这要求使用者掌握大量的计算机硬件和软件使用知识。尽管国内已经有一些先行者，开发了一些辅助园林设计的软件，但其功能模块相对较单一，实际应用效果并不尽如人意。

由于园林绘图所涉及的各种元素异常丰富、所绘制的地形复杂多变、信息量极大，对软件性能要求高而用户少，故在国内一直没有广泛应用的园林绘图专业主流软件。目前，常用于绘制园林图的软件，可大致分平面图绘制软件和表现图绘制软件两大类，平面绘制软件就是指 AutoCAD 和 Photoshop 等，而表现绘制软件主要是指 3dsMax。

三、计算机辅助设计在园林设计中的应用

在绘制园林图中，AutoCAD 主要用于绘制各类平面图、园林小品三维图和效果表现图的建模，不仅方便快捷，而且便于与其他专业的规划设计工作接轨，实现一定的资源共享。尤其对一些需多个单位参与配套设计的建设项目，更可大幅度地提高工作效率，在底图数据共享、设计交叉调整、设计修改变更、图纸成果输出等方面也提高了效率。

在二维渲染图里面，AutoCAD 发挥着相当重要的作用，因为它所绘制的二维建筑线框图是进行二维渲染的基础。利用 AutoCAD 自身强大的绘图功能，可以准确地将设计师的设计意图表现出来，为二维渲染的精确程度作出有力的保障。AutoCAD 绘制出的平面图是进行二维渲染的基础；在三维建模中，利用 3dsMax 软件的直观性、交互性和及时模拟的准确性完成建模过程，为了客户的需要和方案需求，为方案制作配套的效果图；渲染阶段和后期处理阶段，常用软件是 Photoshop，Photoshop 是 Adobe 公司开发的一种功能强大的平面图像处理软件，其最初是为照片的后期处理开发的，现在已广泛用于各种效果图的绘制渲染。当前使用广泛的 Photoshop 不仅能对图片进行各种格式的转换和各种色彩处理，还具有各种绘图工具和滤镜，并具有强大的图层处理功能，处理出的效果图效果直观、迅速、逼真。

园林计算机辅助设计分为平面绘图篇、三维绘图篇、后期处理篇三部分，详细介绍了 AutoCAD、3dsMax、Photoshop 等常用制图设计软件的基本知识与实际应用技巧及软件间的文件传递方法。课程突出了计算机辅助设计技术和园林设计的有机结合，以培养能力为目的，以必需、够用为度，对于各软

件只取其对园林制图有用的部分，希望通过简单实例的制作，让学生能在较短时间内了解和掌握进行园林计算机辅助设计的工作程序，毕业后能够从事园林设计工作和绘图工作。

计算机辅助设计已经成为许多设计工作者的主要工作方式。绘图是园林设计者的必备技能，故而计算机辅助设计是园林及相关专业学生的重要的必修课程。它帮助园林工作者利用计算机辅助进行园林设计与分析工作，达到理想的目的和取得创新的成果。

四、建立计算机辅助园林设计软硬平台

建立一个符合教学研一体化的计算机辅助园林设计，既可以很好的完成教学任务，又有利教师的身体健康，还可以高质量的完成项目。下面以一个较高端的计算机辅助园林设计室的建立要求，说明计算机辅助园林设计室建立的软硬件配置。

1. 硬件平台

（1）CPU。建议选择多核心的 CPU 对渲染速度提高极大，尽量用双核甚至四核芯的 CPU，内存 2GB 以上，选酷睿 i7 或者 AMD 的羿龙 II X6、X4 系列 CPU，使 CPU 的稳定性及多任务并行处理能力更强，CPU 的寿命更长。

（2）主板。主板又称为主机板（mainboard）、系统板（systembourd）或母板（motherboard）；它安装在机箱内，是微机最基本的也是最重要的部件之一。在选择时尽可能选择大厂家品牌产品，如华硕、技嘉等。

（3）内存。内存是与 CPU 进行沟通的桥梁。计算机中所有程序的运行都是在内存中进行的，因此内存的性能对计算机的影响非常大。内存（Memory）也被称为内存储器，其作用是用于暂时存放 CPU 中的运算数据，以及与硬盘等外部存储器交换的数据。只要计算机在运行中，CPU 就会把需要运算的数据调到内存中进行运算，当运算完成后 CPU 再将结果传送出来，内存的运行也决定了计算机的稳定运行。内存是由内存芯片、电路板、金手指等部分组成的。推荐选择 2G 以上。

（4）显卡。显卡又称为视频卡、视频适配器、图形卡、图形适配器或显示适配器等。它是主机与显示器之间连接的“桥梁”，作用是控制电脑的图形输出，负责将 CPU 送来的影象数据处理成显示器认识的格式，再送到显示器形成图象，是实现数/模转换的。选择独显，最好是 A 卡。

（5）硬盘。硬盘是一种主要的电脑存储媒介，硬盘就是用来储存平时安装的软件、素材、文件、音乐等的一个数据容器。在一台电脑中，硬盘的作用仅次于 CPU 和内存。他的主要功能是存储操作系统、程序以及数据。随着 IT 产业不断发展，电脑硬盘的体积和容量升级换代的速度都相当的快。由于电脑配件更新速度的提高，硬盘的品牌也越来越多，如华硕、希捷等硬盘是比较好的品牌。

（6）显示器。显示器是重要的电脑输出设备。例如把图形图像、文字、数据等各种信息展示出来，一台好的显示器，除了底子要好以外，还要“能屈能伸”地适应使用环境，就是可供调节的项目和范围要宽。选择专业显示器，CRT 显示器，最好选择卓艺 22 英寸显示器。

（7）键盘鼠标。电脑键盘是把文字信息的控制信息输入电脑的通道，从英文打字机键盘演变而来的，当它最早出现在电脑上的时候，是以一种叫做“电传打字机”的部件的形象出现的。鼠标是计算机输入设备的简称，分有线和无线两种。也是计算机显示系统纵横坐标定位的指示器，因形似老鼠而

得名“鼠标”（港台作滑鼠）。鼠标的使用是为了使计算机的操作更加简便，来代替键盘那繁琐的指令；制图的鼠标不能忽视，要求手感好、灵活、不费力，因为在制图中鼠标键盘是非常重要的绘图外部设备，最好选择微软，罗技品牌。

（8）外设主要设备。

1）扫描仪。扫描仪就是将各种图案转化成电子文档格式的一种设备。一般的扫描仪可以扫描纸张上的图案，特殊的还可以扫描胶片。扫描仪还分平板式和滚筒式。平板的扫描质量较好，但是机器体积大（一般以 A4 居多，A3 以上的就相当贵）。滚筒式的扫描质量略差，但是可以扫描很长的图案。常见的平板扫描仪就是把实物文档或图片（CIS 传感器的）转换成电脑能使用的数字图像格式。一般的建议选择光学分辨率 1200dpi * 2400dpi 以上级别，色彩位数 36bit 以上的 A4 幅面彩色扫描仪。A4 幅面的扫描仪最大可扫比 A4 稍微大点的纸，小于该尺寸的可任意扫描。

2）数字化仪。数字化仪是将图像（胶片或像片）和图形（包括各种地图）的连续模拟量转换为离散的数字量的装置，是在专业应用领域中一种用途非常广泛的图形输入设备。它能将各种图形，根据坐标值，准确地输入电脑，并能通过屏幕显示出来。再说得简单通俗一些，数字化仪就是一块超大面积的手写板，用户可以通过用专门的电磁感应压感笔或光笔在上面写或者画图形，并传输给计算机系统。

3）外置硬盘。目前以 USB 接口的硬盘使用最为普遍，USB 口的移动体积小，使用方便，支持热拔插，具有良好的抗震、防磁场性能，是移动存储设备的首选。

4）UPS 电源。可以在短时间内，提供持续供电，使计算机安全度过无电期，或者可以使你能够有足够时间来保存文件盒退出系统。

5）局域网环境。它是将多台计算机、外围设备、数据库等互相连接起来组成的计算机通信网，主要特点是地理覆盖范围小、传输速率高；组网方便，使用灵活。工程量庞大的项目以分工合作的形式进行，局域网能发挥其巨大的优势，还可以资源共享，文件集中管理，进行网络通信。

综上所述，园林设计工作者在配置计算机时，主机系统在经济容许范围内配置尽量高一些，特别是内存一定要大一些，另外显卡是决定屏幕彩色质量的关键，也会影响图像处理速度，尽量使用专业显卡。

2. 软件平台

建立一个稳定可靠的软件平台，尽量考虑以下几点。

（1）操作系统。主流操作系统有 Windows 系列操作系统、Unix 类操作系统、Linux 类操作系统、Mac 操作系统。Windows 可以在 32 位和 64 位的 Intel 和 AMD 的处理器上运行，一般来说 Windows XP 和 Windows Vista 是最佳选择。

（2）文件系统选择。安装操作系统和软件之前，首先需要对硬盘进行分区和格式化，然后才能使用硬盘保存各种信息。可以快速格式化 FAT12、FAT16、FAT32、NTFS 分区。格式化时可设定簇大小、支持 NTFS 文件系统的压缩属性。

（3）磁盘分区规划。对硬盘进行分割，分割成的一块一块的硬盘区域就是磁盘分区。新安装的硬盘不能直接使用，在传统的磁盘管理中，将一个硬盘分为两大类分区：主分区和扩展分区。主分区是能够安装操作系统，能够进行计算机启动的分区，这样的分区可以直接格式化，然后安装系统，直接存放文件，扩展分区可以划分为2~3个分区，磁盘分区后，必须经过格式化才能够正式使用，格式化后常见的磁盘格式有：FAT（FAT16）、FAT32、NTFS、ext2、ext3等。

（4）软件系统。

1）AutoCAD是世界上使用最广泛的计算机绘图和设计软件，在工程和园林设计中，计算机可以帮助设计人员担负计算、信息存储和制图等工作。在设计中通常要用计算机对不同方案进行大量的计算、分析和比较，以决定最优方案；各种设计信息，不论是数字的、文字的或图形的，都能存放在计算机的内存或外存里，并能快速地检索；设计人员通常用草图开始设计，将草图变为工作图的繁重工作可以交给计算机完成。CAD能够减轻设计人员的劳动，缩短设计周期和提高设计质量。

2）Photosho是一款平面设计软件，集图文设计、图像处理、照片合成于一体的位图处理软件。在工作中经常使用该软件制作传单广告、写真广告、报纸广告、影楼后期制作、合成照片等。在园林设计中多用于效果图后期处理以及彩色平面图的制作。

3）3D Studio Max，常简称为3dsMax或MAX，是Discreet公司开发的（后被Autodesk公司合并）基于PC系统的三维动画渲染和制作软件。在园林设计中最多应用的是其建模功能，通过与AutoCAD、Photoshop结合应用，完成园林效果图的制作。

五、计算机辅助设计在园林设计中的发展与展望

计算机辅助设计技术应用于园林景观设计也有较长一段时间，计算机辅助园林设计能够用于场地分析、规划、设计的专业软件相对较少，没有一个权威、功能齐全的适合中国园林工作者使用的计算机辅助园林设计软件。越来越多的园林设计师已经将计算机作为辅助设计的工具，计算机辅助设计已成为一种方便、快速的手段。园林效果图制作近年来发展十分迅速，并取得了很好的实践效果，在园林设计过程中起到了不可替代的作用。国外的专业辅助园林设计软件，由于语言、规范、使用习惯、价格等因素，事实上中国用户较少，只在一些相对有实力的单位或公司在使用。针对这种状况，园林工作者采用了各种变通的方法进行一些辅助园林设计的工作，这也是现在进行计算机辅助园林设计的主流。

另外，中国的园林业发展状况决定了现阶段只是一个初级阶段。国内从事计算机辅助园林设计的软件开发人员很少，尤其是园林专业人员。现在迫切需要有关部门来组织专业的园林设计人员和软件开发人员一起开发模块齐全、符合中国人习惯和规范的辅助园林设计软件。

令人感到高兴的是，已经有一些计算机辅助园林设计软件面世。美国Eagle Point Soft，ware公司的LANDCADD简体中文版，就是一个较好的专业软件，功能模块齐全，但因设计方式、设计规范、软件价格等原因，现在还没有能够在中国园林界被广泛应用。

模块一

AutoCAD 在园林设计中的应用

近年来，随着经济社会的不断发展，人们生活水平的不断提高，计算机技术的不断广泛应用，针对园林景观设计采用现代高科技术，已经成为辅助园林产业蓬勃发展的新趋势。因此，从 CAD 平面图的绘制到创建 3dsMax 模型，再到对效果图的 Photoshop 处理，已经成为园林设计者们表现设计意图以及施工依据的最佳表现形式。AutoCAD 已广泛应用于各设计领域，如建筑、结构、室内装修、水电设计、城市规划等，在园林规划设计中虽然总平面图的地形复杂多变，花草树木多为曲线，而园林建筑和建筑小品面积小，体形复杂，立面变化丰富，但园林设计者们还是尝试用 CAD 工具进行辅助设计，特别在园林规划方案设计阶段，图纸的改动工作量特大的情况下，计算机辅助设计起到了举足轻重的作用。CAD 绘图时，一项重要的工作就是资料的积累和保存，这对提高绘图速度是至关重要的。每做一项工程设计就应将其中有用的图样制作成块，存入图库，当有类似的需要时，通过调用可大大减少工作量，提高效率。

CAD 技术的应用，提高了绘图效率，最重要的是要提高计算机操作能力，并且修改特别方便。本模块中将以常见的园林案例为载体，进行项目式教学安排，提供园林常见案例，总共有 8 个项目。

项目一

AutoCAD基本知识及基本图形的绘制

任务一　AutoCAD 基本知识

任务目标

认识 CAD 软件，了解 CAD 界面，熟悉 CAD 软件在园林行业的应用现状。

任务解析

通过 CAD 基本常知识的学习，能够对 CAD 软件有初步的了解，了解 CAD 技术在园林的应用。

一、AutoCAD 的安装与启动

1. AutoCAD 的安装

安装 AutoCAD 前关闭所有正在运行的应用程序及防病毒软件，以 AutoCAD 2009 为例安装步骤如下。

（1）将 AutoCAD 2009 安装光盘插人计算机光驱，系统自动弹出 AutoCAD 2009 安装对话框。

（2）启动安装程序，使用安装向导（见图 1. 1. 1），利用提示进行安装。

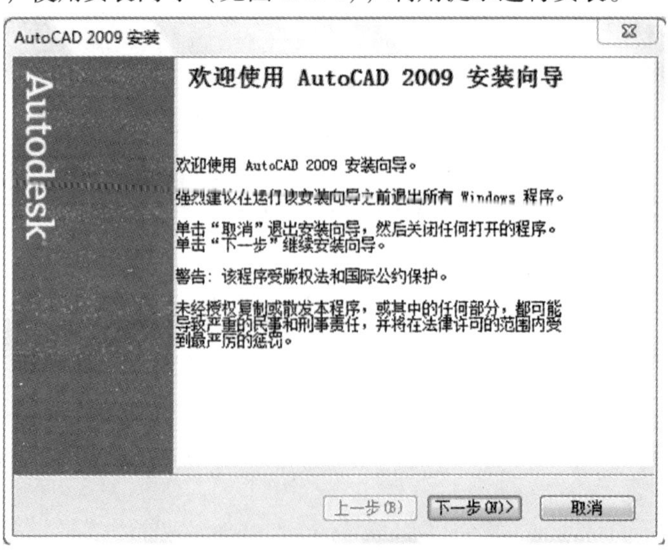

图 1. 1. 1　安装向导

（3）单击“下一步”按钮，打开【软件许可协议】窗口，在【国家和地区】下拉列表中选择[China]，点选【我接受】（见图1.1.2）。

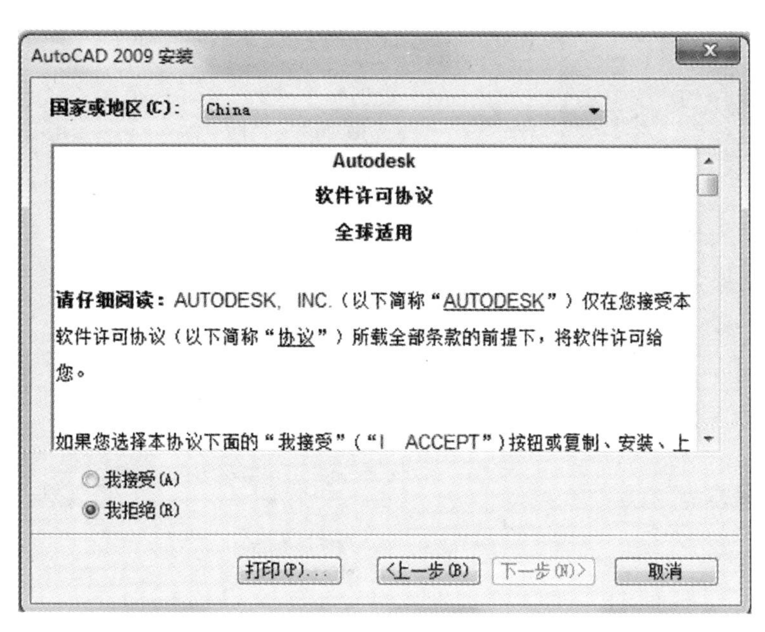

图1.1.2 接受协议

（4）单击“下一步”按钮，打开【序列号】对话框，在【软件许可协议】序列号文本窗口中将安装光盘盒上提供的安装序列号输入。单击“下一步”按钮，选择安装类型（见图1.1.3）。

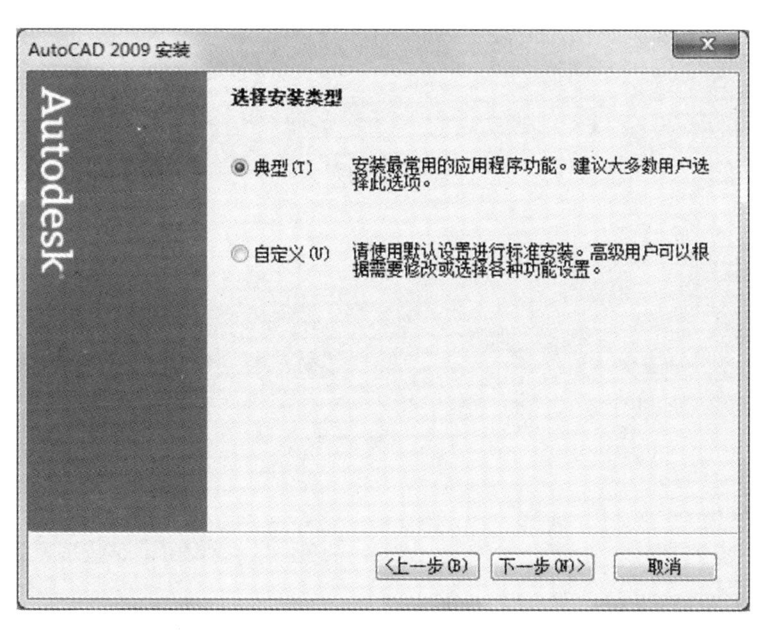

图1.1.3 选择安装类型

（5）单击“下一步”按钮，在【用户信息】对话框中输入详细信息（见图1.1.4）。按照安装提示继续安装。

（6）在【目标文件夹】对话框中，可见当前安装的路径。如果自己选择安装目录，可单击右侧“浏览”按钮（见图1.1.5）。

（7）单击“下一步”按钮，打开【选择文字编辑器】，勾选【在桌面上显示快捷方式】复选框

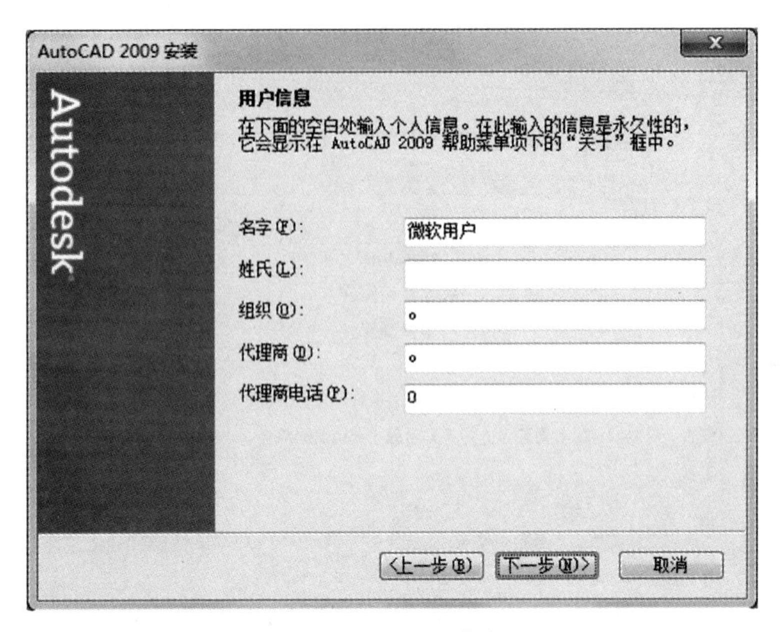

图 1.1.4　输入用户信息

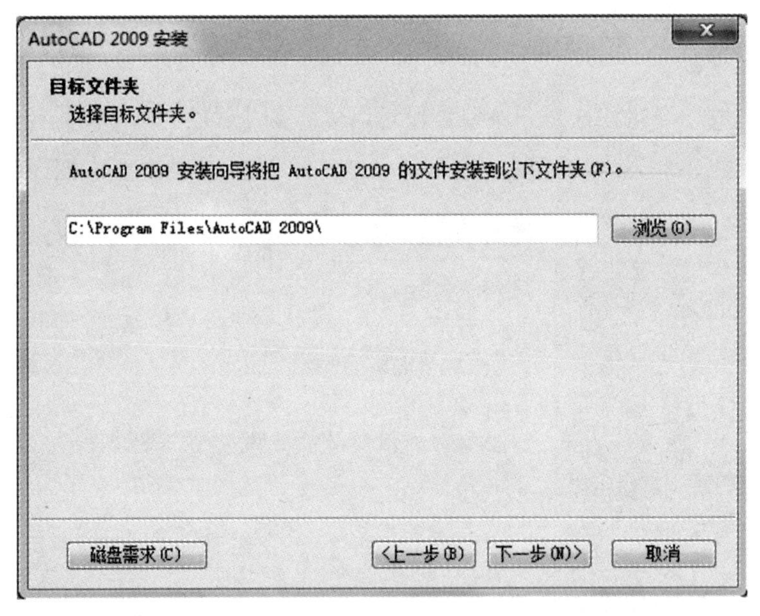

图 1.1.5　选择目标文件夹

（见图 1.1.6 和图 1.1.7）。

（8）单击“下一步”按钮，系统开始安装，安装完成后自动弹出【安装成功】对话框，单击“完成”按钮，完成 AutoCAD 的安装（见图 1.1.8）。

2. AutoCAD 的启动与退出

（1）AutoCAD 的启动方法有 3 种。

1）双击桌面上的快捷方式。

2）右击桌面上的快捷方式，在弹出的菜单中选择【打开】菜单项。

3）单击 开始 按钮，在弹出的菜单中选择【开始】|【所有程序】|【Autodesk】|［AutoCAD2009］菜单项。

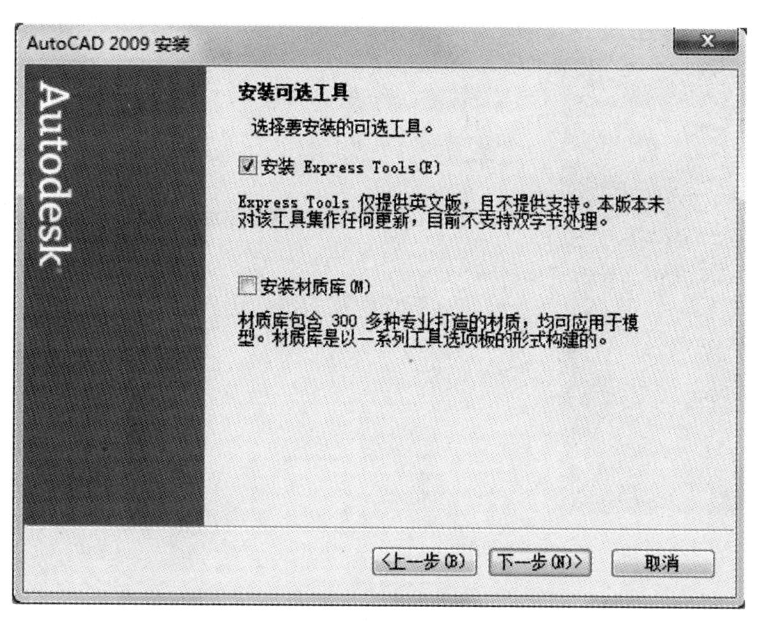

图 1.1.6 安装可选工具

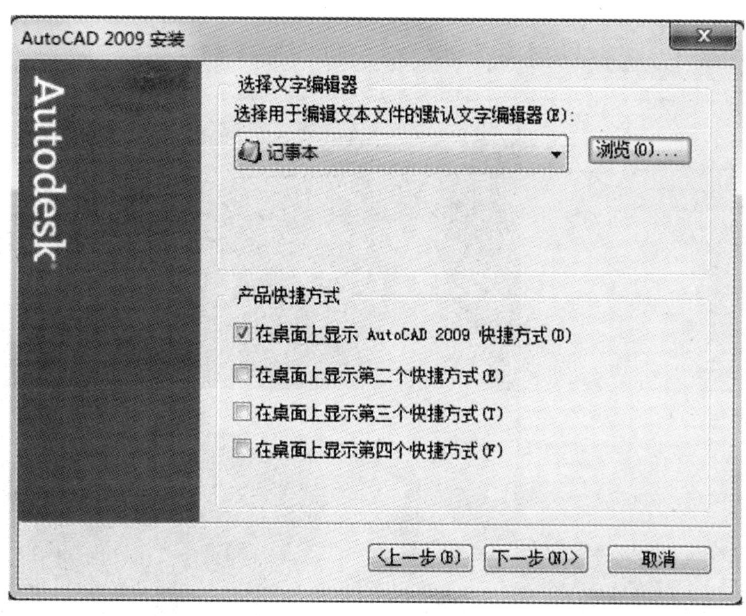

图 1.1.7 选择文本编辑器

（2）AutoCAD 的退出。AutoCAD 的退出方法有 4 种。

1）单击标题栏【关闭】按钮☒。

2）选择【文件】|【退出】菜单项。

3）按【Ctrl + Q】键。

4）在命令行中输入“QUIT”命令，按回车键。

二、AotoCAD 的工作界面

AutoCAD2009 的工作界面（见图 1.1.9）主要由标题栏、菜单栏、工具栏、绘图区、命令行、状态栏、模型与布局选项卡等部分组成。

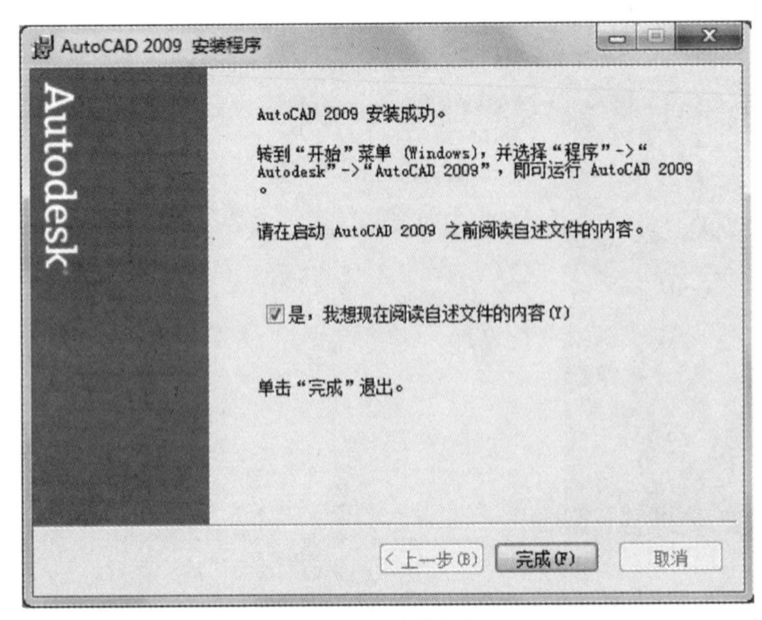

图 1.1.8　安装完成

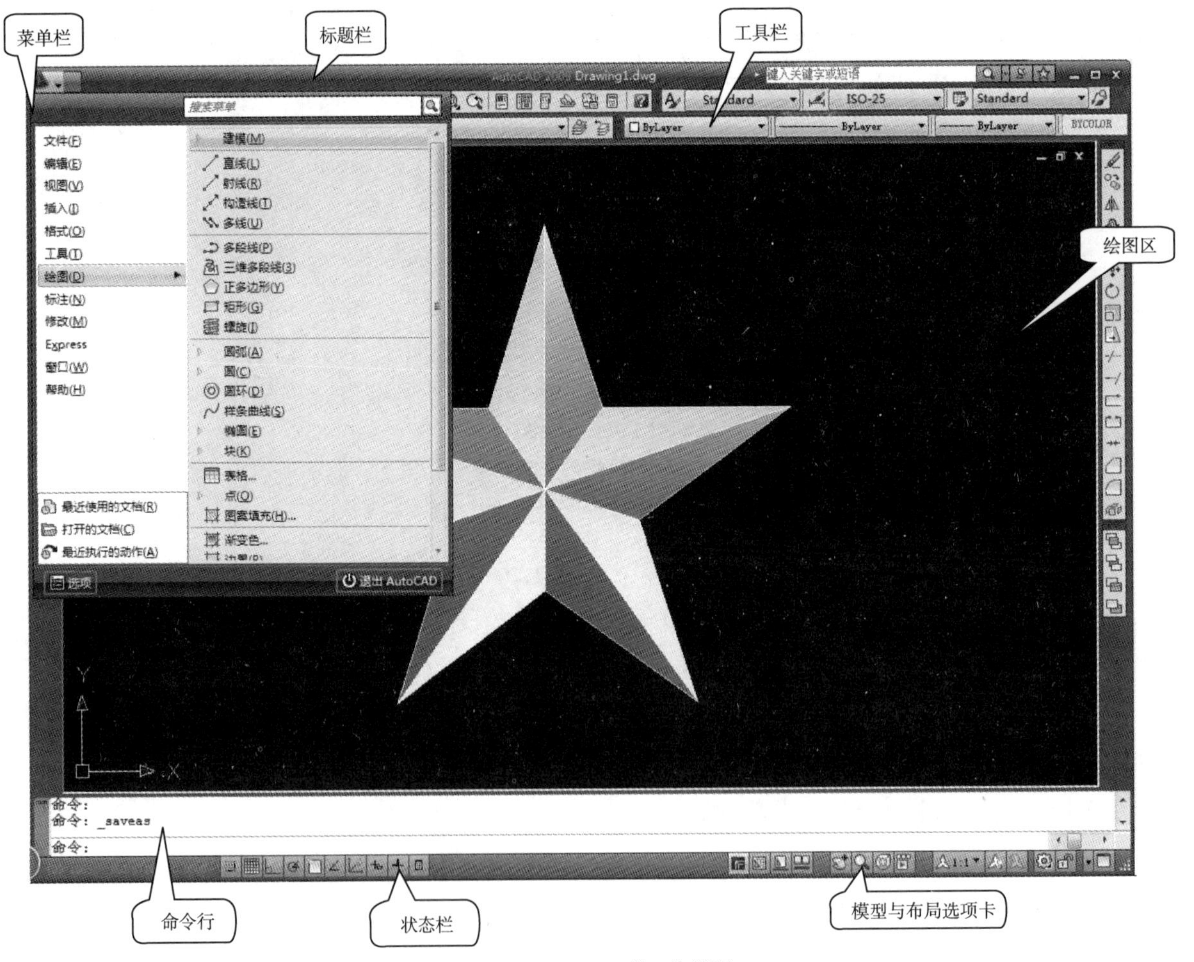

图 1.1.9　AotoCAD 的工作界面

1. 标题栏

标题栏位于操作界面顶部，左侧显示软件图标、软件名称和当前的文件名称；右侧先是最小化（　）、还原（　）和关闭（　）按钮，分别用于隐藏当前窗口、还原窗口和退出 AutoCAD 软件。

2. 菜单栏

菜单栏包括文件、编辑、视图、插入、格式、工具、绘图、标注、修改、窗口、帮助等菜单。菜单栏及其下拉菜单、下拉菜单中的级联菜单中包括了软件中将要使用的所有功能选项。

3. 系统工具栏

（1）系统工具栏组成。系统工具栏是用户使用频率最多的窗口之一，由一系列的命令组成，以命令的形式显示。AutoCAD 2009 提供了 30 个工具栏。在系统默认的状态下，操作界面中显示标准、样式、图层、对象特征、绘图、修改、工作空间、绘图次序等工作栏。如图 1. 1. 10 所示为标准工具栏，图 1. 1. 11 所示为图层工具栏。

图 1. 1. 10　标准工具栏

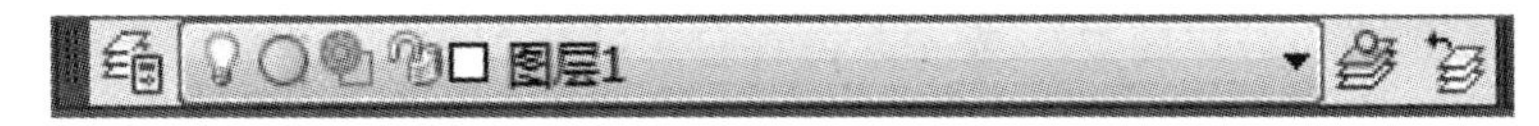

图 1. 1. 11　图层工具栏

（2）工具栏的调试。在绘图过程中可以随时调处所需工具栏。调用的方法为：将光标停留在任意工作按钮上，单击鼠标右键，弹出工具栏选项快捷菜单，在该菜单中单击需要调用的工具栏名称，即勾选该选项，该工具栏就会显示在界面中。工具栏当前有“√”标记的即为正在打开状态的工具栏。再次在该菜单上点击该工具栏，“√”标记消失，则该工具栏关闭。

（3）工具栏的位置。工具栏可以在屏幕上显示多个，也能移动、浮动、固定、更改工具栏的内容等。

1）移动工具栏。拖动浮动工具栏，可以移动工具栏的位置。

2）浮动工具栏。一个工具栏从绘图区边界移开后成为浮动工具栏，对浮动工具栏可缩放、固定或更改内容。

3）缩放工具栏。把光标放在工具栏边界上拖拽可以改变工具栏的形状实现缩放。

4）固定工具栏。当拖动工具栏到绘图区域的边界时，工具栏会自动调整形状，使浮动工具栏成为固定工具栏。

4. 绘图区域

绘图区域是用户进行绘图工作的主要工作区域，用户所做的一切工作都将显示在该区域中。用户可以根据需要打开需要的工具栏，或者关闭一些不常用的工具栏以增大工作空间。

5. 命令行及文本窗口

命令行窗口位于绘图区域的下方，用户可以通过命令行的信息反馈检验命令的执行情况，并根据命令行的提示进行下一步操作。

6. 状态栏

状态栏位于操作界面的最下方，左方显示十字光标中心所在位置的坐标值，移动十字光标可以看到坐标值不断变化；右侧的事通讯中心按钮，为工具栏和工具栏选项板位置是否锁定的按钮；状态栏中间为 9 个功能按钮，鼠标单击按钮凹下即为启动该功能。各按钮的功能如下所述。

（1）捕捉。单击该按钮，打开捕捉设置，也可用功能键 F9 控制，此时光标只能在 X 轴、Y 轴或极轴方向移动固定的距离（即精确移动）。可以选择【工具】｜【草图设置】命令，在打开“草图设置”

对话框中的“捕捉栅格”选项卡中设置 X 轴、Y 轴或极轴捕捉间距。

（2）栅格。单击该按钮，打开栅格设置，此时屏幕上将布满小点。也可用功能键 F7。其中栅格的 X 轴和 Y 轴间距也可以通过“草图设置”对话框的“捕捉和栅格”选项卡进行设置。

（3）正交。单击该按钮，打开正交模式，此时只能回执垂直直线或水平直线。也可用功能键 F8。

（4）极轴追踪。单击该按钮，打开极轴追踪模式。也可用功能键 F10 控制。在绘制图形时，系统将根据设置显示一条追踪线，可在追踪线上根据提示精确移动光标，从而进行精确绘图。默认情况下，系统预设了 4 个极轴，与 X 轴的夹角是 0°、90°、180°、270°（即角增量为 90°）。可以使“草图设置”对话框的“极轴追踪”选项卡设置绘图需要的任意角度曾量。

（5）对象捕捉。单击该按钮，打开对象捕捉模式，也可用功能键 F3 控制。因为所有几何对象都有一些决定其形状和方位的关键点，所以在绘图时可以利用对象捕捉功能，自动捕捉这些关键点。可以利用“草图设置”对话框的“对象捕捉”选项卡设置对象的捕捉模式。

（6）对象追踪。单击该按钮，打开对象追踪模式，可以通过捕捉对象上的关键点，并沿正交方向或极轴方向拖动光标，此时可以显示光标当前位置与捕捉点之间的相对关系。若找到符合要求的点，直接单击即可。也可用功能键 F11。

（7）DYN 按钮。单击该按钮，将在绘制图形时自动显示动态输入文本，方便用户在绘图时设置精确数值。

（8）线宽。单击该按钮，将有多种不同线宽显示，在绘图时如果为图层和所绘图形设置了不同的线宽，打开改开关，可以在屏幕上显示线宽，以标识具有不同线宽的对象。

（9）模型或图纸。单击他们，可以在模型空间或图纸空间之间切换。

三、AutoCAD 的基本操作

（1）新建图形。

新建图形文件的方法 4 种。

1）选择【文件】|【新建】命令。

2）在【标准】工具栏中单击【新建】按钮。

3）在命令行输入“New”，按回车键。

4）使用（Ctrl + N）组合键。

使用以上 4 种新建文件的方法都能打开【选择样板】对话框，如图 1.1.12 所示。在“选择样板”对话框中，可以在【名称】下拉列表框中选中某一样板文件，这时在其右面的【预览】框中将显示出该样板的预览图像，单击“打开”按钮，完成图形的新建，利用样板创建的新图形，可以避免开始绘制新图形时要进行的有关绘图设置、绘制相同图形等重要操作，不仅提高了绘图效率，而且还保证了同类图形的一致性。在 AutoCAD 提供的样板文件中，以 GD_ ax（x 为 0 ~ 4 的数字）开头的样板文件为基础，符合中国制图标准的样板文件，与相应的图幅一一对应，如 GD_ a0 与 0 号、GD_ a1 与 1 号图形的图幅相对应。

（2）打开图形文件。CAD 中，可以以“打开”、“以只读方式打开”、“局部打开”和“以只读方式局部打开”4 种方式打开图形文件。

图 1.1.12 “选择样板”对话框

选择【文件】|【打开】命令，或在【标注】工具栏中单击“打开”按钮，可以打开已有的图形文件，此时将打开“选择文件”对话框，如图 1.1.13 所示。在“选择文件”对话框的【名称】下拉列表框中，在一定的路径下选择需要打开的图形，在右面的【预览】框中将显示出该图形的预览图像。双击打开或单击“打开”按钮，打开的图形文件为 .dwg 格式。

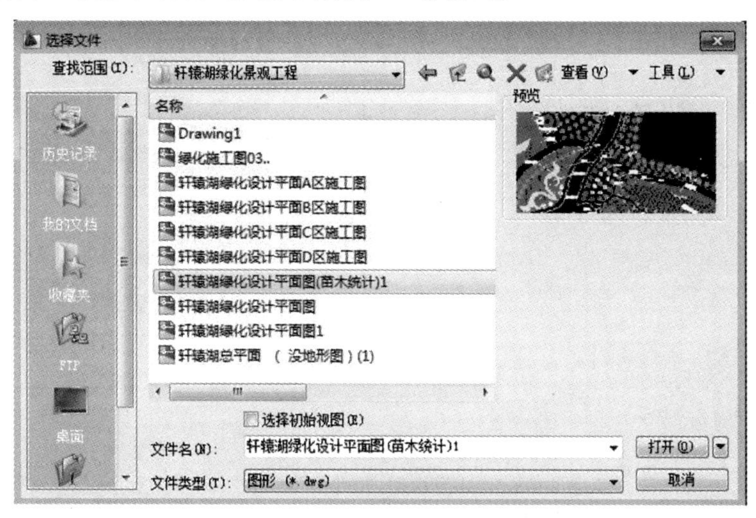

图 1.1.13 “打开图形”对话框

（3）保存图形。在 AutoCAD 2009 中，保存文件方式主要有“保存”和“另存为”两种。第一次保存一个新图形时，单击【文件】|【保存】或单击🖫，将弹出“图形另存为”对话框，确定保存路径，输入文件名，单击“保存”按钮。

四、设置绘图环境

绘图环境是指绘图时所遵循或参照的格式标准，可以对图形的测量单位、角度测量单位、角度测量的起始方向以及图形界限进行设置。

（1）设置图形单位。在使用 AutoCAD 绘制园林图纸时，一般使用 1∶1 的比例因子绘图，打印出图时再按图纸大小进行缩放。AutoCAD 提供了毫米、英尺、英寸等多种绘图单位，选择【格式】|【单位】命令，打开|【绘图单位】对话框（见图 1.1.14），对绘图时的长度单位、角度类型和精度等参

数进行设置。【图形单位】对话框中的功能如下。

1）【长度】：包括“类型”和“精度”选项。系统默认状态下，长度单位的类型为“小数”，精度为小数点后4位。

2）【顺时针】：用设置图形的测量方向。若勾选此选项，则以顺时针方向为角度增加的方向。

3）【插入比例】：在下拉的单位列表中选择一个单位，系统根据这个单位对插入到图形中的块或其他内容进行比例缩放。

4）【方向】按钮：单击此按钮，将会弹出如图1.1.15所示的【方向控制】对话框，用于指定角度测量单位的起始方向。

在AutoCAD中，绘图区域可以看作是一张无限大的纸，在绘图之前设置一个矩形绘图区域，使绘图便于显示和检查，避免在绘制较大或较小的图形时，图形在屏幕可视范围内无法完全显示。

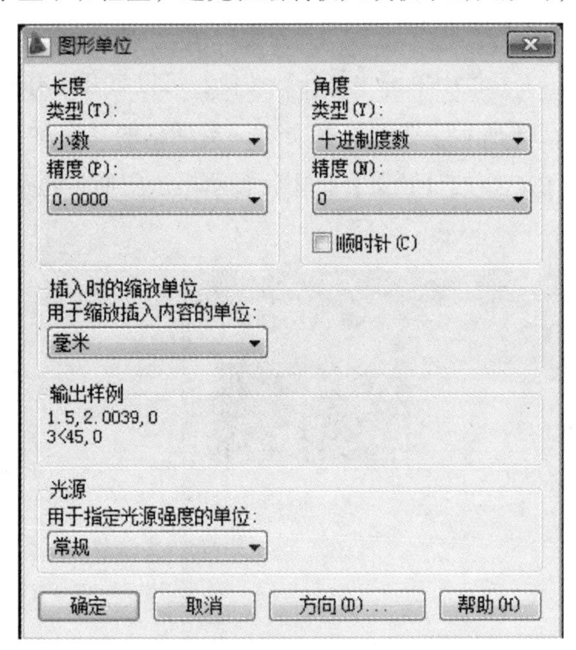

图1.1.14 “绘图单位”对话框

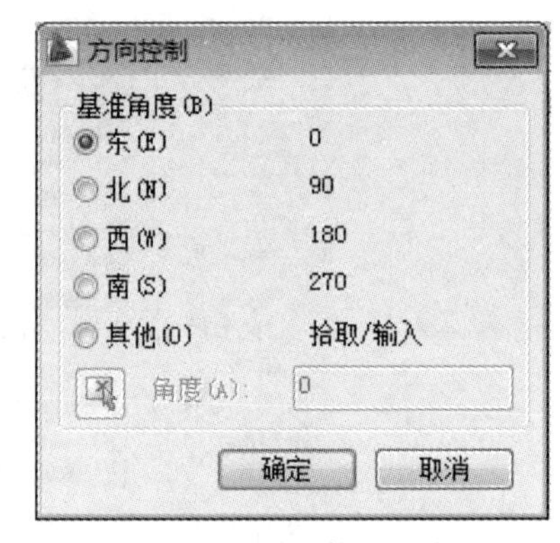

图1.1.15 “方向控制”对话框

执行【格式】|【图形界限】命令，或在命令行输入Limits命令，均能进行图形及界设置。

可以通过制定左上角和右下角两点的坐标来确定图形的界限。命令行中的“开（ON）/（OFF）”界限检查的开关状态。

选择开（ON）：打开界限检查AutoCAD将检测输入点，并拒绝输入图形界限外部的特点。

选择关（OFF）：关闭界限检查，AutoCAD将不再对输入点进行检测，可以在图形界限之外绘制对象或指定点。

（2）设置图层。图层是AutoCAD绘图时的基本操作特别对于园林设计图而言，它可以对园林图形以素材等进行分类管理。在一幅图中，可以根据需要创建任意数量的图层，并为每个图层指定的相应的名称。当绘制新图时，系统自动建立一个默认图层，即0图层。0图层不可以重新命名，也不可以被删除。除0图层外，其余图层需要自定义，并可以为每个图层分别制定不同的颜色、线型和线宽等属性。但无论建立多少个图层，绘图只能在当前图层上绘制，绘制的图形将具有与此图层相同的颜色颜色、线型和线宽等属性。在绘图个过程中，可以随时将指定的图层设置当前图层，以便在该图层中绘制图形，并可以根据需要打开、关闭、锁定或冻结某一图层。

任务二 点坐标输入的方法

任务目标

学会点坐标输入的方法。

任务解析

通过本任务的学习，能够掌握点坐标输入的方法以及应用技巧。

一、坐标和坐标系

1. 坐标

坐标（X，Y）是表示点的最基本的方法。在AutoCAD中，点的坐标可以使用绝对直角坐标、绝对极坐标、相对直角坐标、相对极坐标4种方法输入。

（1）绝对直角坐标点。点的绝对直角坐标可以表示为（X，Y），其中X表示该点与坐标原点O在水平方向的距离，Y表示该点与坐标原点在垂直方向的距离。绝对直角坐标的输出方法为：在命令窗口依次输入X坐标和Y坐标，中间用逗号隔开，如（300，200）。

（2）绝对极坐标点。点的绝对坐标以点相对于原点的连线长度和倾斜角角度来表示，可以表示为（$L<\alpha$）。其中L表示极坐标，即点到坐标原点之间的连线长度；α表示极角，为连接与X轴正方向的夹角；<表示角度，如点（100<60）。

（3）相对直角坐标点。AutoCAD中，计算一个点的坐标时以前面刚输入的一个点为定位点时，得到的坐标为相对坐标，输入时要在数值前加@。点的相对直角坐标是输入该点与上一点的绝对坐标之差，表示为（@X，Y），其中的X、Y均为该点与上一点坐标的差值。相对坐标的输入方法为，依次输入“@”、X值、逗号“，”、Y值，然后按“Enter”键确认。

（4）相对极坐标点。点的相对极坐标可以表示为（@$L<\alpha$），其中L表示极半径，既该点与上一输入点之间的距离；表轴示极角，既两点连线与X轴正方向之间的夹角。点的相对极坐标的输入方法为：依次输入“@”、极半径、小于号“.”和极角然后按“Enter”键确认。

4种点坐标输入法的公式比较为：

1）绝对直角坐标：输入方法：x，y。

2）绝对极坐标：输入方法：$L<\propto$。

3）相对直角坐标：输入方法：@x，y。

4）相对极坐标：输入方法：@$L<\propto$。而相对极坐标简化形式：打开所需精确辅助工具，直接输入数据。

2. 坐标系

AutoCAD为用户提供了两个内部坐标系：世界坐标系（WCS）和用户坐标系（UCS）。世界坐标系是系统默认的坐标系，坐标原点位于图形窗口的左下角，位移相对于原点计算，横向和纵向分别代表X

轴Y轴，它们的位置和方向是固定不变的。用户坐标是由用户根据需要建立的坐标系，其原点和坐标轴可以移动和旋转。坐标系图位于绘图工作区的左下角，主要来显示当前使用的坐标及坐标方向等，用户可以对这个图标的可见性进行控制。具体操作方法如下。

（1）选择【工具】|【命名UCS】|【正交UCS】选项，则弹出“UCS”对话框，如图1.1.16所示。

（2）在对话框中选中【设置】选项卡，在该选项卡的“UCS图标设置”选项组中“开”复选框（见图1.1.17）。

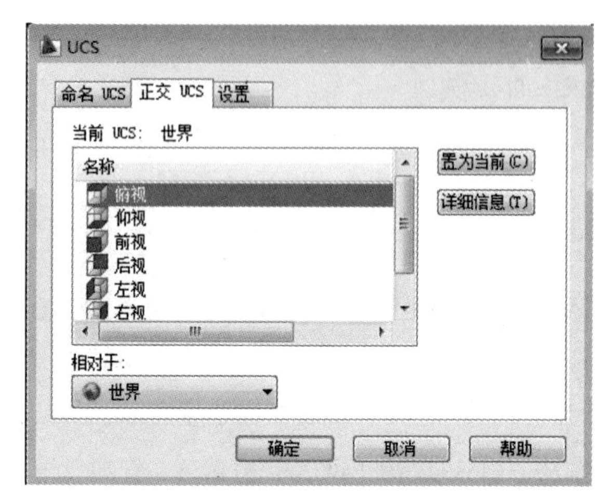

图1.1.16 用户坐标系对话框

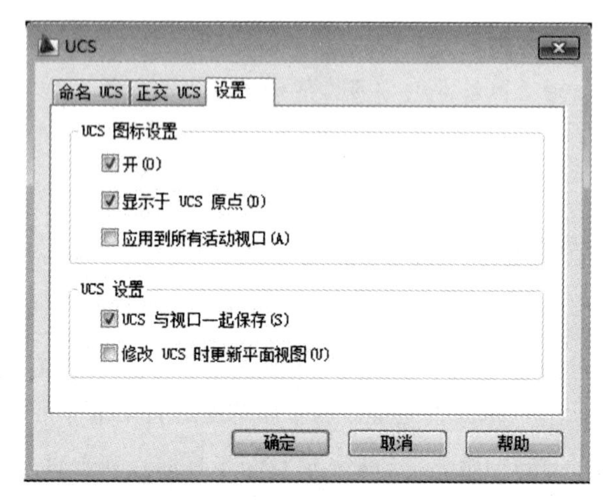

图1.1.17 设置坐标系图标的显示状态

二、绘制直线

命令：LINE（简写：L）

菜单：绘图→直线

按钮：

参数：

指定第一点：指直线第一点的位置。

放弃（u）：将删除最后一次绘制的线段。

闭合（c）：使直线度首尾连成封闭的多边形。

实训例题

根据给出的A、B、C、D四点的坐标值或者相互关系，利用直线命令绘制线段AB、CD。

A点的坐标为（200，300）；B点在A点右面300，上面500的地方；C点在距离O点500，且OC连线与X轴正方向形成的夹角为76°；D点距离C点800，DC连线与X轴正方向所形成的夹角为320°。

绘图方法：输入直线命令Line，按〈Enter〉。依次输入200，300，@300，500，按〈Enter〉结束命令。继续按〈Enter〉重复直线命令，依次输入500〈76，@800〈320，按〈Enter〉结束命令，图形如图1.1.18所示。

实训作业

用直线命令绘制如图1.1.19基本图形（采用点坐标输入法，F点可以采用对象捕捉、对象追踪等辅助工具来完成）。

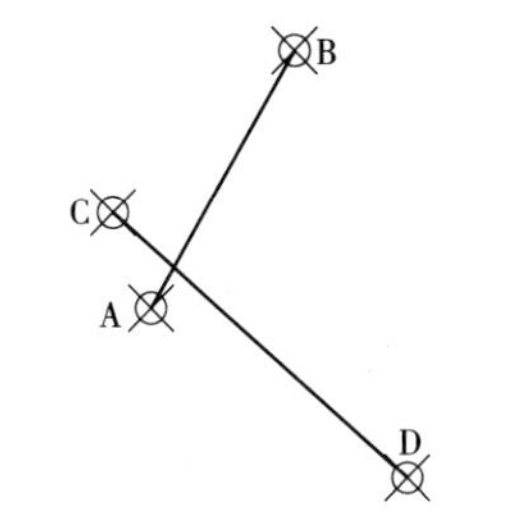

图 1.1.18 用户坐标系对话框

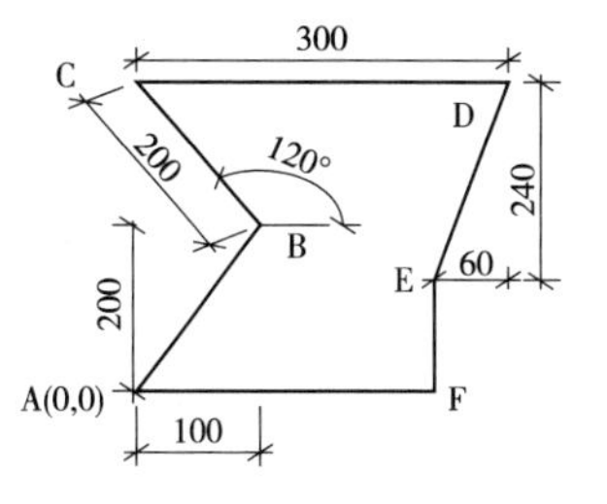

图 1.1.19 用户坐标系对话框

任务三 基本几何图形的绘制

任务目标

学习直线、矩形、点、多段线、圆以及修剪命令。

任务解析

通过本任务的学习，要求能够掌握基本图形的绘制。

一、绘制矩形

命令：RECTANG（简写：REC）

菜单：绘图→矩形

按钮：

参数：

指定第一个角点：输入矩形的第一个角点的位置。

倒角（C）：在“指定第一个角点或［倒角（C）/标高（E）/圆角（F）/厚度（T）/宽度（W）/］”提示信息下输入“C”，可以绘制带倒角的矩形。

圆角（F）：在“指定第一个角点或［倒角（C）/标高（E）/圆角（F）/厚度（T）/宽度（W）/］”提示信息下输入“F”，可以绘制带圆角的矩形。

二、点的绘制及设置

几何点仅表示空间的一个坐标位置，CAD为了视觉上表示一个几何点的存在，可以选用一些特殊的标志标记几何点位置。

命令：POINT（简写：PO）

菜单：绘图→点

按钮：

设置点样式，如图1.1.20所示：设置点的形状和大小。

菜单：格式→点样式

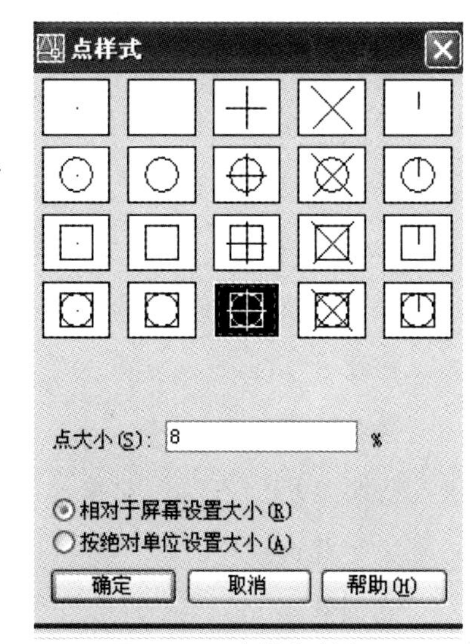

图 1.1.20 点样式对话

三、绘制多段线

由相连的直线和弧线组成的线型，各线段的线宽可以随时进行设置，在园林设计图中应用广泛。

命令：PLINN（简写：PL）

菜单：绘图→多段线

按钮：

参数：

圆弧（A）：转换为弧线段绘制状态，开始绘制圆弧。

宽度（W）：指定下一条圆弧或者直线的宽度。并且输入 W 后，命令行会提示输入起点宽度和端点宽度数值，可使线段的始末端点具有不同的宽度。

直线（L）：用于从圆弧多段线绘制切换到直线多段线绘制。

半宽（H）：指定下一条圆弧或者直线的半宽度。

放弃（U）：放弃刚绘制的点。

闭合（C）：使多段线首尾两点连成封闭的图形。

四、圆的绘制

命令：CRICLE（简写：C）

菜单：绘图→圆

参数：

圆心（c）：指定绘制圆的圆心。

半径（r）：输入绘制圆的半径。

直径（d）：输入绘制圆的直径。

两点（2p）：依次输入直径上的两点完成圆的绘制。

三点（3p）：依次输入圆上的任意三点完成圆的绘制。

切点、切点、半径：选择与绘制圆相切的两个目标对象，再输入圆的半径完成圆的绘制。

五、修剪

绘图中经常需要修剪图形，将超出的部分去掉，以便使图形精确相交。修剪命令是以指定的对象为边界，将要修剪的对象剪去超出的部分。

命令：TRIM（简写：TR）

菜单：修改→修剪

按钮：

参数：

投影（P）：在三维对象（非 XY 平面对象）修剪，指定边界对象的投影方式。XY 平面对象修剪时可不设定此选项。

实训例题 1

用多段线命令完成图 1.1.21。

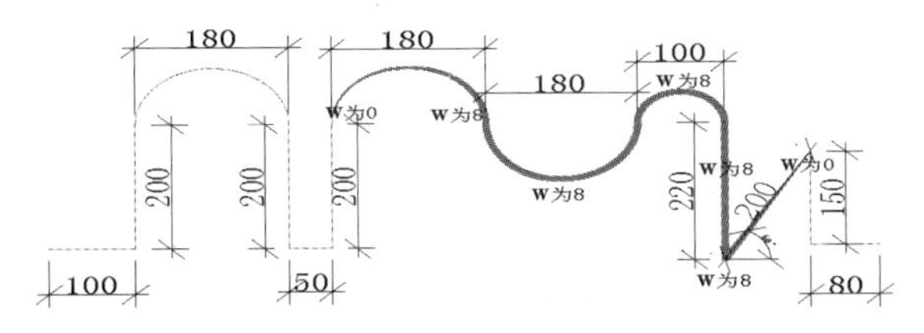

图 1.1.21

绘图方法：输入多段线线命令 PLine 或者 PL，↙，打开正交模式，任意在屏幕上单击一点，把光标移动到右面，输入 100↙，再把光标移动到上面，输入 200↙，输入 A↙，光标移动到右面，输入 180↙，输入 L↙，光标移动到下方，输入 200↙，输入 A↙，输入 W↙，输入 0↙，输入 8↙，光标移动到右方，输入 180↙，光标移动到右方，输入 180↙，光标移动到右方，输入 100↙，光标移动到下方，输入 220↙，关闭正交模式，输入 W↙，继续↙，输入 0↙，输入@200 <60↙，打开正交模式，光标移动到下方，输入 150↙，光标移动到右方，输入 80↙，继续↙结束命令。

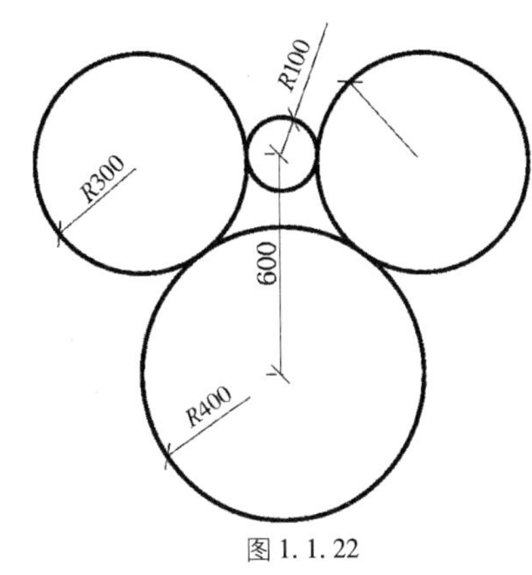

图 1.1.22

实训例题 2

用圆命令绘制如图 1.1.22 图形。

绘图方法：输入 C↙，任意点击一点，输入 100↙，↙打开正交模式，打开自动追踪，打开对象捕捉（设置圆心），捕捉已经绘制好的圆的圆心，输入 600↙，输入 400↙，↙，T↙，把光标分别放到已经绘制好的两个圆上，当有黄色标志符号出现的时候分别点击，输入 300↙，同样在绘制一个半径为 300 的圆。

实训作业

(1) 用多段线线命令绘制一边长为 300 的等边三角形。

(2) 用多段线线命令绘制如图 1.1.23 所示的三角形。

(3) 绘制长为 200，宽度为 160，圆角半径为 26，线宽为 6 的矩形。

(4) 绘制对角线长为 300，对角线与 X 轴正方向形成的夹角为 40°的矩形。

(5) 绘制如图 1.1.24 所示图形。

(6) 绘制如图 1.1.25 所示图形。

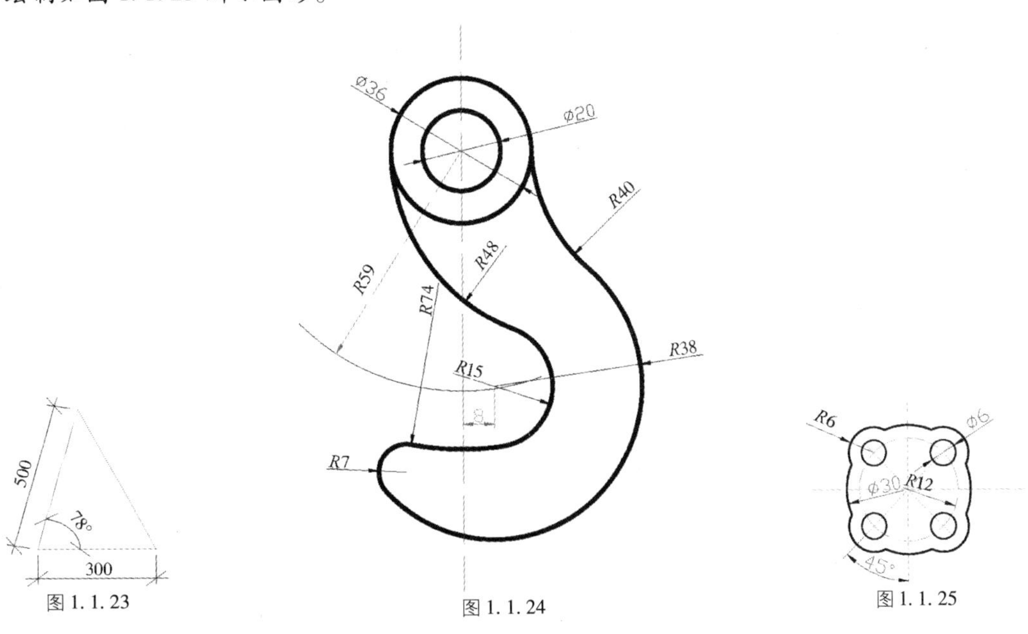

图 1.1.23　图 1.1.24　图 1.1.25

项目二

建筑平面图的绘制

建筑平面图主要用来表示房屋的平面布置情况，装饰平面图主要表示室内装饰的平面布置，绘制方法相同。在施工过程中，平面图是进行放线、骑墙、安装门窗、二次装饰等工程的依据。

本项目以绘制一个住宅平面图为例，讲解建筑施工图中平面图形的设计绘制方法和技巧。通过本模块的学习，可以了解建筑平面图的基本构成，并掌握绘制建筑平面图的一般方法和步骤。图1.2.1所示是住宅平面图的最终结果图形。

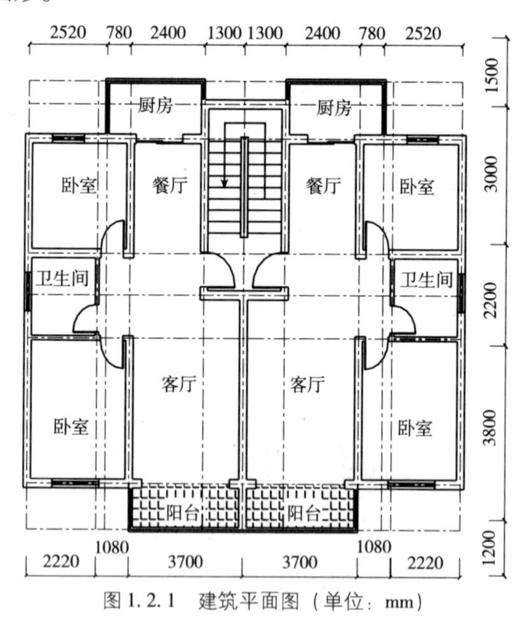

图1.2.1　建筑平面图（单位：mm）

任务　抄绘某建筑平面图

任务目标

能熟练掌握建筑平面图的绘图步骤，能绘制建筑平面图。

任务解析

通过建筑平面图的绘制，能够对建筑平面图图纸绘制有较全面的了解，同时掌握绘图步骤。

一、绘图设计思路分析

1. 墙线的绘制

对于墙线的绘制，一般可以用以下3种方法进行：①使用直线命令绘制墙线的轮廓，然后使用偏移命令对直线进行偏移处理，主要在已知房间净空尺寸时采用此法；②使用多线命令直接进行绘制；③首先用点划线绘制轴线，再使用多线命令绘制墙线。本实例因为已经知道轴线间的尺寸，所以使用第三种方法绘制。

2. 门窗的绘制

（1）对于门窗的绘制，可以使用直线命令绘制一个标准图形，然后用复制命令对其进行复制；对于方向不同的门窗，可以使用旋转命令对其进行旋转处理；对于比例不同的，还要运用缩放命令对其进行放大或缩小处理，或用拉伸命令进行处理。

（2）可以将其标准图形定义为块，再插入到正确的位置，设置好相应的比例和旋转角度等参数。

3. 楼梯的绘制

对于楼梯，首先应该确定该楼梯的踏步宽度、扶手宽度以及平台宽度。

4. 文字标注和尺寸标注

对于文字标注和尺寸标注，都应该对其先定义再标注，可以利用各种复制方法标注文字对象，再修改其文字内容；标注可以充分利用快速标注。

二、设置绘图环境

1. 确定单位

单击［格式］菜单，选中［单位］［units］命令，会弹出“图形单位”对话框并在该对话框中进行设置。

2. 设置绘图区域的大小

（1）单击［格式］菜单，选中［图形界限］［limits］命令，系统默认的绘图区域是A3图纸大小，即420×297。

命令：limits

重新设置模型空间界限：

1）指定左下角点或［开（ON）/关（OFF）］<0，0>：直接回车确认左下角点。

2）指定右上角点<420，297>：根据图形幅度范围输入右上角点的坐标，如本例可输入坐标值（15000，15000）。

（2）单击“视图”→“缩放”→“全部”命令，使图形全屏显示。

3. 建立图层

分别设置窗户、楼梯、门窗、轴线、文字、尺寸、注释等图层。最好分层绘图，以方便后面选择、编辑对象等操作。单击［格式］命令，选中［图层］［layer］命令分别设置每层的名称、线型、线宽、颜色等图层的属性。

4. 创建并设置文字样式

单击“格式”菜单→“文字样式”命令，打开“文字样式”对话框新建文字样式，进行命名，并要设置字体、字高及字的宽度比例。

5. 创建并设置尺寸标注样式

单击“格式”菜单→“标注样式”命令，打开“标注样式管理器”对话框，并进行创建和设置样式。

三、绘制轴线

定位轴线是标定房屋中的墙、柱等承重构件位置的线，它是施工时定位放线及构件安装的依据。它是反映开间、进深的标志尺寸，常与上部构件的支承长度相吻合。按规定，定位轴线采用细点划线表示绘制定位轴线如图 1.2.2 所示。操作步骤如下。

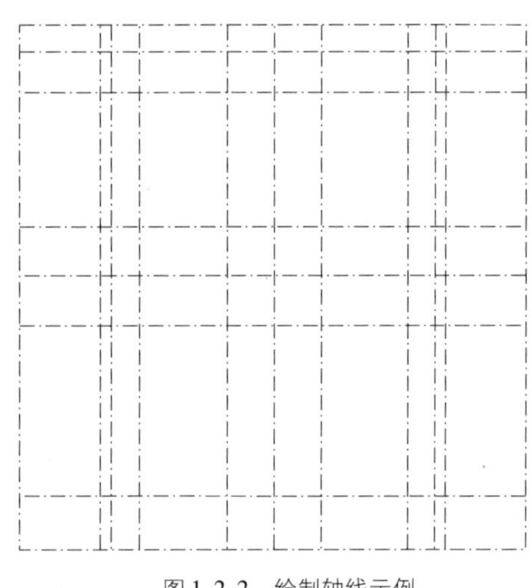

图 1.2.2　绘制轴线示例

（1）将当前层定为“轴线”层。因为轴线为点划线，所以需调整线型比例。单击“格式”菜单→“线型”命令，打开“线型管理器”对话框，将“全局比例因子”设为“16”。

（2）绘制 14000 × 11700 矩形，然后使用“分解”命令分解矩形。

（3）偏移水平轴线。使用“偏移”命令，选择矩形下部的水平线为偏移对象，向上偏移，偏移尺寸分别为 1200、3800、2200、3000、1500。

（4）偏移垂直轴线。使用“偏移”命令，选择矩形左侧的垂直线为偏移对象，向右偏移，偏移尺寸分别为 2520、780、2400、1300、1300、2400、780、2520。

四、绘制墙线

1. 设置多线样式

本例涉及两种多线样式。外墙，两条间距为 240 的平行线；内墙，两条间距为 120 的平行线。

（1）在 AutoCAD 中默认的多线样式是 STANDARD 样式，它由两条间距为 1 的平行线构成。外墙和内墙也可以直接使用 STANDARD 样式绘制，只是在绘制时需将比例调节为 240 和 120。

（2）阳台和窗户则必须创建对应的多线样式进行绘制。

操作步骤如下。

1）单击“格式”菜单→“多线样式”命令，打开“多线样式”对话框。

2）在“多线样式”对话框中点击“新建”按钮，打开“创建新的多线样式”对话框。

3）在“创建新的多线样式”对话框中输入新样式名“阳台”，单击“继续”按钮，打开“新建多线样式：阳台”对话框，如图1.2.3所示。

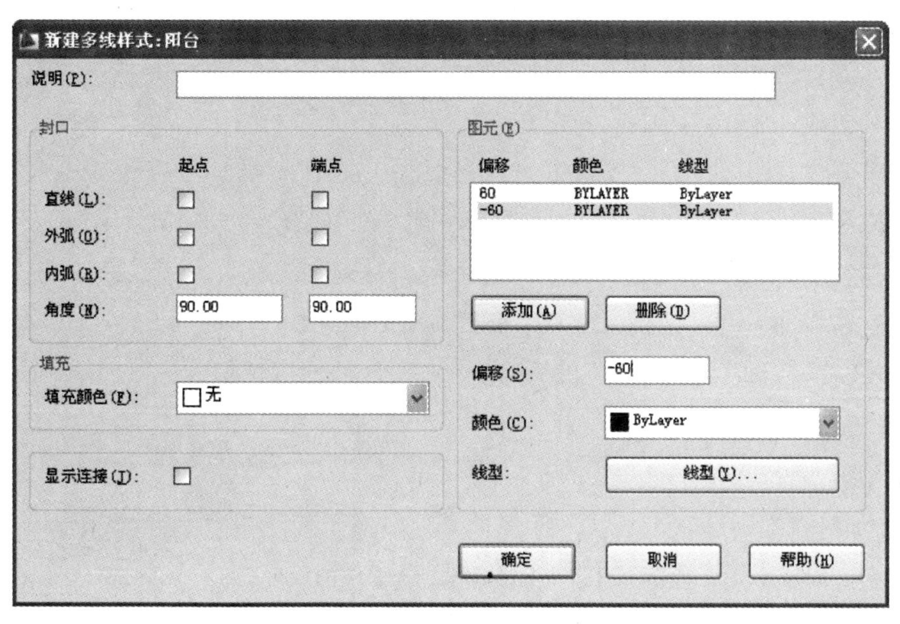

图1.2.3 “新建多线样式：阳台”对话框

4）在此对话框中单击“添加”按钮，添加中间一条平行线。再将上下平行线的偏移值调节为60和-60。单击“确定”按钮，返回“多线样式”对话框。

5）用同样的方法，新建名为“窗户”的多线样式。在打开的“新建多线样式：窗户”对话框中添加两条平行线，使“WIN”样式由四条平行线构成，它们的偏移值分别为120、40、-40、-120；在“封口”选项框中选择起点和端点以直线封口。

6）多线样式创建完毕后，关闭“多线样式”对话框。

2. 绘制墙线

首先选择“墙线”图层为当前图层，然后按下状态栏上的“极轴”、“对象捕捉”、“对象追踪”按钮。

（1）绘制外墙。

绘制外墙，如图1.2.4所示。

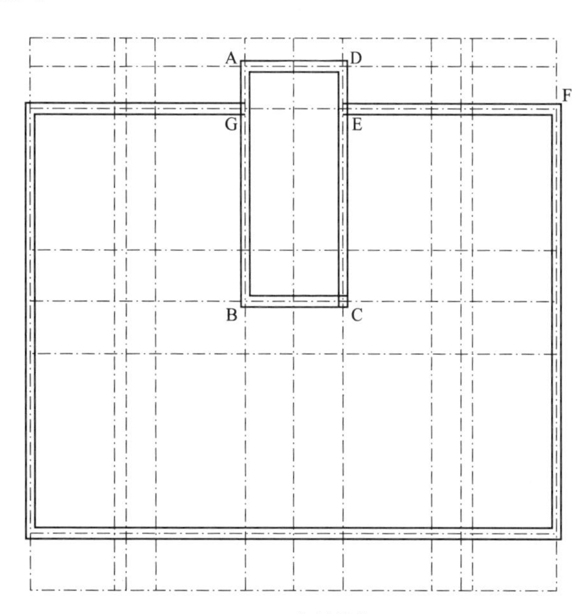

图1.2.4 绘制外墙

单击“绘图”菜单→“多线”命令，此时命令行提示如下。

1）当前设置：对正=上，比例=20.00，样式=STANDARD。

2）指定起点或［对正（J）/比例（S）/样式（ST）］：（输入J，设置多线样式的对正方式）。

3）输入对正类型［上（T）/无（Z）/下（B）］

<上>：（输入 Z，设置对正方式为中间对正）。

4）指定起点或［对正（J）/比例（S）/样式（ST）］：（输入 S，设置比例）。

5）输入多线比例<20.00>：（输入 240）。

6）指定起点或［对正（J）/比例（S）/样式（ST）］：（捕捉轴线的交点 A 点）。

7）指定下一点：（指定 B 点）。

8）指定下一点或［放弃（U）］：（指定 C 点）。

9）指定下一点或［闭合（C）/放弃（U）］：（指定 D 点）。

10）指定下一点或［闭合（C）/放弃（U）］：（输入 C，闭合）。

再次单击“绘图”菜单→“多线”命令，此时命令行提示如下。

11）当前设置：对正 = 上，比例 = 20.00，样式 = STANDARD。

12）指定起点或［对正（J）/比例（S）/样式（ST）］：（输入 E）。

依次指定 F 点和 G 点。

（2）绘制内墙。

绘制外墙，如图 1.2.5 所示。

1）当前设置：对正 = 上，比例 = 20.00，样式 = STANDARD。

2）指定起点或［对正（J）/比例（S）/样式（ST）］：（输入 S）。

3）输入多线比例<20.00>：（输入 120）。

依次指定各点，绘制内墙。

（3）绘制阳台、厨房。

绘制阳台、厨房，如图 1.2.6 所示。

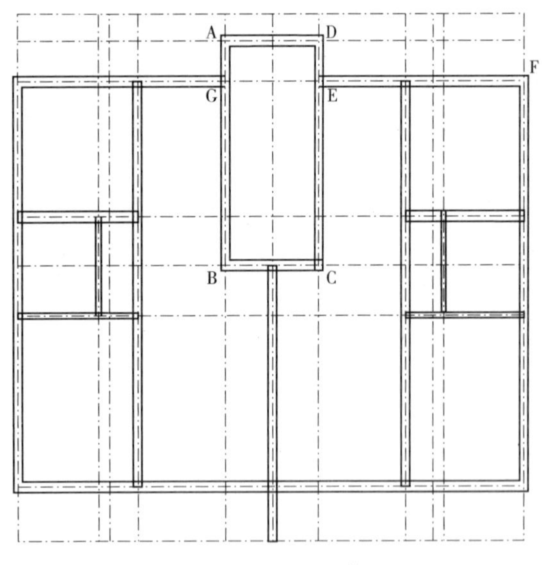

图 1.2.5　绘制内墙

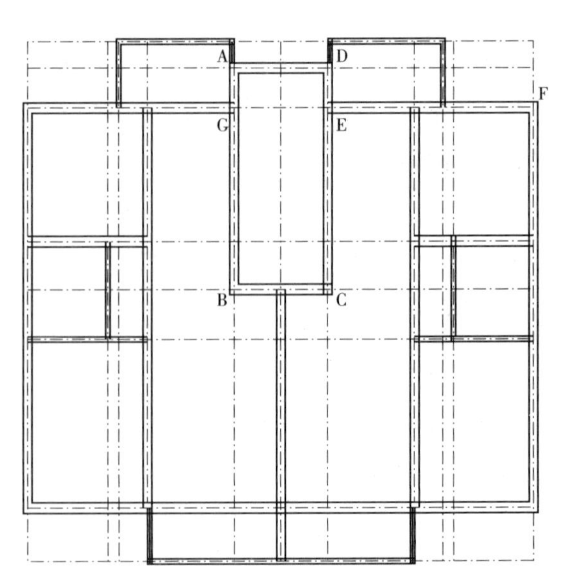

图 1.2.6　绘制阳台、厨房

厨房的多线样式和阳台一致。单击“绘图”菜单→“多线”命令，此时命令行提示如下。

1）当前设置：对正 = 上，比例 = 20.00，样式 = STANDARD。

2）指定起点或［对正（J）/比例（S）/样式（ST）］：（输入 ST，设置当前多线样式）。

3）输入多线样式名或［?］：（输入阳台，将阳台置为当前多线样式）。

4）指定起点或［对正（J）/比例（S）/样式（ST）］：（输入S，设置比例）。

5）输入多线比例<240.00>：（输入1）。

依次指定阳台各点及厨房各点。

（4）编辑多线。

1）关闭“轴线”图层。

2）选择“修改”菜单→“对象”→“多线”命令，打开“多线编辑工具”对话框，分别选择“T形打开”和“十字打开”，对多线作相应编辑。编辑后的效果如图1.2.7所示。

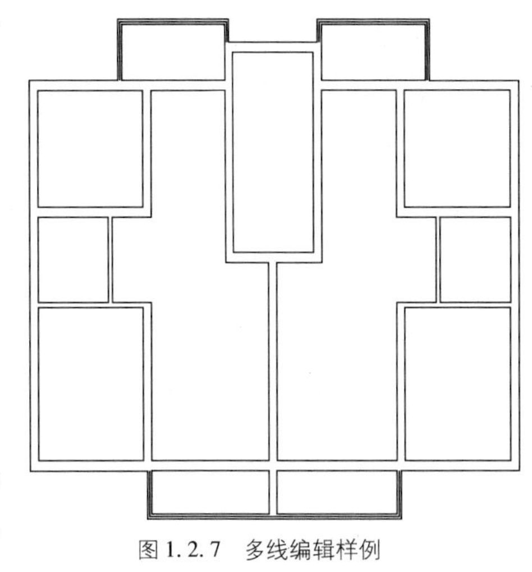

图1.2.7 多线编辑样例

五、绘制门、窗

1. 分解多线

绘制门窗时，需要剪去多线的一部分。多线必须分解后才能被“修剪”命令修剪。执行“修剪”命令，分解多线。

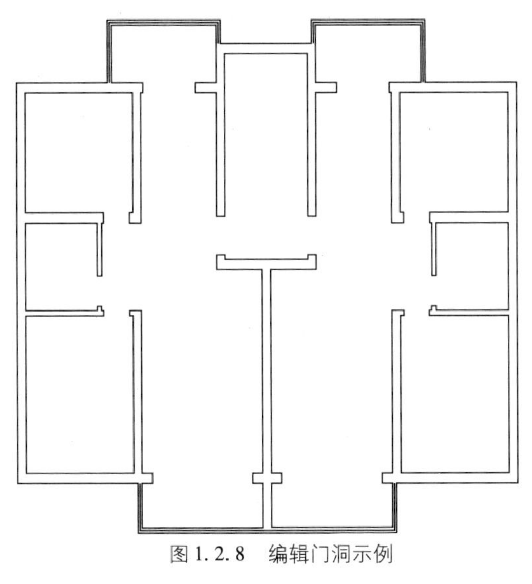

图1.2.8 编辑门洞示例

2. 绘制门洞

普通门洞宽700～900，根据图1.2.1中的尺寸来确定各个功能房间门洞的具体尺寸，门框与墙的距离为100。阳台门框距墙300。先画出门框的一侧线段，再用偏移命令产生另一侧线段。先绘制出右半图的门框，再使用MIRROR命令绘制出左半图的门框。输入“TRIM”命令修剪出门洞，如图1.2.8所示。

3. 创建门、窗图块

（1）绘制门、窗图形，如图1.2.9所示。使用“PLINE”命令，绘制图1.2.9（圆弧半径为700～900，根据图例）。将“窗户”置为当前多线样式。使用“MLINE”命令，绘制图1.2.10，长度为1000。

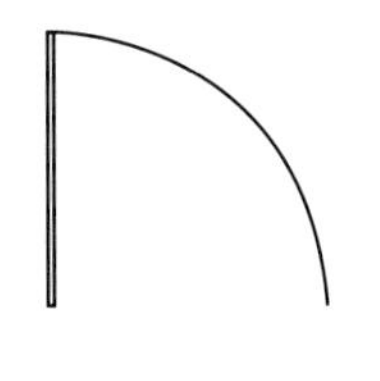

图1.2.9 门

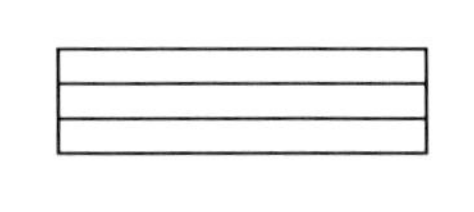

图1.2.10 窗户

（2）创建门、窗图块。使用“WBLOCK”命令将door、win两个图块，对应于图1.2.9和图1.2.10的图形对象。door图块基点设在图1.2.9左下角，win图块基点设在图1.2.10左下角。

4. 插入门、窗图块

先在图 1.2.8 右半部分插入门、窗图块。

(1) 使用"INSERT"命令将 door 图块插图到相应的门洞中，插入缩放比例为 1，插入旋转角度为相应的值。

(2) 使用"INSERT"命令插入 win 图块，X 方向插入缩放比例根据各个房间窗户宽度设置，X、Y 方向比例为 1，插入旋转角度为相应的值。

使用"MIRROR"命令，将插入的图块镜像复制到图的左半部分。效果如图 1.2.11 所示。

六、绘制楼梯

1. 绘制楼梯图形

(1) 绘制楼梯踏步。

1) 执行"矩形"命令，指定矩形的第一个角点为 P 点，另一个角点为 Q 点，在图 1.2.11 中绘制矩形。

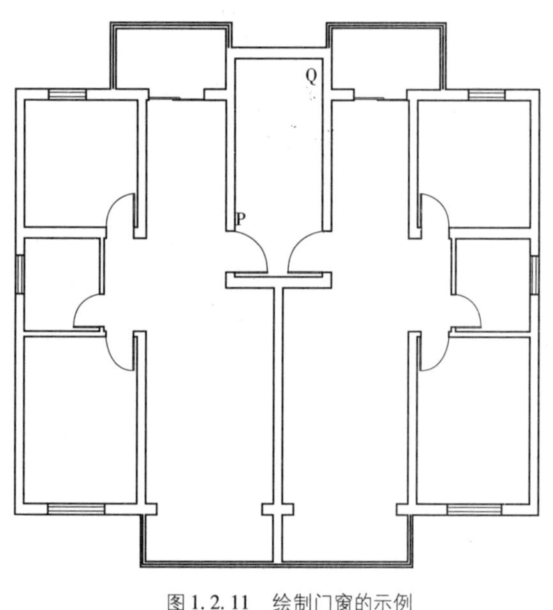

图 1.2.11 绘制门窗的示例

2) 执行"移动"命令，将矩形移出图 1.2.11 外。

3) 执行"分解"命令将矩形分解后，删除矩形两条短边或上下两条水平线。

4) 执行"直线"命令，从 N1 点向上拉出对象追踪线，输入 500 后，指定了最下方踏步线的左端点，再向右拉出水平方向极轴线，捕捉该极轴线到右侧垂直线的垂足，完成最下方踏步线的绘制。

5) 执行"阵列"命令，打开"阵列"对话框，选取"矩形陈列"，"行"输入"9"；选取"最下方踏步线"对象；"行偏移"输入"300"；"列偏移"输入"1"，单击"确定"按钮，完成图 1.2.12 所示。利用"复制"、"偏移"最下方踏步线的方法来绘制楼梯踏步可能更为简单。

(2) 绘制楼梯栏杆。

1) 执行"矩形"命令，命令行提示如下。

a. 指定第一个角点或 [倒角 (C) /标高 (E) /圆角 (F) /厚度 (T) /宽度 (W)]：(输入 f，回车)。

b. 基点：(指定最下方踏步线的中点)。

c. <偏移>：(输入@ -110，-110，回车)。

d. 指定另一个角点或 [面积 (A) /尺寸 (D) /旋转 (R)]：(输入 from，回车)。

e. 基点：(指定最上方踏步线的中点)。

f. <偏移>：(输入@110，110，回车)。

完成后如图 1. 2. 13 所示。

2）执行“修剪”命令，剪去矩形中的多余线条。

3）执行“直线”命令，画出矩形中的垂直线段。

最后生成图 1. 2. 14。

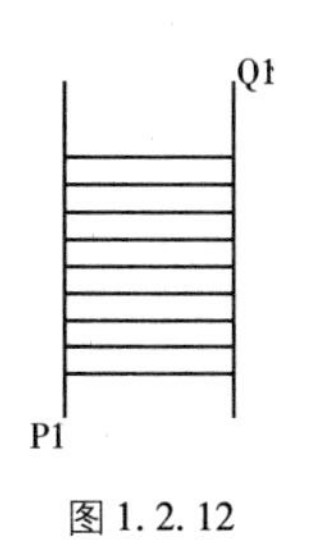

图 1. 2. 12

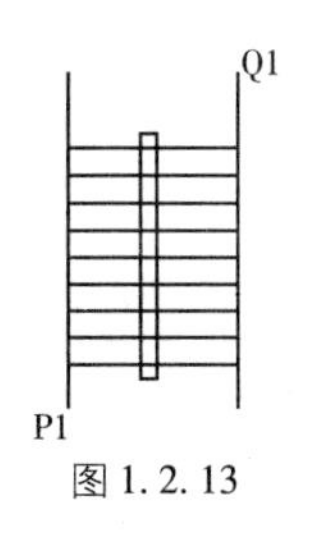

图 1. 2. 13

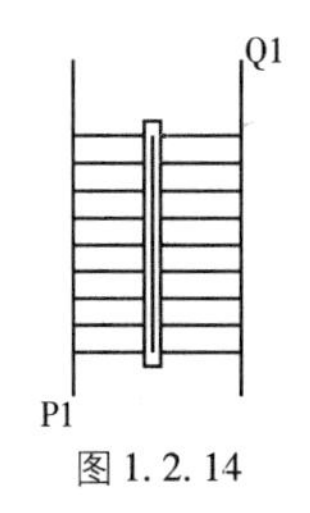

图 1. 2. 14

2. 创建楼梯图块

执行“写块”命令，利用图 1. 2. 14 创建 stairs 图块，基点设在 P1 点。

3. 插入楼梯图块

执行“插入”命令将 stairs 图块插入到图 1. 2. 11 中，插入点为 P 点。在利用“多段线”命令绘制楼梯方向，最后生成图 1. 2. 15。

七、进行文字注释和阳台图案填充

在图形右半部分进行文字注释和图案填充。

(1) 将“注释”图层置为当前图层。

(2) 将新建的文字样式置为当前文字样式，执行“多行文字“命令在各个房间中输入注释文字。

(3) 将“轴线”图层设为打开状态。

(4) 执行“图案填充”命令，打开“图案填充和渐变色”对话框，选择图案“ANGLE”，比例设为40，单击“拾取点“按钮，在绘图区点击阳台内部，单击“确定”按钮，完成填充。

(5) 执行“镜像”命令，将文字注释和图案填充复制到图的左半部分。

(6) 关闭“轴线”图层，生成图 1. 2. 16 的图形部分。

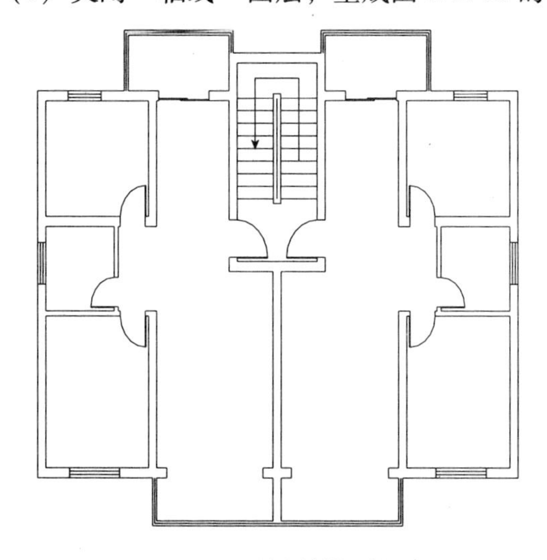

1. 2. 15　绘制楼梯示例

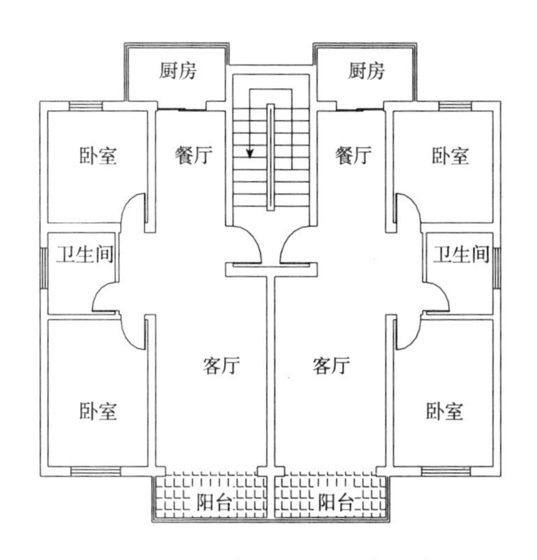

图 1. 2. 16　文字标注及图案填充样例

八、标注尺寸

（1）将新建的标注样式置为当前标注样式。

（2）分别使用“标注”菜单→“线性”命令、“连续”命令进行标注，生成图 1.2.17。并完成建筑平面图的绘制。

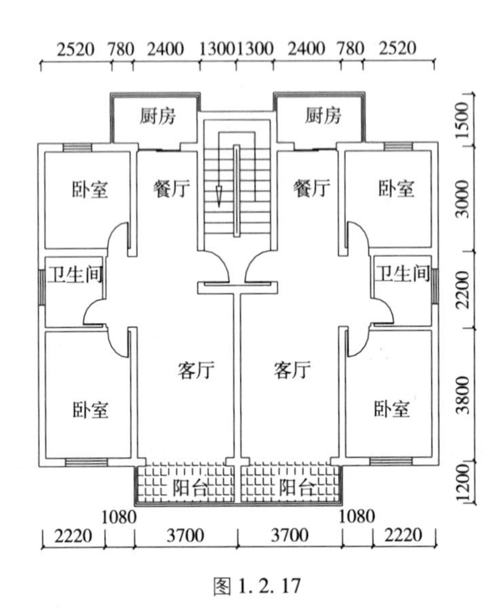

图 1.2.17

实训作业

完成项目案例制作。

项目三

园林树木的绘制

植物是园林四大要素之一，植物配置图是园林设计中不可缺少的项目之一，本项目主要介绍园林植物平、立面图例的制作。虽然网络中出现大量的图例包，但是为了在使用过程中能更加灵活、美观、形象地表达树木图例，首选还是要学习相关的计算机基础知识。树木图例制作过程中，图形的编辑命令不仅可以保证绘制的图形达到最终所需的结构精度等要求，更重要的是，通过编辑功能中的复制、偏移、阵列、镜像等命令可以迅速完成相同或相近的图形的快速复制工作，使得植物配置更为方便快捷。如图1.3.1所示，新疆某厂区绿化平面图，图中有大量树木，如何快速的绘制图中植物，就需要掌握多段线以及复制对象的所有命令。

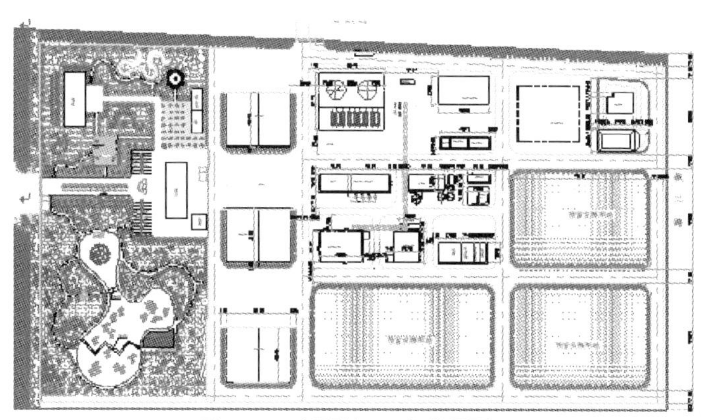

图1.3.1　新疆某厂区绿化平面图

任务一　植物平面图例的制作

任务目标

掌握园林景观设计图中植物图例的制作方法。

任务解析

通过常见几种植物图例的制作，使大家能够熟练掌握常用复制对象工具，并且能灵活的应用到园林设计中。

通过CAD中常用复制对象的工具：拷贝复制、镜像偏移、阵列等命令可以迅速、方便、快捷的完成相同或相近的图形的绘制。

一、拷贝复制

对图形中相同的对象，不论其复杂程度如何，只要完成一个，便可以复制其他的若干个。

命令：COPY（CO或CP）

菜单：修改→复制

按钮：

命令及提示，如图1.3.2所示。

命令:copy
选择对象：找到1个
选择对象：
当前设置：复制模式＝多个
指定基点或[位移（D）/模式（O）]<位移>：指定第二个点或<使用第一个点作为位移>：
指定第二个点或[退出（E）/放弃（U）]<退出>：

图1.3.2

二、镜像

对于对称的图形，可以只绘制一半甚至1/4，然后采用镜像命令产生对称部分。

命令：MIRROR（简写：MI）

菜单：修改→复制

按钮：

命令及提示，如图1.3.3所示。

命令：mirror
选择对象：找到1个
选择对象：指定镜像线的第一点：<对象捕捉 开>指定镜像线的第二点：
要删除源对象吗？[是（Y）/否（N）]<N>:

图1.3.3

参数：

1）选择对象：选择欲镜像的对象。

2）指定镜像线的第一点：确定对称轴线的第一点。

3）指定镜像线的第二点：确定对称轴线的第二点。

4）是否删除源对象？[是（Y）否（N）]＜N＞。

注意事项：

对于文字的镜像，通过MIRRTEXT变量可以控制是否使用文字和其他的对象一样被镜像。

实训1：绘制如图1.3.4所示的园林景观铁艺大门。

绘图方法：打开光盘中模块一项目三园林景观铁艺大门图，输入MI↙，用框选方式选择左半部分铁艺门↙，捕捉铁艺门中轴线作为镜像对象的镜像线↙，然后选择删除源对象，继续↙，完成全部铁艺门的制作。

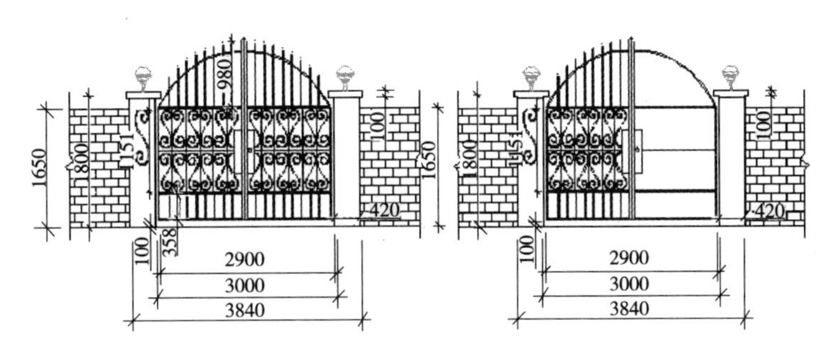

图 1.3.4　园林景观铁艺大门

三、偏移

可以创建一个与选择对象形状相似，但有一定偏距的图形。

命令：offset（简写：o）

菜单：修改→偏移

按钮：

命令及提示，如图 1.3.5 所示。

```
命令：offset
当前设置：删除源=否  图层=源  OFFSETGAPTYPE=0
指定偏移距离或[通过（T）/删除（E）/图层（L）]<通过>：150
选择要偏移的对象，或[退出（E）/放弃（U）]<退出>：
指定要偏移的那一侧上的点，或[退出（E)/多个(M)/放弃（U）]<退出>：
选择要偏移的对象，或[退出（E）/放弃（U）]<退出>：
```

图 1.3.5

参数：

1）指定偏移距离：输入需要偏移对象的距离。

2）指定点以确定偏移所在一侧：用来控制复制对象的位置。

四、阵列

对于规则分布的相同图形，可以通过矩形或环行阵列命令快速产生其他相同图形。

命令：ARRAY（简写：AR）

菜单：修改→阵列

按钮：

（1）矩形阵列，如图 1.3.6 所示对话框。

参数：

1）行、列：分别表示需要阵列的行数和列数。

2）行偏移量、列偏移量：分别指偏移的行间距和列间距。

（2）环行阵列，如图 1.3.7 所示对话框。

参数：

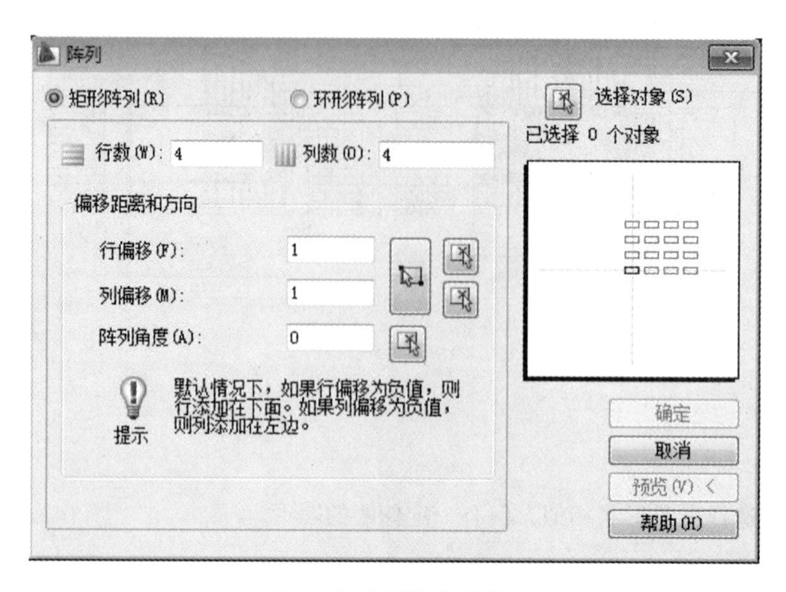

图 1.3.6　矩形阵列对话框

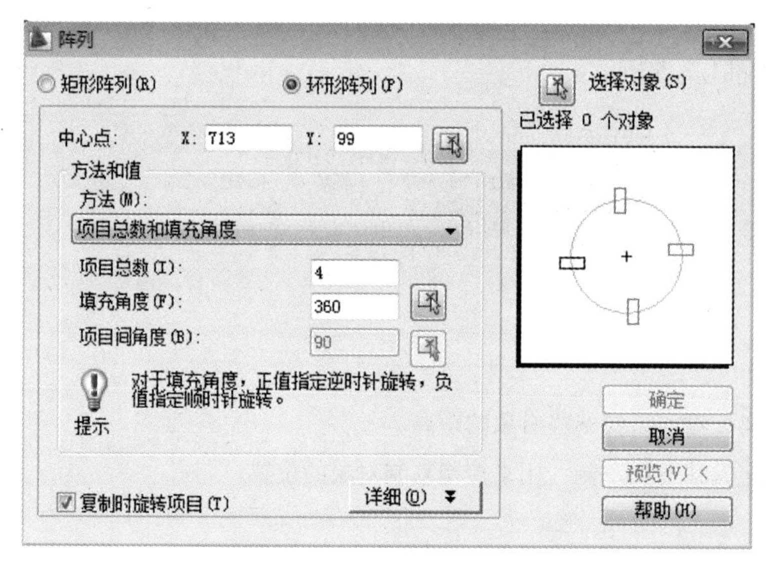

图 1.3.7　环形阵列对话框

1）中心点：用于指定环形阵列的中心。

2）项目总数：环形阵列的复制对象的总量。

3）填充角度：环形阵列时需要的复制角度。

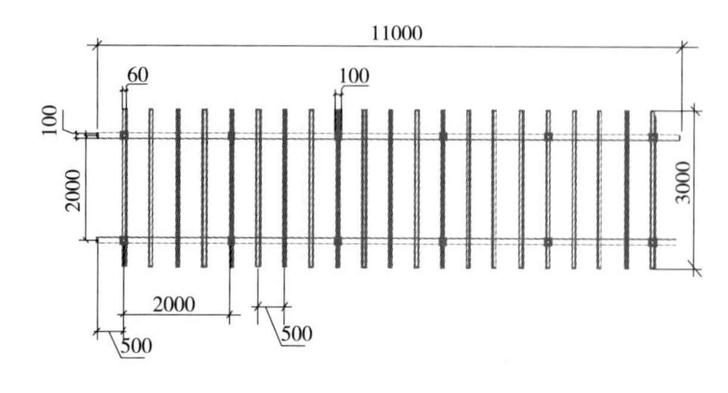

图 1.3.8　木结构花架平面图

4）复制时旋转项目：选择该选项表示对象被复制后除了绕阵列中心环状排列外，还绕对象自身的基点做相应的转动。

实训 2：绘制木结构花架平面图，如图 1.3.8 所示。

绘图方法：先绘制一条长 11000 的水平线作为辅助线，输入 REC↙，输入@ 60，3000↙，输入 AR↙选择矩形阵列（输入参数如图 1.3.9 所示），设置好需要参数，单击确认按钮，再输入REC↙，输入@11000，100↙，打开F3按钮，输入M↙（选择对象为长11000的矩形，捕捉基点为矩形左边的中心点），捕捉辅助线的左端点单击，打开F8按钮，继续M↙（选择对象为放置好的矩形，捕捉基点为矩形左边的中心点），输入1000↙，输入CO↙，选择移动完的矩形，输入2000↙，删除辅助线。

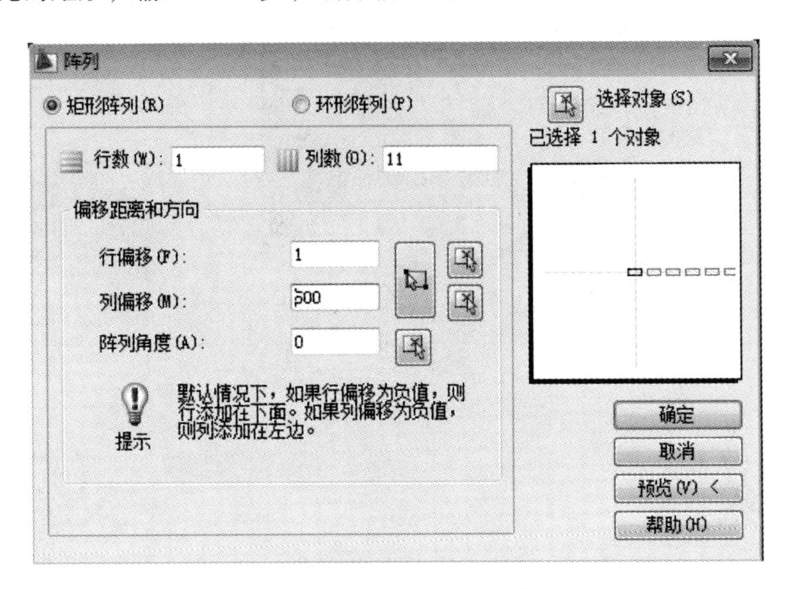

图1.3.9　花架矩形阵列参数

实训3：绘制如图1.3.10所示的百合花图形。

绘图方法：首先来制作百合花的花瓣，先绘制一条长600的垂直线作为辅助线，输入O↙，输入150↙，就复制出了两条间距为150的平行线，输入A↙，打开F3，依次捕捉A、B、C三点（如图1.3.11所示，B点为复制直线的中点），输入MI↙，选择AB线段为镜像线，选择圆弧为镜像对象，↙，继续↙，然后输入AR↙，选择环形阵列，输入如图1.3.12所示的参数（项目总数为26），确定，就完成了百合花图的绘制。

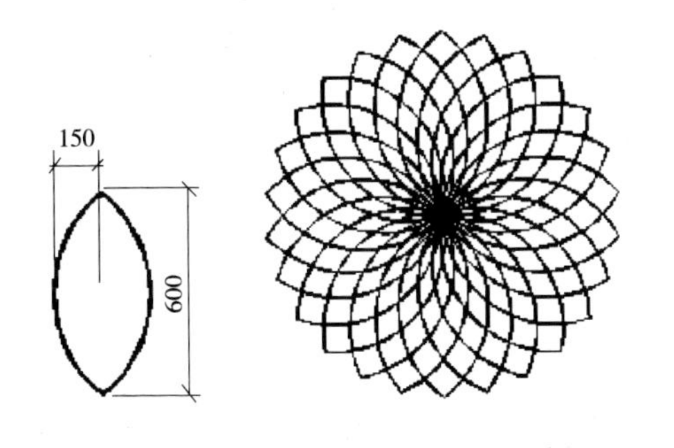

图1.3.10　百合花图形

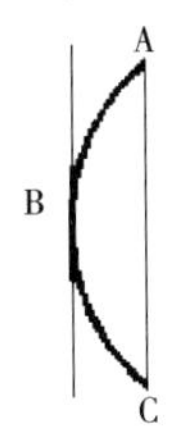

图1.3.11　花瓣制作

实训4：植物平面图例的制作。

绘图方法：

（1）利用百合花图的绘制方法绘制项目总数为12的桂花树木图例1，如图1.3.13所示。

（2）绘制如图1.3.14所示的树木图例2。

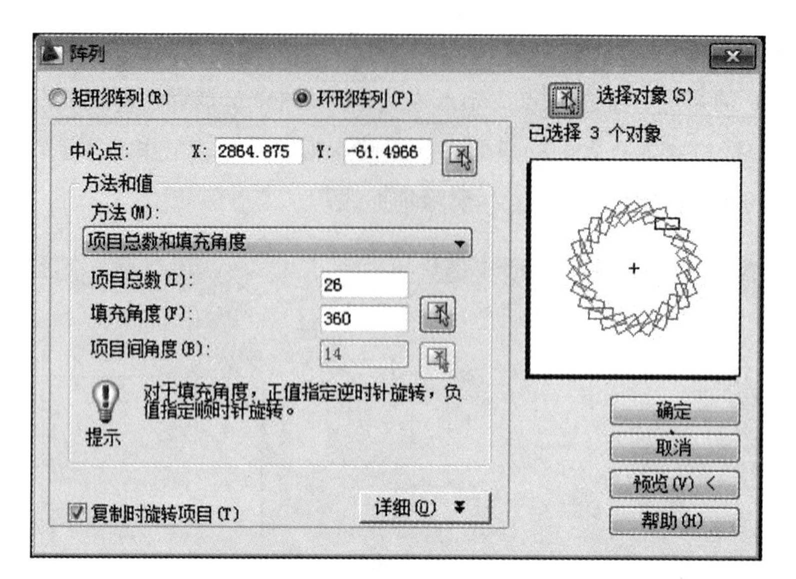

图 1.3.12　百合花图环形阵列参数

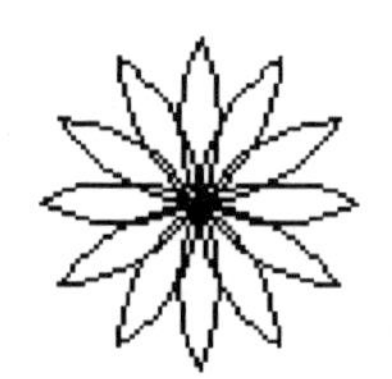

图 1.3.13

图 1.3.14

绘制方法：先绘制一个辅助圆，C↙，输入半径↙，输入 A↙，捕捉圆的圆心为起点绘制一圆弧，要求圆弧的端点在圆上，然后利用多段线命令绘制树枝状的小短线，如图树木图例 2 绘制流程图 1.3.15，回执好一条树枝状图形后，输入 AR↙，选择环形阵列，以圆的圆心为中心，项目总数为 10，选择整条树枝状图形为复制对象，打开复制时旋转项目按钮，单击确认，最后删除辅助圆。

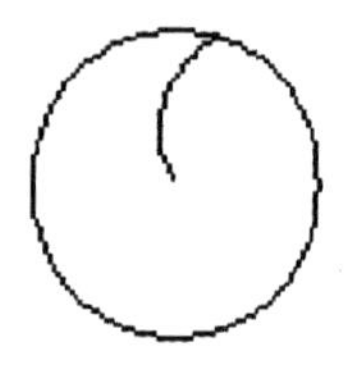

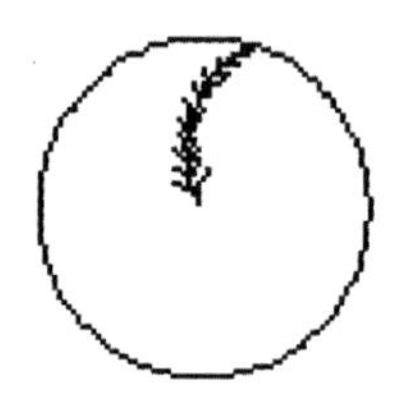

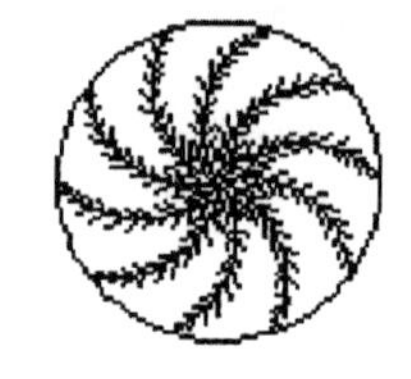

图 1.3.15

实训作业

绘制如图 1.3.16 所示的植物图例。

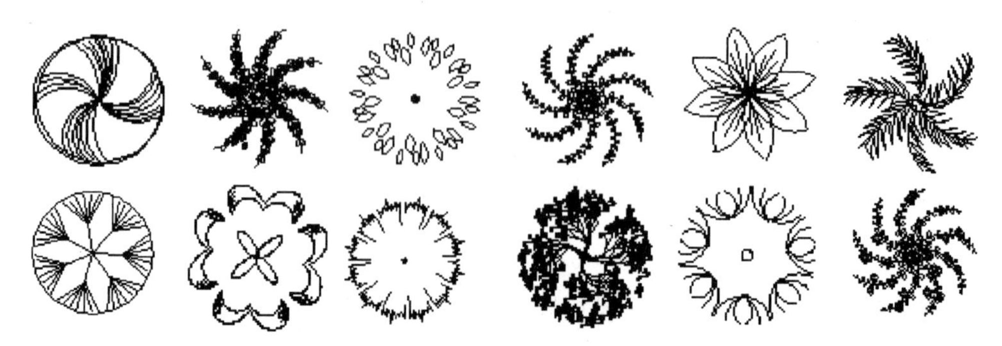

图 1.3.16　植物图例

任务二　植物景观配置平面图的绘制

任务目标

掌握园林景观设计植物平面配置图的绘制。

任务解析

通过了解清水县轩辕湖公园植物配置图中的A区局部植物配置图的绘制说明，使大家能够灵活应用常见的复制对象的命令在园林设计中的应用，如图1.3.17所示。

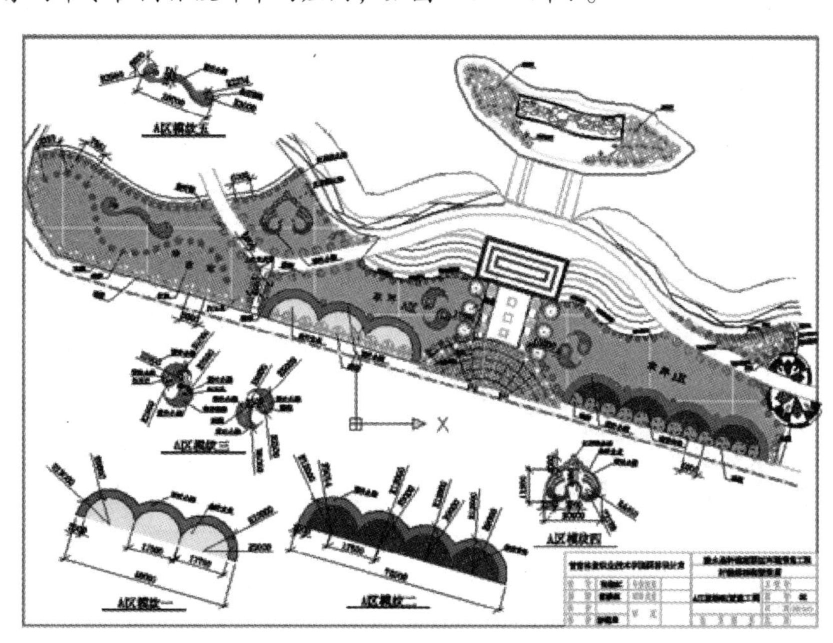

图1.3.17　甘肃省天水市清水县轩辕湖公园植物配置A区图

植物种植设计是园林规划设计的重要组成部分。高效率地绘制植物配置图，主要包括AutoCAD绘图环境的设置、乔灌木图例的选择、苗木数量的统计、苗木表、植物配置说明等方面内容。乔灌木分层有以下几个优点：图纸规范，便于施工；容易标注，图纸不显得拥挤；平面图上互不影响，不会出现乔木挡住下面灌木的情况；最终建成效果层次分明，绿量大的植物配置系统图。

利用AutoCAD软件进行植物种植设计时，苗木量统计表的绘制是一项较为繁琐的工作，而利用AutoCAD自动生成系统自动提取及生成相关数据则可大大降低此工作量，提高工作效率。然而，目前尚没有清晰可行的研究方法来阐述这一操作方法，故本文针对这一问题，提出了一个在植物种植设计中，植物名称、数量、规格等自动生成表格的方法。该方法清晰易懂，且具有较强的实用性和可操作性。

一、设置图层

按照园林要素设置所需图层，植物尽可能每种植物设置一个图层，为了修改方案方便（详细内容在项目五介绍）。

二、制作植物图例或者调用素材

根据《风景园林图例图示标准》（CJJ67—95）进行园林植物常用图例的绘制，乔木、灌木、花卉等设置在各自图层中绘制。当进行植物配置图的绘制时，首先要有植物图例，根据设计者的设计意图，选择合适的树种，制作美观、符合此植物形态样式的图例，如图1.3.18所示为甘肃临洮县窑店初级中学校园绿化设计植物配置图中的苗木统计表部分，也可以借助网络，但最后自己按照自己的设计意图进行修改编辑，形成自己的植物特色图例，利用任务一中学到的知识，制作美观的图例。在图例制作中要注意：线条的美观、色彩的搭配、形态的一致、冠径与树木实际尽可能一致，以便于后面苗木统计表的制作。

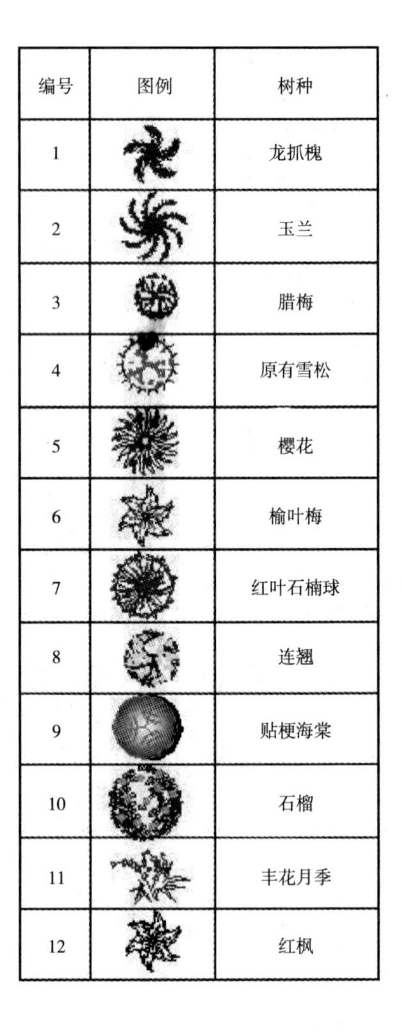

编号	图例	树种
1		龙抓槐
2		玉兰
3		腊梅
4		原有雪松
5		樱花
6		榆叶梅
7		红叶石楠球
8		连翘
9		贴梗海棠
10		石榴
11		丰花月季
12		红枫

图1.3.18　植物图例名称

三、编辑图块属性

为了便于数据的自动生成必须对植物图例进行属性增加编辑操作，这样才能自动生成苗木配置表，具体操作步骤为：单击菜单栏—绘图—块—定义属性，勾选模式—不可见、在上一个属性定义下对齐，确定插入点坐标，在属性标记填入相应数据：编号、名称、图例、拉丁名、冠幅、胸径、高度、单位、数量、备注。

四、定义图块

将图层设置于0图层，把绘制好的图例与编辑好的块属性建立图块、中文命名保存为了便于今后的使用建议将图例分门别类整理（详细内容在项目七介绍）。

五、植物配置苗木表的制作

单击菜单栏—工具—属性提取—单击下一步—结束输出，通过鼠标拖动调整增加属性标记位置就可得到，勾选外部文件，附加选项选择后辍名为 . xls 文件，确定保存路径同时可以得到 Excel 文件方便工程预结算的使用，继续单击下一步—完成，回到 CAD 操作界面中框选即可自动生成植物配置表格，如字体大小、行列间距可自行调整。也可以自己制作苗木统计表，如图1.3.19所示。

六、属性修改

园林规划设计可变性非常强，植物种类、规格变化性较大，通过编辑图例块就可以更改属性内容，单击修改Ⅱ中块属性管理器就可以进行编辑，如图1.3.20所示。块属性管理器能够快速准确地

序号	图例	名称	规格	单位	数量	备注
1		雪松	H=600-650	株	27	
2		垂柳	ø20 P=450-500	株	94	
3		金丝柳	ø15-18 P=400-450	株	66	
4		火炬树	ø15 P=400-450	株	15	
5		银杏	ø15 P=350-400	株	85	
6		樱花	ø15 P=200-350	株	364	
7		紫玉兰	ø12 P=400-450	株	64	
8		白玉兰	ø10	株	51	
9		水杉	ø12 P=300-400	株	45	
10		桃树	D 8 P=200-250	株	70	
11		碧桃	ø10 P=200-250	株	35	
12		紫叶李	ø10 P=350-400	株	59	
13		七叶树	ø10 P=400-450	株	15	
14		龙爪槐	ø15 P=400-500	株	45	
15		香花槐	ø8 P=300-350	株	60	
16		红枫	D 6-8	株	46	
17		木槿	D 6-8	株	61	
18		紫薇	D 6-8	株	105	
19		腊梅	D 6 -10	株	23	
20		龙柏树造型	ø7	株	18	
21		丁香	P=160-220	株	131	
22		国槐	ø16 P=400-450	株	83	
22		紫叶桃	ø6-8	株	26	

ø 干径或胸径 P 冠径 H 高度 D 地径

序号	图例	名称	规格	单位	数量	备注
1		贴梗海棠	D=6 P=120	株	83	
2		榆叶梅	D=8 P=180	株	124	
3		连翘	H=120-150 P=200	株	100	
4		棣棠	H=80-1200 P=45-50	株	87	
5		石榴	H=80-1200	株	38	
6		红叶石楠球	P=80-120 H=100-120	株	26	
7		灌木紫叶李	D=4 H=80	M²	468	6株/m²
8		迎春花	P=50-60 H=50-60	株	708	沿着外围线栽植两行，间距0.5m
9		红花继木球	D=6 H=120	M²	33	
10		红花继木	P=25-30 H=40-50	M²	874	16株/m²
11		牡丹	H=120-130 P=120-150	M²	684	1株/m²
12		丰花月季	H=20-30 P=35-40	M²	2168	9株/m²
13		小叶女贞球	P=80-120 H=100-130	株	31	
14		金叶女贞	H=20-30 P=50-60	M²	814	25株/m²
15		紫叶小檗	H=20-30 P=50-60	M²	1104	25株/m²
16		金舌黄杨	H=20-30 P=50-60	M²	1003	25株/m²
17		大叶黄杨	H=20-30 P=50-60	M²	395	12株/m²
18		竹	ø2.5-3	M²	637	9株/m²
19		美人蕉		M²	1582	12株/m²
20		鸢尾		M²	574	12株/m²
21		沿阶草（麦冬）		M²	1239	
22		草坪		M²	30320	早熟禾、高羊茅、黑麦草混播
23		三叶草		M²	11000	

ø 干径或胸径 P 冠径 H 高度 D 地径

图 1.3.19 甘肃省天水市清水县轩辕湖公园植物配置苗木统计表

绘制苗木配置表，极大地提高了园林植物种植设计的工作效率，同时设计出来的图纸更科学、合理、准确。自动生成数据的功能，将对今后的园林规划设计起到更好的现实指导意义。

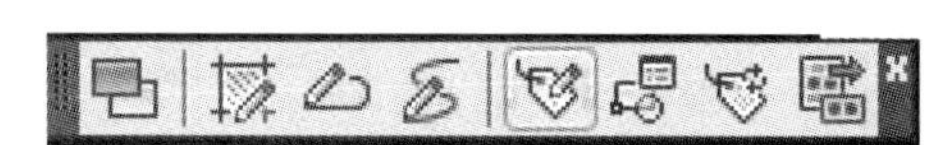

图 1.3.20 修改Ⅱ工具栏

实训：清水县轩辕湖公园植物配置图中的A区局部植物配置图的绘制。

（1）大量乔灌木植株的绘制。在做植物配置图时，经常要做大量的苗木图例复制工作。对于规则分布的树木，可以采用矩形阵列来完成；自然配置的苗木可以采用拷贝辅助来完成，但是用拷贝复制速度太慢，提倡用点的定距等分，如图 1.3.21 所示来完成，如图 1.3.22 所示中的垂柳、榆叶梅的配置，就应用了点定距等分工具完成的。首先沿着配置植物中心轨迹绘制一条辅助线（辅助线尽可能用 Pline，因为多段线既可以绘制直线，还可以绘制曲线，并且完成的所有图形是一个对象），这样复制植物的工作量就大大减轻了。但这种做法在使用之前一定要对完成的树木图例定义图块，否则无法完成此操作，提示中的线段长度就输入苗木的间距。

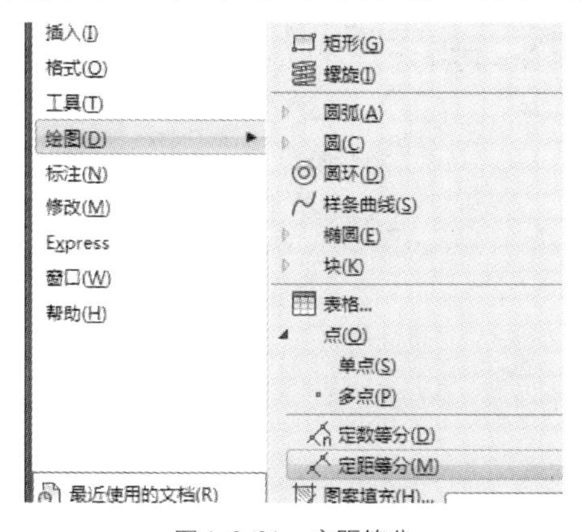

图 1.2.21 定距等分

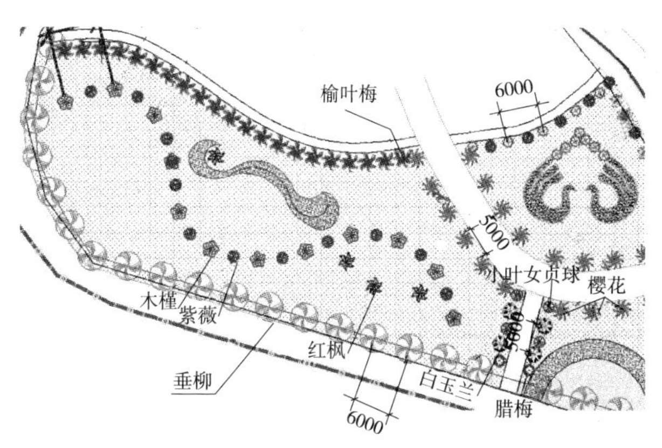

图 1.2.22 自然式植物配置轨迹图

命令：MEASURE

菜单：绘图→点→定距等分

按钮：

命令及提示：

```
命令：MEASURE
选择要定距等分的对象：
指定线段长度或[块(B)]：b
输入要插入的块名：榆叶梅
是否对齐块和对象？[是(Y)/否(N)]<Y>：
指定线段长度：6000
```

（2）大量花灌木丛的制作。在植物配置图中，经常也会遇到大量花灌木丛的制作，如图 1.3.23 中的牡丹园的制作，同样首选要做花灌木图例，然后定义为图块，再复制此图例或者插入图块都可以。

（3）植物模纹图案的制作。最近几年植物模纹图案设计在城市景观中尤为多见，因此要学会植物模纹图案的制作如图 1.3.24 所示。

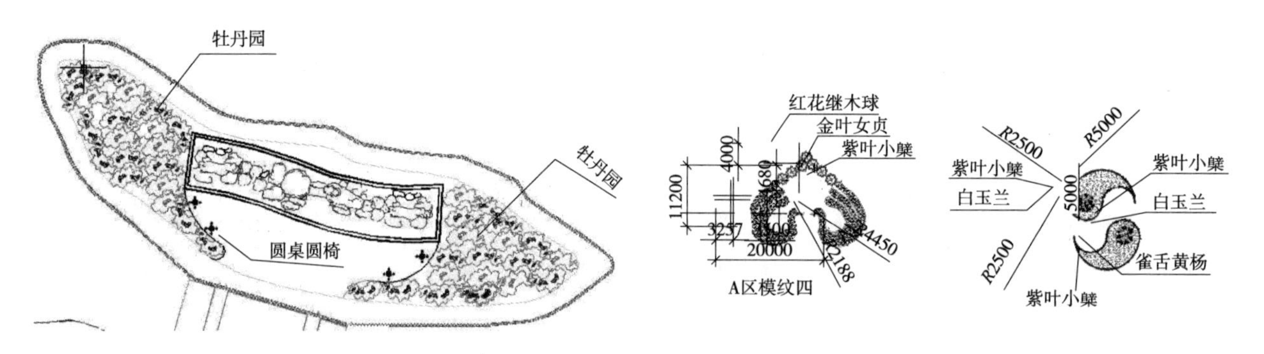

图 1.3.23　花灌木配置图　　　　图 1.3.24　植物模纹图

（4）草坪的制作。利用图案填充知识完成（详细内容在项目七介绍）。但要注意：草坪边界线的绘制，最好是一个闭合的对象；草坪中间的植物最好也要做辅助线勾画出已有图例的外边界，最后通过选择对象形式进行草坪填充，如图 1.3.25 所示。

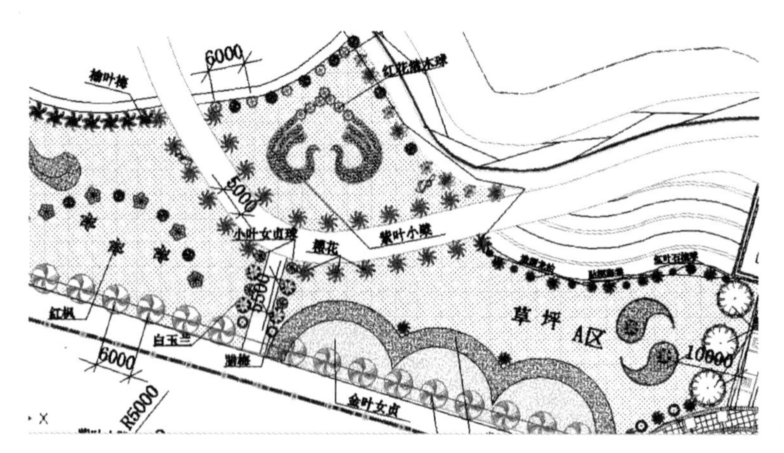

图 1.3.25　草坪

实训作业

抄绘甘肃省地矿局一勘院绿化平面图，如图 1.3.26 所示。

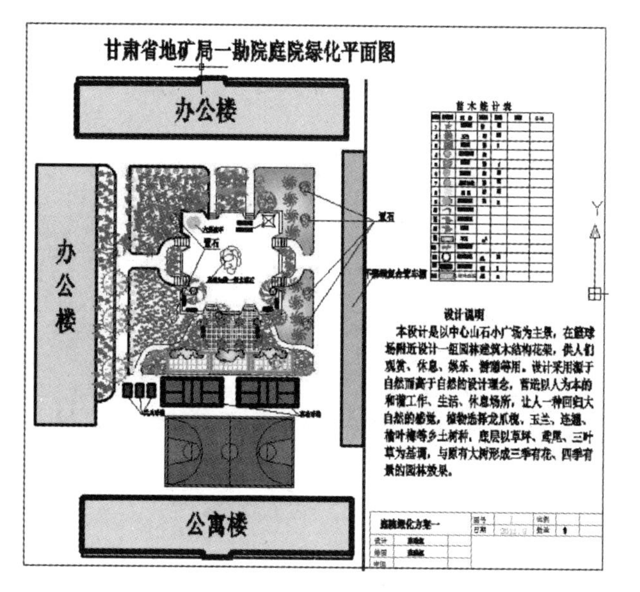
甘肃省地矿局一勘院庭院绿化平面图
办公楼
办公楼
置石
置石
苗木统计表
公寓楼
设计说明
本设计是以中心山石小广场为主景，在篮球场附近设计一组园林建筑木结构花架，供人们观赏、休息、娱乐、游憩等用。设计采用源于自然而高于自然的设计理念，营造以人为本的和谐工作、生活、休息场所，让人一种回归大自然的感觉，植物选择龙爪槐、玉兰、连翘、榆叶梅等乡土树种，底层以草坪、鸢尾、三叶草为基调，与原有大树形成三季有花、四季有景的园林效果。
庭院绿化方案一
图号
日期
比例
数量
设计
制图

图 1. 3. 26

项目四

建筑及环境总平面图的绘制

任务　建筑及环境总平面图的绘制

任务目标

掌握园林环境总平面图的绘制。

任务解析

通过学习总平面图的绘制，要求学生掌握常用CAD工具的灵活应用，掌握总平图的绘制原则以及绘制方法。

一、设置绘图参数

1. 设置单位

在总平面图中一般以“m”为单位进行尺寸标注，但在绘图时，以“mm”为单位进行绘图。

2. 设置图形边界

将模型空间设置为420000×297000。

3. 设置图层

根据图样内容，按照不同图样划分到不同图层中的原则，设置图层。其中包括设置图层名（设置标注、道路、河道、建筑、绿地、植物、轴线等）、图层颜色、线型、线宽等。设置时要考虑线型、颜色的搭配和协调。

二、建筑物布置

1. 绘制建筑物轮廓

（1）绘制轮廓线，打开“图层”工具栏，将“建筑”图层设置为当前图层。调用“多线段”命令，绘制建筑物周边的可见轮廓线。

（2）加粗轮廓线。选中多段线，按住Ctrl+1组合键，打开“多段线”特性窗口。可以通过在“几何图形”选项中设置“全部宽度”，或者是在“常规”选项中设置“线宽”来加粗轮廓线，效果如图1.4.1所示。

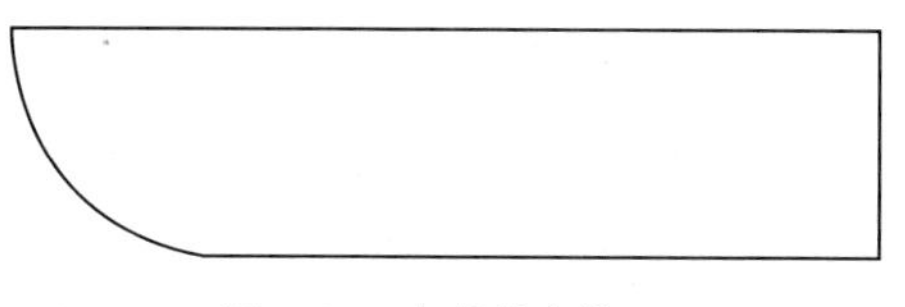

图1.4.1 加粗轮廓线

2. 建筑物定位

用户可以根据坐标来定位建筑物，即根据国家大地坐标系或测量坐标引出定位坐标。对于建筑物定位，一般至少应给出3个坐标点。这种方法精度高，但比较复杂。

用户也可以根据相对距离来进行建筑物定位，即参照已有的建筑物或构筑物、场地边界、围墙、道路中心等的边缘位置，以相对距离来确定新建筑物的设计位置。这种方法比较简单，但精度低。本商住楼临街外墙与街道平行，以外墙定位轴线为定位基准，采用相对距离进行定位比较方便。

（1）绘制辅助线。打开“图层”工具栏，将“轴线”图层设置为当前图层。调用“直线”命令，绘制一条水平中心线和一条竖直中心线，然后调用“偏移”命令，将水平中心线向上偏移64000，将竖直中心线向右偏移77000，形成道路中心线，效果如图1.4.2所示。

（2）建筑物定位。调用“偏移”命令。将下侧的水平中心线向上偏移17000，将右侧的竖直中心线向左偏移10000。然后调用“移动”命令，移动建筑物轮廓线，效果如图1.4.3所示。

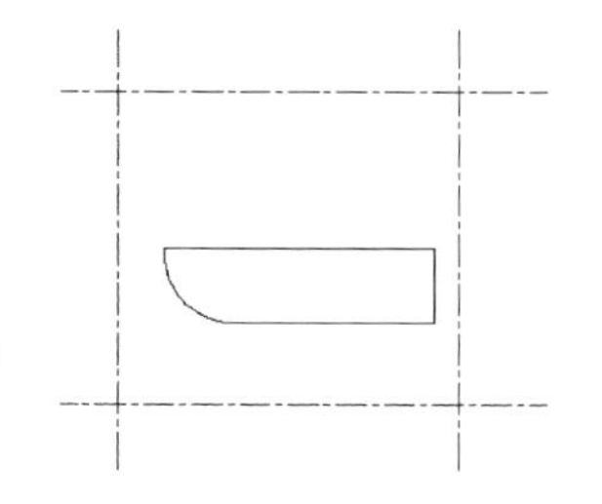

图1.4.2 绘制道路中心线

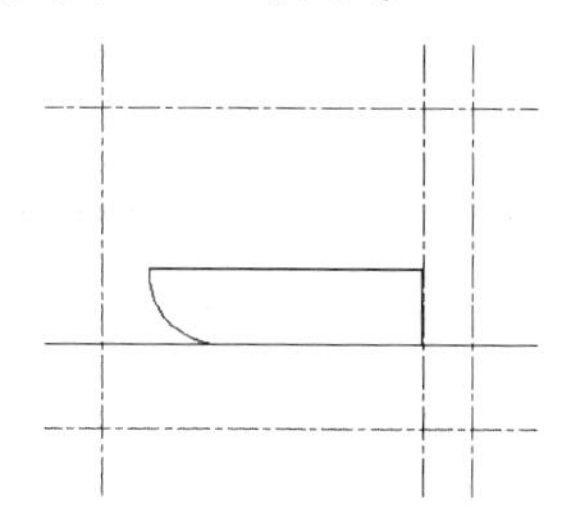

图1.4.3 建筑定位

三、场地道路、绿地等的布置

1. 绘制道路

（1）打开“图层”工具栏，将“道路”图层设置为当前图层。

（2）调用“偏移”命令，将最下侧的水平线分别向两侧偏移6000，将其余的中心线分别向两侧偏移5000，选择所偏移后的直线，设置为“道路”图层，即可得到主要的道路。然后调用“修剪”命令，修剪点道路多余的线条，使得道路整体连贯，效果如图1.4.4所示。

（3）调用“圆角”命令，将道路进行圆角处理，左下角的远角半径分别为30000、32000和34000，其余圆角半径为3000，效果如图1.4.5所示。

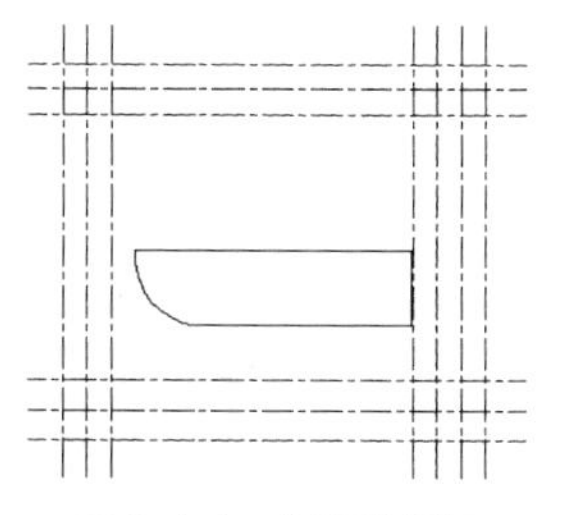

图1.4.4 偏移并剪切

图1.4.5 圆角处理

2. 绘制河道

将“河道”图层设置为当前图层，调用“直线”命令，绘制河道，效果如图 1.4.6 所示。

3. 绘制街头花园

将街面与河道之间的空地设计为街头花园。

（1）调出“标准”工具栏，单击“工具栏选项板”命令图标，在工具选项板中选择合适的乔木、灌木图例，然后调用修改工具栏中的“比例缩放”命令，把图例缩放到合适尺寸。

（2）调用“复制”命令，将相同的图案复制到合适的位置，完成乔木、灌木等图里的绘制。

（3）调用“图案填充”命令，绘制草坪。完成街头花园的绘制，效果如图 1.4.7 所示。

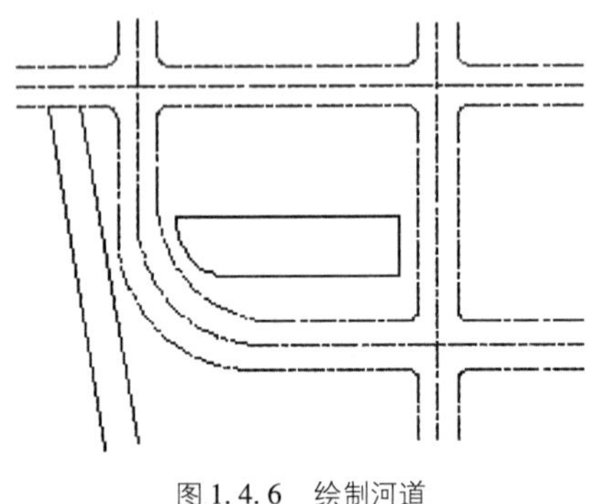

图 1.4.6　绘制河道

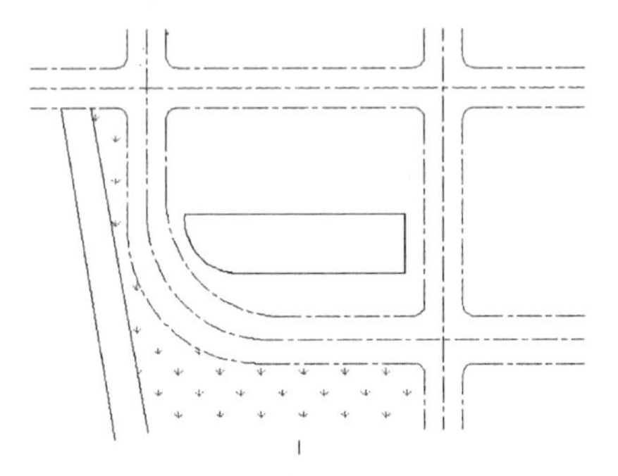

图 1.4.7　绘制街头花园

4. 绘制已有建筑物

新建建筑物后面为已有的旧建筑物。调用“直线”命令和“偏移”命令，绘制已有建筑物，效果如图 1.4.8 所示

5. 布置绿化

在道路两侧布置绿化。从设计中心中找到相应的“绿化”图块，调用“插入块”命令，插入“绿化”图块。然后调用“复制”命令或“矩形阵列”命令，将“绿化”图块复制到合适的位置，效果如图 1.4.9 所示。

图 1.4.8　绘制已有建筑物

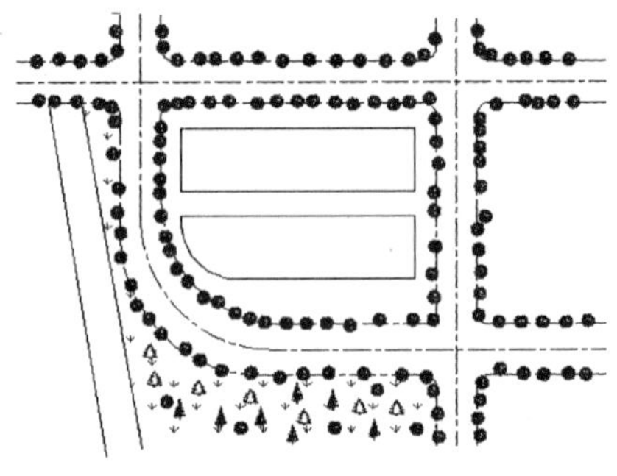

图 1.4.9　布置绿化

四、各种标注

1. 尺寸、标高和坐标标注

在总平面图上标注新建建筑房屋的总长、总宽及其与周围建筑物、构筑物、道路、红线之间的距离。标高标注应标注室内地平高和室外整平标高，二者均为绝对值。初步设计及施工设计图设计阶段的总平面图中还需要准确标注建筑物角点的测量坐标或建筑坐标。总平面图上测量坐标代号用“X、

Y”来表示，建筑坐标代号用”A、B”来表示。

（1）设置尺寸样式。选择“格式”→“标注样式”菜单命令，设置尺寸样式。在“线”选项卡中，设定“延伸限”选项组中的“超出尺寸线”为400。在“符号和箭头”选项卡中，设定“建筑标记”，“箭头大小”为400。在“文字”选项卡中，设定“文字高度”为1200。在“主单位”选项卡中，设置以米为单位进行标注，即将“精度”设置为0。“比例因子”设为0.001。在进行“半径标注”设置时，在“符号和箭头”选项卡中，将“第二个”箭头选为实心闭合箭头。

（2）标注尺寸。调用“线性标注”命令，在总平面图中，标注建筑物的尺寸和新建建筑物到道路中心线的相对距离，效果如图1.4.10所示。

2. 标高标注

调用“插入块”命令，将“标高”图块插入到总平面图中，再调用“多行文字”命令，标注相应的标高，效果如图1.4.11所示。

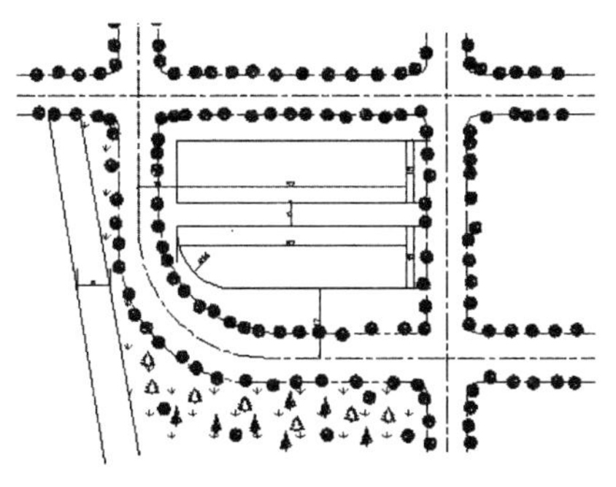

图1.4.10　标注尺寸

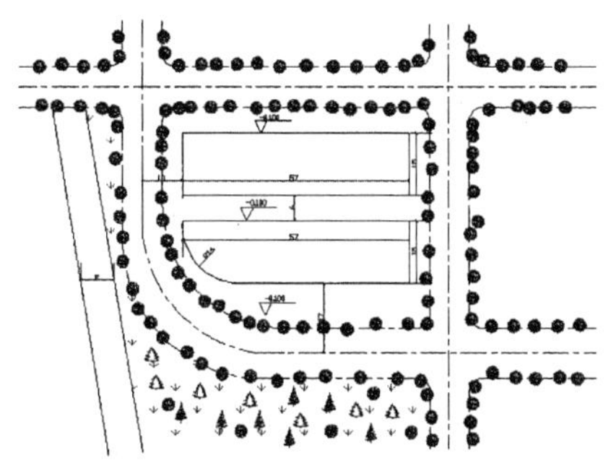

图1.4.11　标高标注

3. 坐标标注

（1）绘制指引线。调用“直线”命令，由轴线或外墙角点引出指引线。

（2）定义属性。选择“绘图”→“块”→“定义属性”菜单命令，弹出“属性定义”对话框。在该对话框中进行对应的属性设置，在“属性”选项组中的“标记”文本框中输入“x =”，在“提示”文本框中输入“输入x坐标值”。在“文字设置”选项组中，将“文字高度”设为1200。单击“确定”按钮，在屏幕上指定标记位置。

（3）重复上述命令，在“属性”选项组中的“标记”文本框输入“y =”，在“提示”文本框中输入“输入y坐标值”，单击“确定”按钮，完成属性定义。

（4）定义块。调用“创建块”命令，打开“块定义”对话框，定义“坐标”块。单击“确定”按钮，打开“编辑属性”对话框。分别在“输入x坐标值”文本框和“输入y坐标值”文本框中输入x、y坐标值。

（5）调用“插入块”命令，弹出“插入”对话框，对“插入点”、“比例”和“旋转”进行设置，设置完之后单击“确定”按钮，然后在图形中指定插入点，在“命令行”中输入“x”和“y”坐标值。

（6）重复上述步骤，完成坐标的标注，效果如图1.4.12所示。

4. 文字标注

（1）打开“图层”工具栏，将“标注”图层设置为当前层。

（2）调用“多行文字”命令，标注入口，道路等，效果如图1.4.13所示。

图 1.4.12　坐标标注

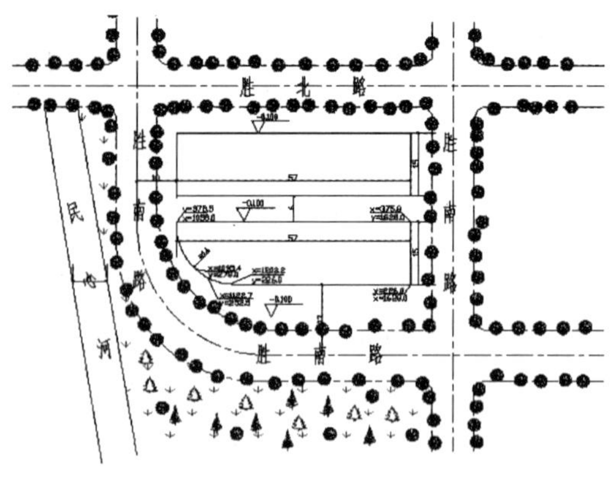

图 1.4.13　文字标注

5. 图名标注

调用“多行文字”命令和“直线”命令，标注图名，效果如图 1.4.14 所示。

6. 绘制指北针

调用“圆”命令，绘制一个圆，然后调用“直线”命令，绘制指北针，最终完成总平面图的绘制，效果如图 1.4.15 所示。

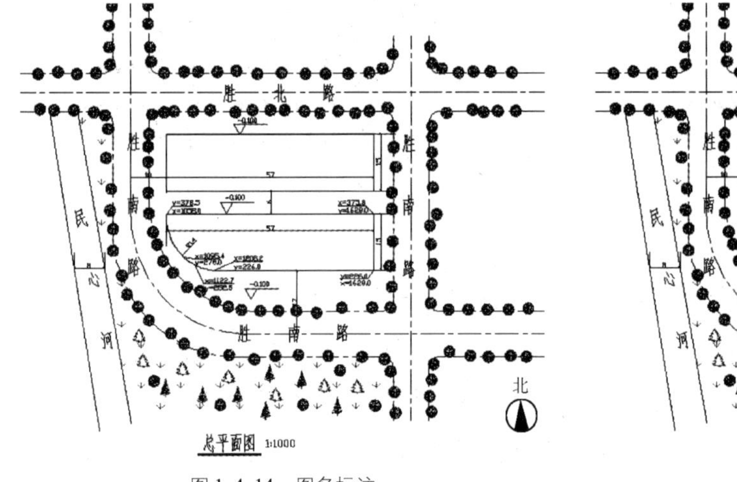

图 1.4.14　图名标注

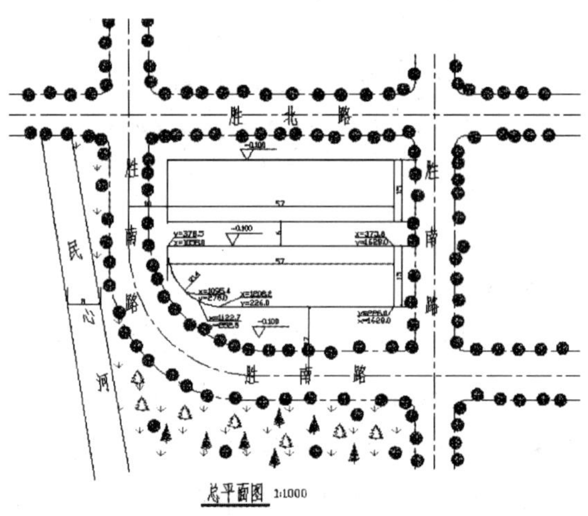

图 1.4.15　总平面标注

项目五

图层在园林中的应用技巧

在 AutoCAD 园林计算机制图的准备工作中，当确定了图形单位和出图比例，并设置好图形界限和系统环境以后，接下来就要根据所绘制的图形来设置一些常用的图层。设置图层有助于绘图方便及文件的修改，同时可以加强绘图的准确性。在 AutoCAD 2007 软件中的图层可以对园林图进行分类，通常按两种形式分类：①按照园林要素的内容来进行分类，如园林建筑、园路、植物、小品、水体等；②按照图形的特征进行分类，如粗实线、中实线、细实线、点划线、虚线等。设计者在绘图时可以根据所绘图纸的内容与要求，设置和选用不同的图层、线型、线宽和颜色来绘制。

任务　图层在园林中的应用技巧

任务目标

掌握线型的调入和线型比例的合理设置，线宽和颜色的设置，重点掌握图层的操作。

任务解析

具体介绍图层、线型、线型比例、线宽和颜色等方面的设置，使设计者能够快速设置绘图环境。

一、图层

建立图层可以帮助管理和控制复杂的图形。在绘图时将不同种类和用途的图形设成一个图层，就可以对相同种类图形统一管理。一个图层就像一张透明图纸，可以在上面绘制不同的实体，将透明纸叠加起来，最终得到复杂图形，如图 1.5.1 所示。

（1）优点。

1）节省存储空间。

2）可以控制图形的颜色、线条宽度、线型。

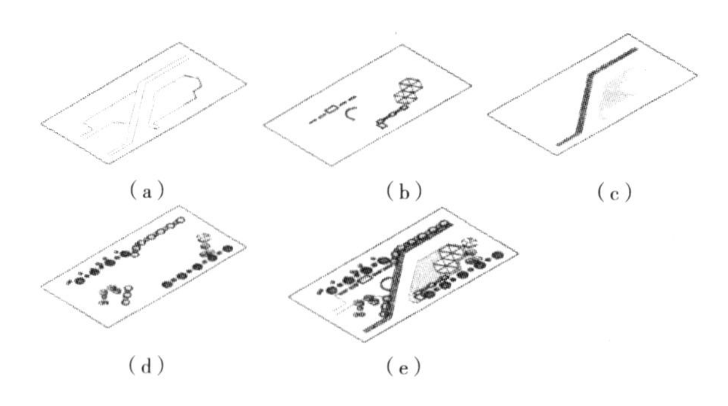

(a) (b) (c)

(d) (e)

图 1.5.1 图层的概念

(a) 道路图层；(b) 建筑、小品图层；(c) 图案填充图层；(d) 植物种植图层；(e) 所有图层叠合为总平面图

3）可建立无限多个图层，根据需要为每个图层设置名称、颜色、线型。

(2) 依据。

1）不同类型的线型要单独设置一个图层，例如直线、点划线。

2）粗细不同的线单独设置一个图层，例如粗墙体实线、细实线。

3）不同功能的图形，例如轴线、窗户、墙体各单独设置一个图层。

1. 图层的设置与管理

(1)［格式］菜单中选择［图层］项，屏幕弹出［图层特性管理器］对话框，如图 1.5.2 所示，即可设置图层。

(2) 命令行输入：LAYER (LA) 回车即可。

(3) 单击按钮，屏幕弹出［图层特性管理器］对话框，如图 1.5.2 所示，即可设置图层。

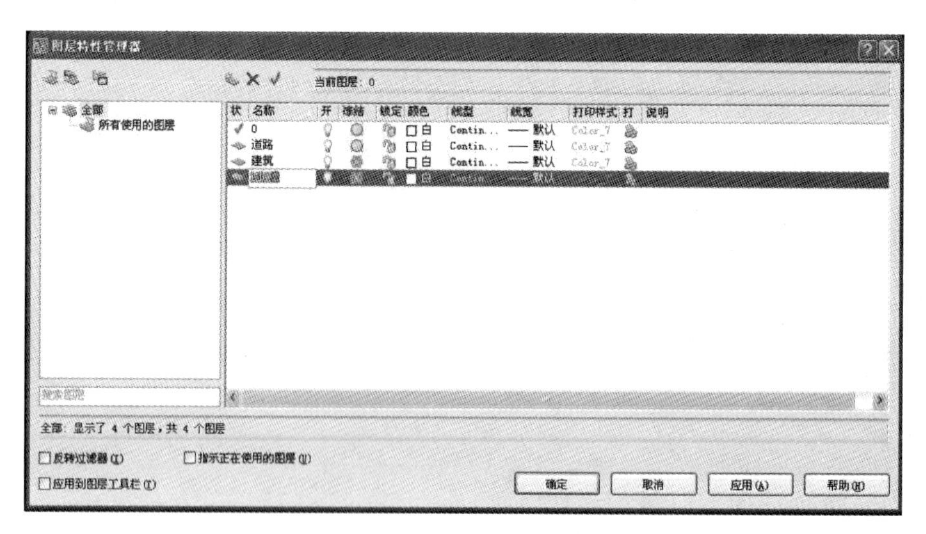

图 1.5.2 图层特性管理器

2. 对话框上方的 3 个按钮

(1) 创建新图层。用于创建新图层，单击按钮后，在图层特性管理器对话框中创建新图层。

(2) 删除图层。找到要删除的图层，单击鼠标左键，再单击按钮。

(3) 设置当前图层。在图层特性管理器对话框中，选择所需的图层，使其成高亮度显示，然后单击✓按钮。当前绘图层，层名和属性都显示在对象特性工具栏上。CAD 默认 0 层为当前图层。

用户绘制和编辑图形总是在当前图层上进行。若想在某一图层上绘图，必须将该图层设置为当前层。新创建的对象具有当前图层的颜色和线型，被冻结的图层或依赖外部参照的图层不能置为当前图层。

将图层置为当前层的方法有以下两种。

（1）从［对象特性］工具栏的［图层控制］框中单击图层名，会显示出已有的图层。选择其中一个，该图层即可成为当前层。

（2）在［图层特性管理器］对话框中选择图层，然后单击✓按钮。

3. 图层状态控制

（1）状态。表示图层的当前状态。如果为✓，该符号表示为当前图层。当前图层只有一个。

（2）名称。用于标识图层，如名字可以为建筑、道路、草坪等。双击该位置可以将其激活，然后进行名字的修改。

（3）开/关。用于打开或关闭图层。单击按钮，当灯亮时，表示该图层处于打开状态；单击按钮，当灯黯时，表示该图层处于关闭状态，关闭后，实体不在屏幕上出现，如果再画图，再次打开时将会出现，隐藏起来可使图形简单清晰。

（4）冻结。用于打开或关闭图层的冻结状态。单击按钮，当图标显示太阳状，表示该图层未冻结；单击时，当图标显示为，表示该图层上的物体被冻结，更新时该图层的物体将不参加运算。

用户不能冻结当前层，也不能将冻结层设置为当前层。冻结和解冻图层的操作与打开和关闭图层的操作类似。

（5）上锁。用于锁定或解锁当前图层。单击，该图层将处于开锁状态；单击，此时该图层处于锁定状态，图层上的物体能看见实体，但不能修改。

锁定图层的目的是防止被人误删和误改。可以将锁定层设置为当前层。锁定和解锁图层的操作与打开和关闭图层的操作类似。

注意：

（1）Ctrl + 鼠标——选择多个图层，0 层不能删除。

（2）Shift + 鼠标——连续选择多个图层。

4. 使用图层时应该注意两个概念

（1）当前图层。正在使用的图层为当前图层，只能在当前图层创立新图形，有关一些信息都显示在工具栏上，用户可以将任意一个图形设为当前图形。

（2）0 层。0 层不能修改，也不能删除，但可以重新设置它的颜色和线型。

二、线型

在绘制园林图时，经常会遇见应用各种不同的线型样式（如点划线、虚线、实线等），在图层特性管理器中提供了多种线型文件，在使用时需要加载线型。

1. 设置线型

（1）［格式］菜单中选择［线型］项，屏幕弹出［选择线型］对话框，如图 1.5.3 所示，即可选择所需线型。

（2）命令行输入：LINETYPE（LT）回车即可。

（3）［对象特性］工具栏的线型列表中选择。

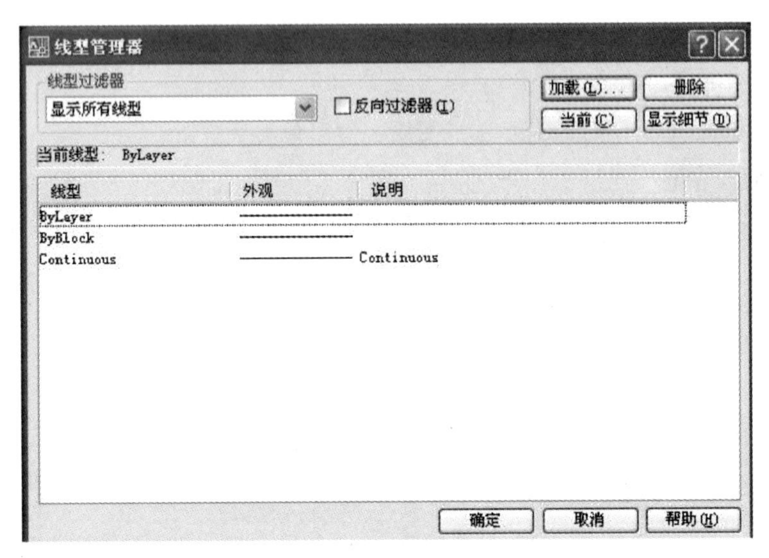

图 1.5.3 线型管理器

在图 1.5.4 中显示了线型的基本信息，绘图者需要绘制其他线型时，单击“加载”按钮，弹出如图 1.5.5 所示“加载或重载线型”对话框。

图 1.5.4 线型对话框

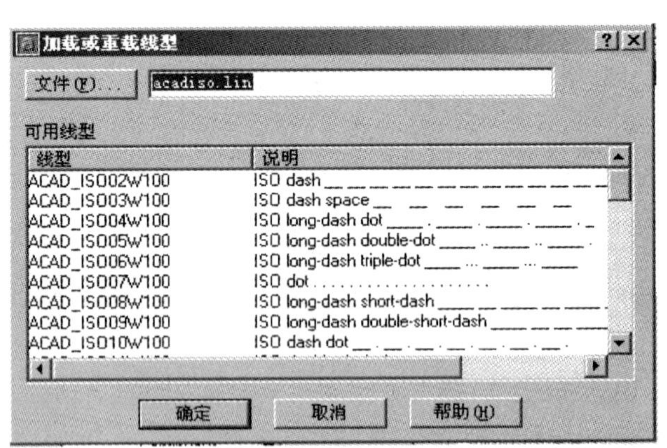

图 1.5.5 加载或重载线型对话框

在该对话框中选择要加载的线型，然后单击“确定”按钮，返回线型管理器对话框，则选择的线型被显示在当前线型列表中。

当需要修改图像线型时，选择相应图形对象，在对象特性工具栏的线型下拉列表中选择要应用的线型样式，则图形对象的线型改变为选定的线型样式。

2. 设置线型比例

线型规定了线的形状，如果不连续的线段疏密不合适，需设置线型比例来调整线的疏密。线型比例用于控制单位距离上的重复短线的数量，该值越小，短线和间隔的尺寸越小，即单位距离的重复数目越多，反之单位距离的重复数目越少。线型比例分为全局线型比例和局部线型比例。全局线型比例——控制整幅图形的非连续线型。局部线型比例——控制不同的对象。也就是说，非连续线型的全局比例是相同的，但局部线型比例不一定相同。对象最终的线型比例应为两者乘积。

在线型管理器对话框中选择“显示细节”按钮，如图 1.5.6 所示，［详细信息］栏中，全局比例因子可以调整新建和现有对象的线型比例，当前对象缩放比例调整新建对象的线型比例。线型比值越大，线型中的也越大。如选择点划线线型，在实际尺寸较大的情况下，图像看起来似乎仍然显示实线，此时可以通过增大比例因子来解决，如图 1.5.7 所示。

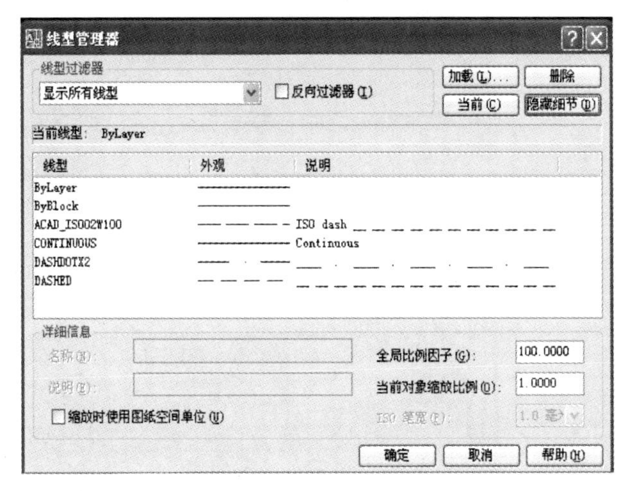

图 1.5.6　线型管理器对话框

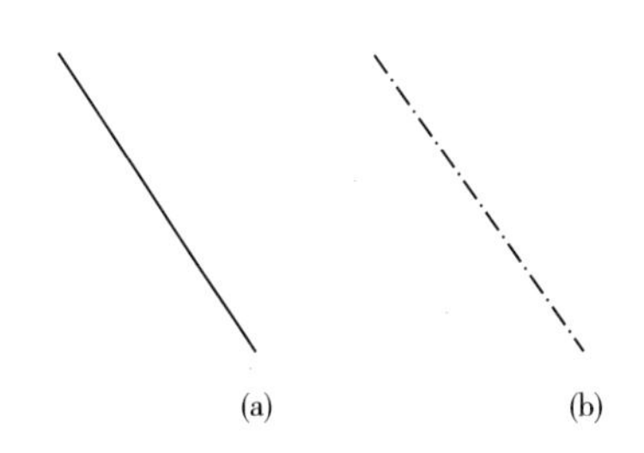

图 1.5.7　修改线型显示比例

（a）比例 = 1；（b）比例 = 500

三、设置线宽

线宽特性可以在屏幕显示和输出到图纸时起作用。它用于直观的区分不同的实体和信息，不能用来精确的表示实体的实际宽度。设置了线宽的对象在出图时以设定的线宽值为宽度绘出，单位：英寸或毫米，缺省值为毫米。线宽值为 0 时，在模型空间中显示一个像素宽，出图时以所用绘图设置最细线宽输出。

（1）［格式］菜单中选择［线宽］项，屏幕弹出［选择线宽］对话框，如图 1.5.8 所示，即可选择所需线宽。

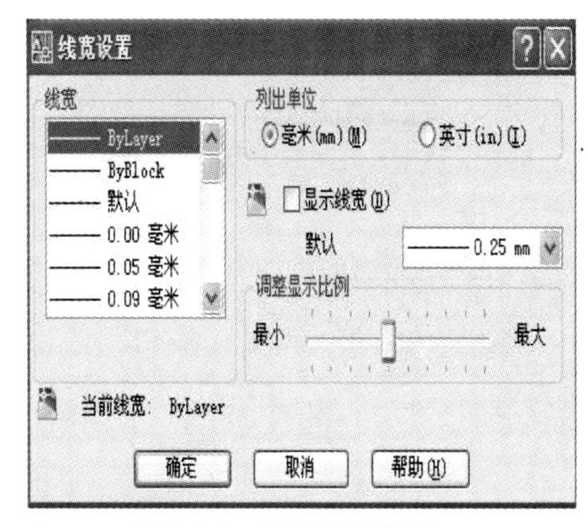

图 1.5.8　线宽设置对话框

（2）命令行输入：LWEIGHT（LW）回车即可。

（3）［对象特性］工具栏的线宽列表中选择。

在图形绘制时，如果同一图层有两种不同线宽时，可用“对象特性”工具栏中的“线宽控制”来调整（见图 1.5.9）。如绘制一个护栏大样施工图，绘制时线条在同一图层（见图 1.5.10），绘制完成后，选择需要加粗的轮廓线，并在“对象特性”工具栏中的“线宽控制”，将“随层”改为“0.8mm”的线宽（见图 1.5.11 和图 1.5.12）。

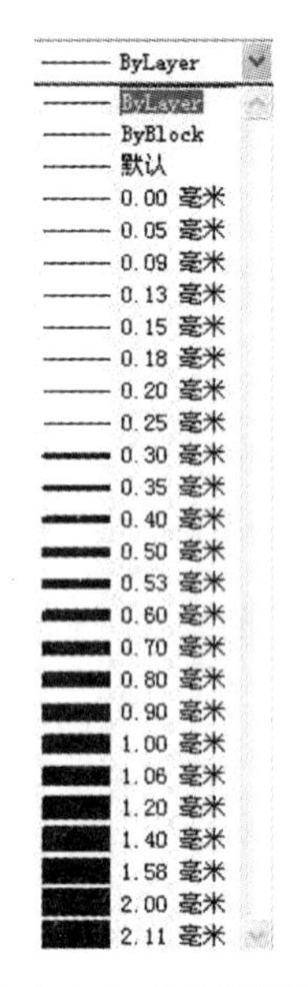

图 1.5.9 线宽控制框

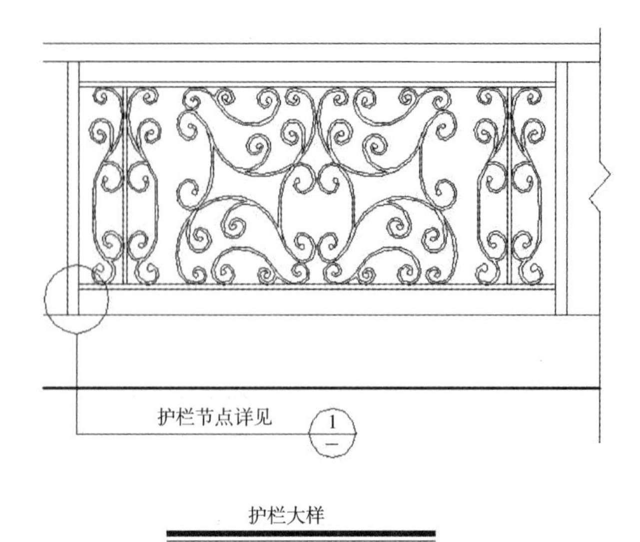

图 1.5.10 护栏大样

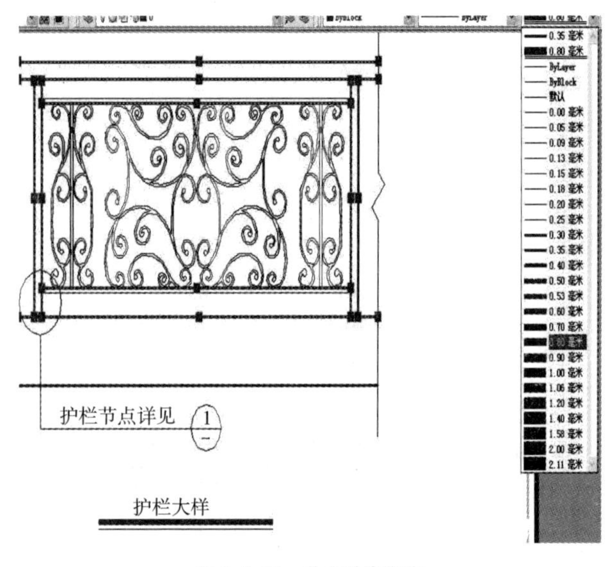

图 1.5.11 改变轮廓宽度

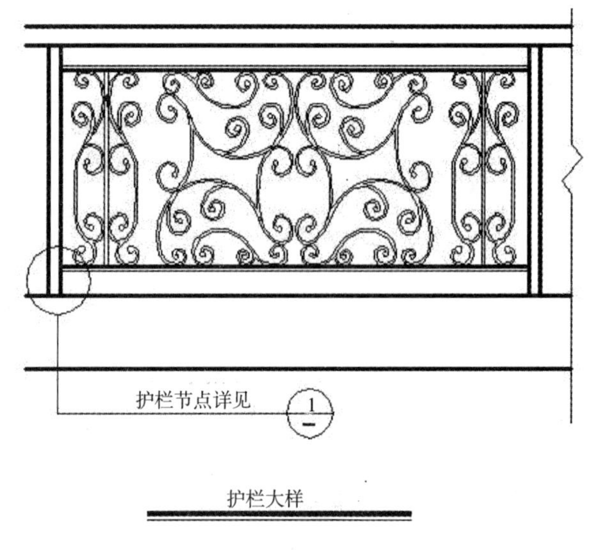

图 1.5.12 修改完成效果

在调整完图层线宽以后，物体的宽度通常不会直接显示在屏幕当中，使用者需要单击右下角的［状态栏］中的“线宽”按钮，按钮凹下表示该功能开启，按钮凸出表示该功能关闭。如图 1.5.13 所示。

捕捉 栅格 正交 极轴 对象捕捉 对象追踪 DUCS DYN 线宽 显示/隐藏线宽

图 1.5.13 状态栏

四、设置颜色

在复杂的图形里面给对象设置不同的颜色，使画面层次分明，结构清晰，给操作和识图带来方便。图层的颜色可以用颜色号表示，颜色号是 1 - 255 的整数，1 ~ 9 分别代表红、黄、绿、青、蓝、品及灰色等9种颜色，也称为标准颜色。可以通过“颜色”栏输入颜色号来确定颜色的样式。

（1）［格式］菜单中选择［颜色］项，屏幕弹出［选择颜色］对话框，如图1.5.14所示，即可选择所需颜色。

（2）命令行输入：COLOUR（COL）回车即可。

（3）［对象特性］工具栏的颜色列表中选择。

另外，图层有自身的颜色，用户在绘图时，如果将当前颜色设置为随层（ByLayer），即是使用图层的颜色进行绘制。如果想使用其他颜色进行绘图，在“对象特性”工具栏上，选择“颜色控制”列表，从列表中选择一种颜色如图1.5.15所示。要修改已有的对象颜色，可先选择对象，然后再按照该方法重新选择颜色即可。

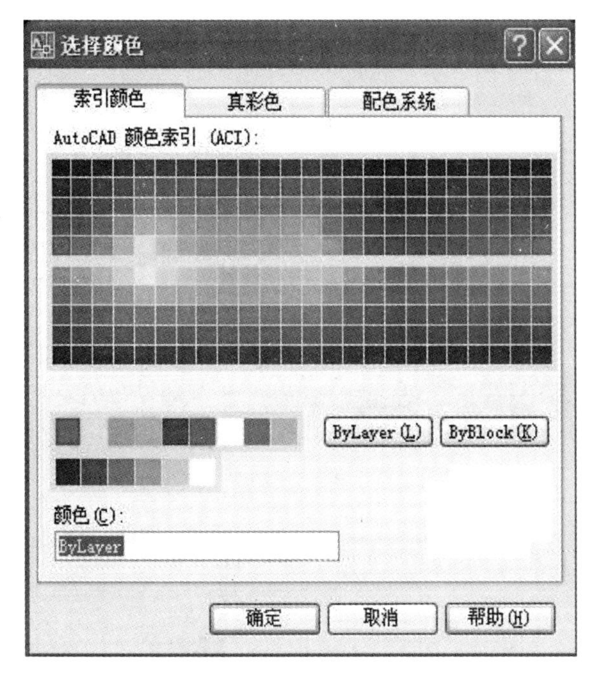

图1.5.14 选择颜色对话框

图1.5.15 颜色控制列表

如果用户需要再使用图层的颜色进行绘图，从［对象特性］工具栏的［颜色控制］框中，选择“随层”项即可，如图1.5.15所示。

五、综合设置图层颜色、线型、线宽

单击按钮，出现图层特性管理器对话框，在该对话框中可以设置各个图层颜色、线型、线宽等内容，也可更改相应内容。

（1）颜色设置。将鼠标放到颜色图块上击左键，弹出选择颜色对话框，然后用鼠标选择颜色，如图1.5.16所示。

（2）线型设置。将鼠标放到线型上击左键，弹出选择线型对话框，需要其他线型单击加载按钮，然后用鼠标选择线型，如图1.5.17所示。

（3）线宽设置。将鼠标放到线宽上击左键，弹出选择线宽对话框，然后用鼠标选择线宽，如图1.5.18所示。

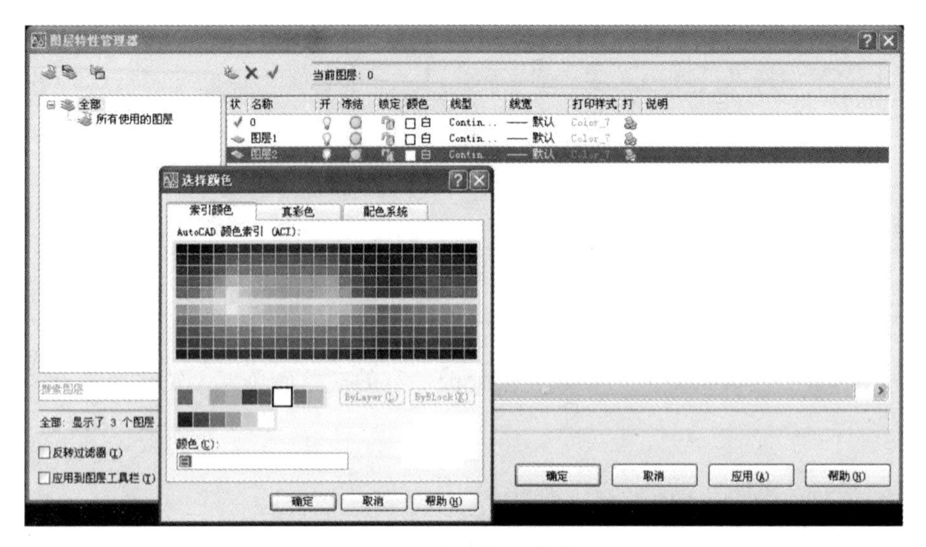

图 1.5.16　颜色设置对话框

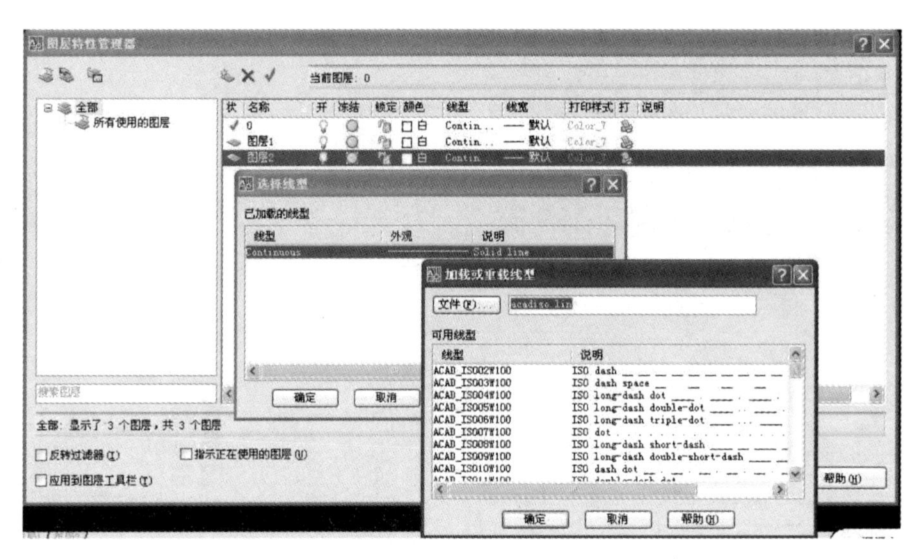

图 1.5.17　线型设置对话框

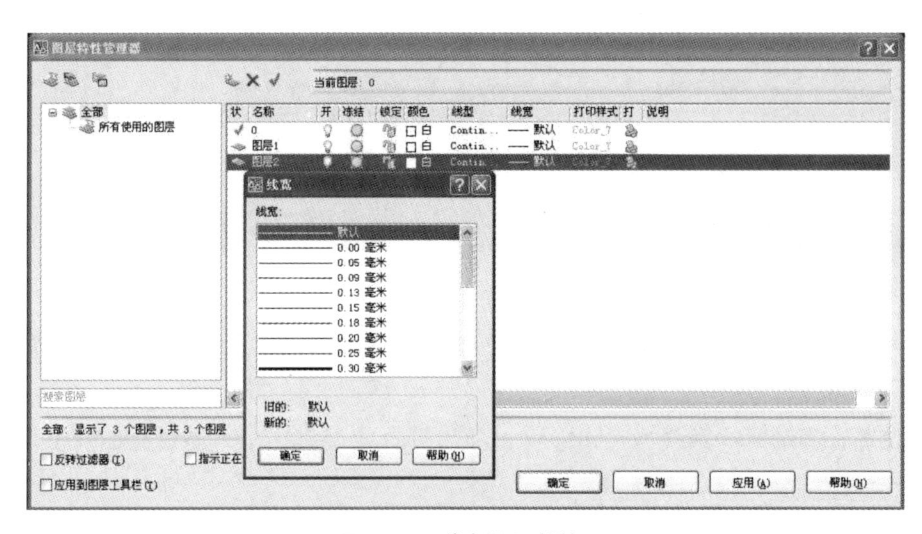

图 1.5.18　线宽设置对话框

实训作业

创建一个园林设计样板图，文件名为“园林样板.dwt”，图层设置如表所示。

图层名称	颜色	线型	线宽	打印
0	白色	Continuous	缺省	是
定义点	白色	Continuous	缺省	否
道路	白色	Continuous	0. 35	是
建筑	白色	Continuous	0. 6	是
水体	青色	Continuous	0. 5	是
绿化	深绿色	Continuous	缺省	是
草坪	绿色	Continuous	缺省	是
花卉	黄色	Continuous	缺省	是
铺装	橙色	Continuous	缺省	是
小品	洋红色	Continuous	缺省	是
文字	灰色	Continuous	0. 18	是
轴线	红色	ACAD_ ISO002W100	缺省	是

项目六

尺寸标注及注写文本在园林中的应用

在园林设计图（施工图、立面图、剖面图……）中，常常要用到文本注释及尺寸标注，运用 AutoCAD 2009 进行标注，更准确方便。

任务一　园林中的注写文本及文本编辑

任务目标

能够按园林设计的基本规范和要求，熟练为园林设计图纸进行文本注写，为工程实践打下基础。

任务解析

文本设置及相应的修改方法是本项目的重点部分。

文本信息是描述园林图形的重要内容，如园林设计说明、文字标注、明细栏、标题栏、在尺寸标注时标注的尺寸数值等内容，它能向读者传达图纸的信息。

一、文字样式设置

在不同的场合会使用到不同的文字样式，所以设置不同的文字样式是文字标注的首要任务，当设置好文字样式后，可以利用该文字样式和相关的文字标注命令标注文字。

1. 创建文字样式的启动方法

（1）[格式] 下拉菜单中选择 [文字样式] 项，屏幕弹出 [文字样式] 对话框，如图 1.6.1 所示。

（2）命令行输入：DDSTYLE/STYLE（ST）回车即可。

2. 对话框说明

启动命令后，弹出 [文字样式] 对话框。在该对话框中，可以新建文字样式或修改已有文字样式。

（1）样式名（S）。用于显示文字样式的名称、创建新的文字样式、为已有的文字样式重命名或删除文字样式。

（2）字体。显示文字名、文字样式及高度内容，可以选择字体，设置字型和高度。如果高度为 0，

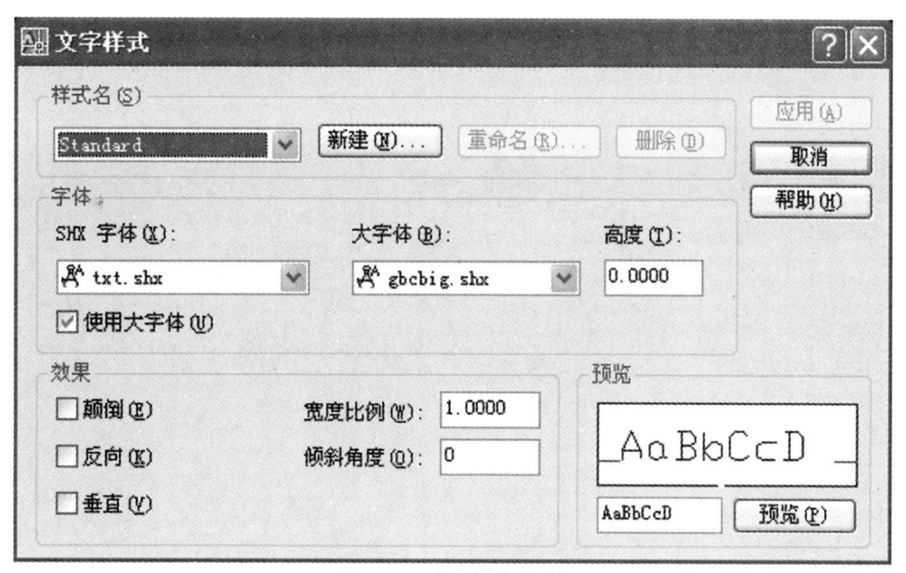

图 1.6.1 文字样式对话框

可以在标注文本时临时输入高度。

“使用大字体”复选框用于设置大字体选项。当勾选此项时，在该列表中可显示和设置一种大字体类型，单击列表右侧的下拉箭头，选择需要使用的大字体类型。常用的大字体类型为：gbcbig. shx型，如图1.6.2所示。

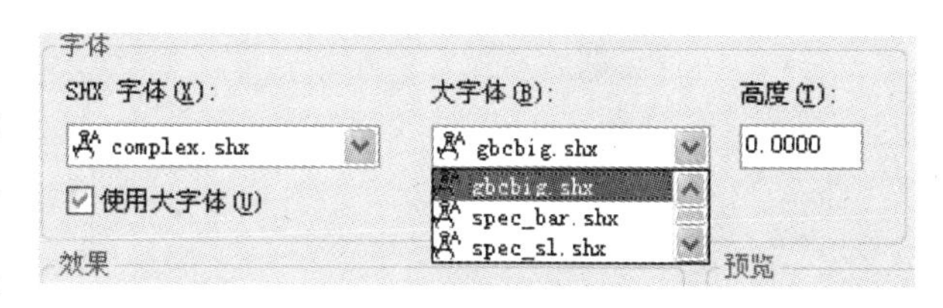

图 1.6.2 大字体类型

(3) 效果。用于设置文字显示效果。可以设置文字方向、宽度系数和倾斜角。仿宋字体常用宽度比例为0.7，国标斜体字倾斜角度为15°。

(4) 预览。用于预览当前样式的文本格式。如创建园林施工图中汉字文字样式，单击“新建”按钮，弹出“新建文字样式”对话框，样式名输入“中文”，单击“确定”按钮。字体名选择“T仿宋_GB2312”样式，宽度比例设置0.7，如图1.6.3所示。

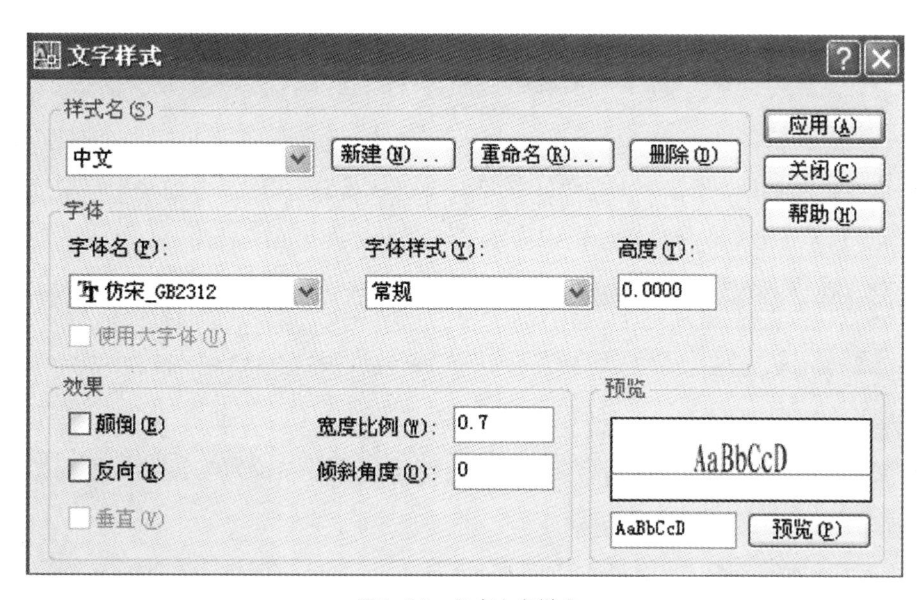

图 1.6.3 汉字文字样式

园林施工图中数字文字样式，单击“新建”按钮，弹出“新建数字样式”对话框，样式名输入“数字”，单击“确定”按钮。字体名选择“simplex. shx”样式，勾选“大字体”复选框，选择大字体类型为：gbcbig. shx，宽度比例设置 0. 7，如图 1. 6. 4 所示。

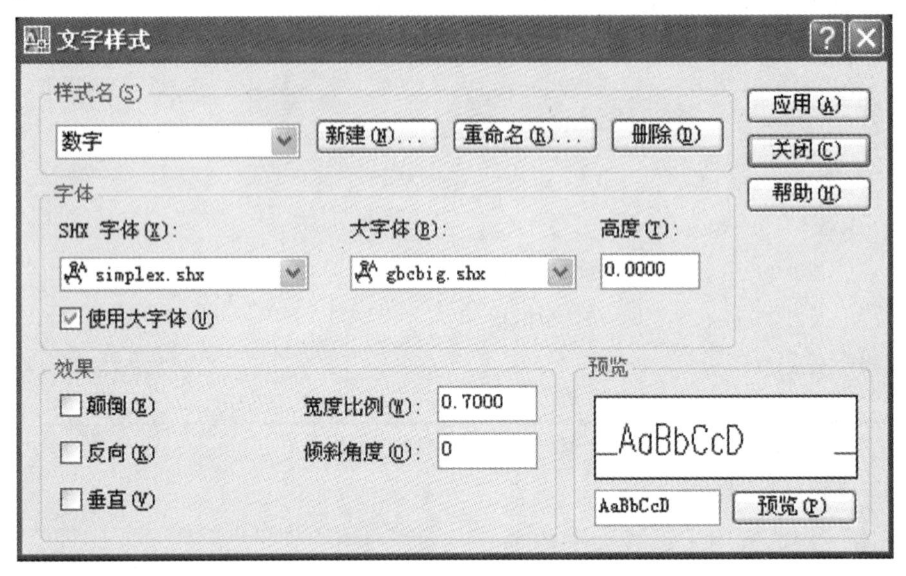

图 1. 6. 4　数字文字样式

二、文本标注

在 AutoCAD 2007 中设置好文字样式后，就可以使用单行文字和多行文字标注各种样式的文本了。由于多行文本操作直观，易于控制。比如可以一次输入多行，而且可以设定其中的不同文字具有不同的样式、颜色、高度等特性。所以多采用多行文本，这里只介绍多行文本标注。

1. 文字启用方法

（1）［绘图］下拉菜单中选择［文字］项，选择［多行文字］。

（2）［绘图］工具栏中单击［多行文字］按钮 A 。

（3）命令行输入：MTEXT（MT）回车即可。

系统提示：

1）指定第一角点：（确定第一个角点）。

2）指定对角点或［高度（H）/对正（J）/行距（L）/旋转（R）/样式（S）/宽度（W）］：（选择相应内容输入英文字母回车或直接拖动鼠标拖动出一图框如图 1. 6. 5 所示）。

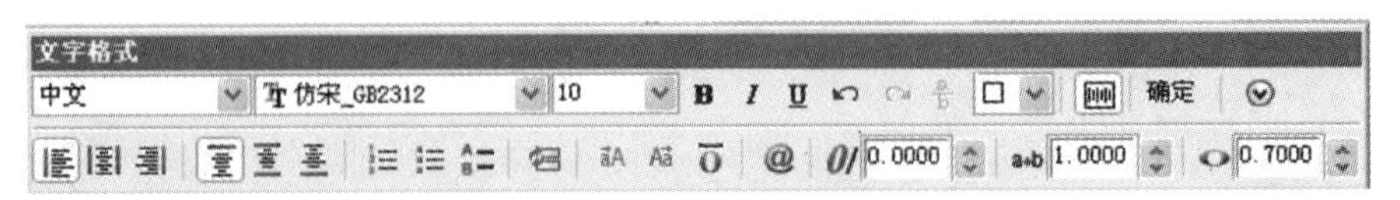

图 1. 6. 5　多行文字书写格式

3）在多行文字输入框内书写文字内容如图 1. 6. 6 所示，单击“确定”按钮，得到文字效果。

2. 命令说明

（1）用多行文字输入的文本，不管包括多少行都作为一个实体，可以对其进行整体选择、编辑等操作。

（2）上一行标注完成后，如果不进行重新设定，下一行文本将承袭上一行的设定。如字体、字高、倾角、下画线等。

(3) 特殊字符的输入。在多行文字样式编辑中提供了三种格式：度数、正/负、直径。还有一些其他字符是无法通过标准键盘直接键入，只能通过特殊字符输入格式用键盘输入。如：上画线¯%%O 下画线_ %%U，百分号%%%%，度°%%D，±为%%%P。

(4) 在多行文字命令状态下，单击鼠标右键，在“符号”选项中选择特殊字符的输入如图 1.6.7 所示。

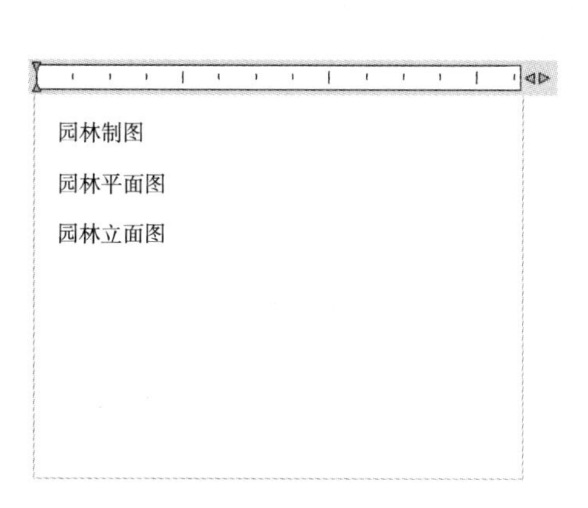

图 1.6.6 多行文字样式

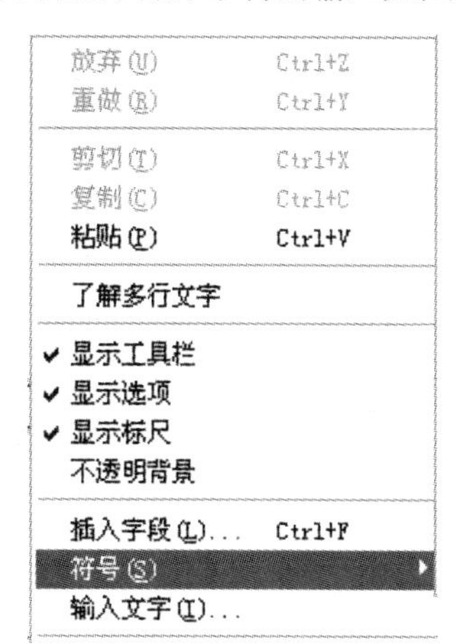

图 1.6.7 多行文字鼠标右键“符号”菜单

三、文本编辑

在 AutoCAD 中，有时需要对已经输入的文字进行编辑修改。根据选择的文字对象是单行文本还是多行文本的不同，弹出相应的对话框来修改文字。

编辑多行文本时，不仅可以编辑多行文本的文字内容，而且还可修改多行文本的其他属性如字高、倾斜角度、行间距、字体样式、对齐方式等。

1. 启用方法

(1) [修改] 下拉菜单中选择 [对象] 项，选择 [文字] 选择 [编辑]。

(2) 工具栏中选择 [多行文字]。

(3) 命令行输入：DDEDIT (ED) 回车即可。

2. 命令说明

启动命令后，系统要求用户选取要修改的文本，单击要修改的文字，文字形成编辑状态，此时即可对文字内容进行任意修改。

任务二 尺寸标注在园林中的应用及编辑

任务目标

能够按园林设计的基本规范和要求，熟练为园林设计图纸进行尺寸标注，为工程实践打下基础。

任务解析

尺寸设置及相应的修改方法是本项目的重点部分。

一、尺寸标注的基本概念

尺寸标注是园林绘图中一项重要工作，图样上各实体的位置和大小需要通过尺寸标注来表达。利用 AutoCAD 2007 提供的尺寸标注功能，可以方便、准确标注图样上的各种尺寸，如图 1.6.8 所示标注工具栏。

图 1.6.8　标注工具栏

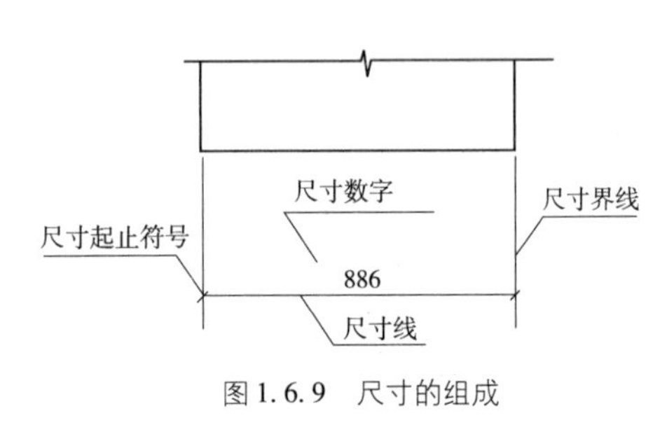

图 1.6.9　尺寸的组成

1. 尺寸的组成

根据国家制图标准规定，尺寸标注通常有：尺寸界限、尺寸线、尺寸起止符号、尺寸文本 4 部分组成，如图 1.6.9 所示。

2. 标注的规则

尺寸标注必须符合国家标注和行业规范要求，一般应遵循下列规则。

（1）当图形中的尺寸以毫米（mm）为单位时，不需要标注计量单位否则必须注明所采用的单位代号或名称。

（2）图形的真实大小应以图样上所标注的尺寸数字为依据，与所画图形的大小及画图的准确性无关。

（3）图形中每一部分的尺寸只应标注一次，并且应标在最能反映其形体特征的视图上。

（4）在同一图形中，同一类尺寸箭头、尺寸数字大小应该相同。

（5）尺寸文本中的字体必须按照国家标准规定进行书写，即汉字必须使用长仿宋体，数字用阿拉伯数字或罗马数字，通常数字高度不小于 2. 5mm，中文汉字高度不小于 3. 5mm。

3. 尺寸标注的方法

尺寸标注的一般步骤。

（1）了解专业图样尺寸标注的有关规定。

（2）建立一个尺寸标注所需的文字样式、标注样式。

（3）建立一个新的图层，专门用于标注尺寸，以便于区分和修改。

（4）通过对话框及其所包含的子对话框来设置尺寸标注样式，如尺寸线、尺寸界限、尺寸文本、尺寸单位、尺寸精度、公差等。

（5）保存或输出用户所做的设置，以提高作图效率。

（6）用尺寸标注命令时，结合对象捕捉功能能准确地进行尺寸标注。

（7）检查所标注尺寸，对个别不符合要求的尺寸进行修改和编辑。

注意：尺寸标注命令可以自动测量所标注图形的实际尺寸，用户画图时应尽量准确，这样可以减少修改文本的时间，从而加快画图速度。

二、尺寸标注样式设置

在尺寸标注之前，为保证在图形上的各个尺寸标注符合园林专业制图的有关规定，对尺寸标注要进行设置。

1. 创建尺寸标注的启动方法

（1）［格式］下拉菜单中选择［标注样式］项，屏幕弹出［标注样式管理器］对话框，如图1.6.10所示。

（2）［标注］下拉菜单中选择［标注样式］项，屏幕弹出［标注样式管理器］对话框，如图1.6.10所示。

（3）标注工具栏点选。

（4）命令行输入：DIMSTYLE（D）回车即可。

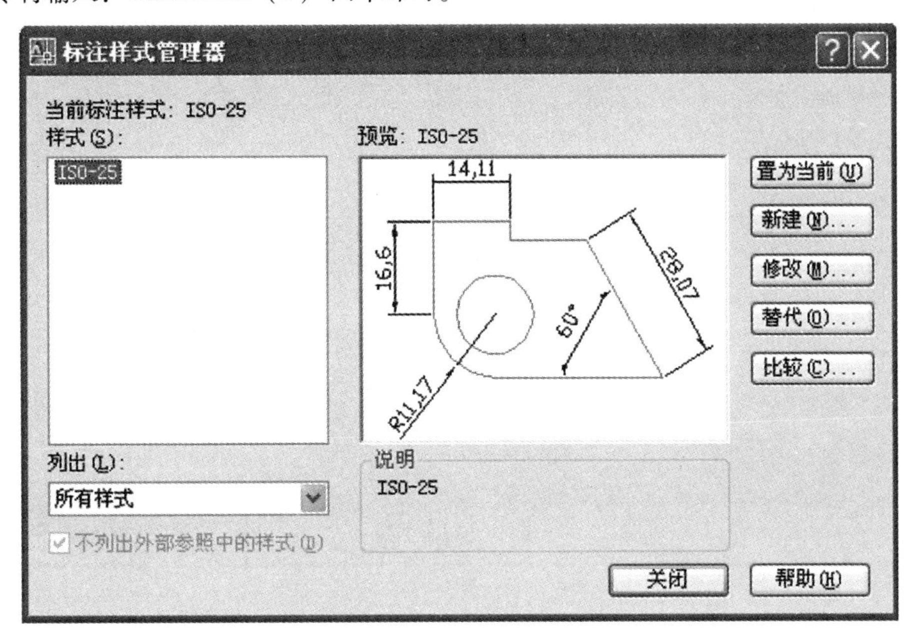

图1.6.10　标注样式管理器

2. 命令说明

命令执行后，弹出如图所示［标注样式］管理器对话框，在此对话框中，用户可以对原有的标注格式进行必要的修改，以符合现在的要求也可以新建一种标注格式以供使用（最好建立新的标注样式）。

对话框的主要功能如下。

（1）样式。在列表框中显示图形中定义的标注格式。

（2）预览。显示当前标注样式设置各特征参数的最终效果图通过该图像框，用户可以了解当前尺寸标注样式中各种尺寸标注类型的标注方式是不是自己所需要的，如果不是可单击修改按钮进行修改。

（3）置为当前。将所选的样式设置成当前的样式，在以后的标注中，将采用该样式标注尺寸。

3. 创建新标注样式方法

创建新的尺寸标注样式单击该按钮后，弹出如图1.6.11所示对话框。

创建新标注样式相关说明。

（1）新样式名。在此编辑框中输入所要建立的新标注样式的名称，如园林。

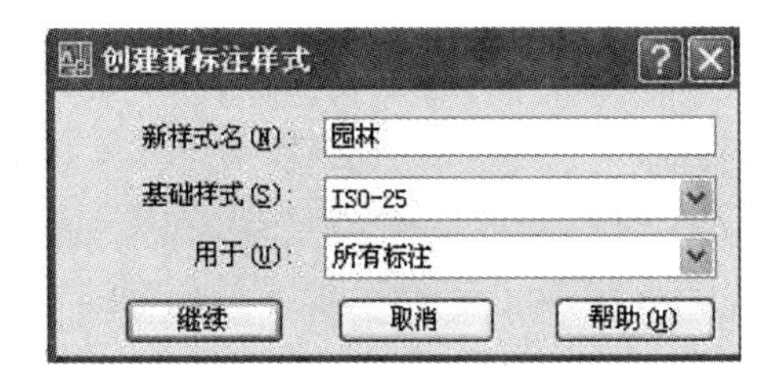

图1.6.11　创建新的尺寸标注样式对话框

（2）基础样式。设置新的标注格式前，可以先选择一个已有的格式，在此基础上进行修改，从而缩短设置时间。

（3）用于。在该下拉式列表框中，可以选择新样式适用的标注类型。

（4）继续。单击该按钮后，出现如图 1.6.12 所示对话框，可以继续对新的标注样式设定参数。

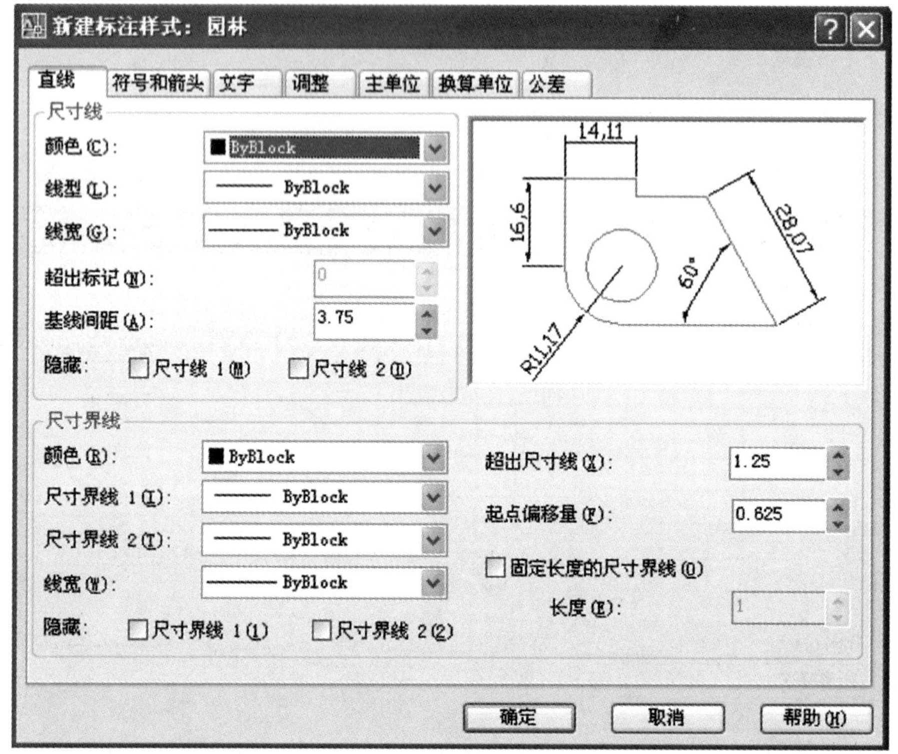

图 1.6.12　参数设置对话框

新建标注样式：园林相关说明。

（1）直线。在此对话框中选择尺寸线、尺寸界限和箭头形式。绘图者在此对话框中根据需要设置尺寸线、尺寸界线和箭头的格式，如图 1.6.13 所示。

1）尺寸线选项区。

a. 颜色：一般为随层，以便于图层控制。

b. 线宽：随层。

c. 超出标记：是指尺寸线超出尺寸界线的数值，通常数值为 0。

d. 基线间距：是指在基线标注中，尺寸线之间的距离。

e. 隐藏：可以在两个复选框中选择是否隐藏第一条尺寸线，第二条尺寸线及相应的尺寸箭头，一般不选择。

2）尺寸界限选项区。颜色和线宽同尺寸线。

a. 超出尺寸线：指尺寸界限超出尺寸线的距离。

b. 起点偏移量：指尺寸界限与图线间的距离。

c. 隐藏：控制尺寸界限的可见性。

（2）符号和箭头。绘图者在此对话框中根据需要设置尺寸线、尺寸界线和箭头的格式，如图 1.6.14 所示。

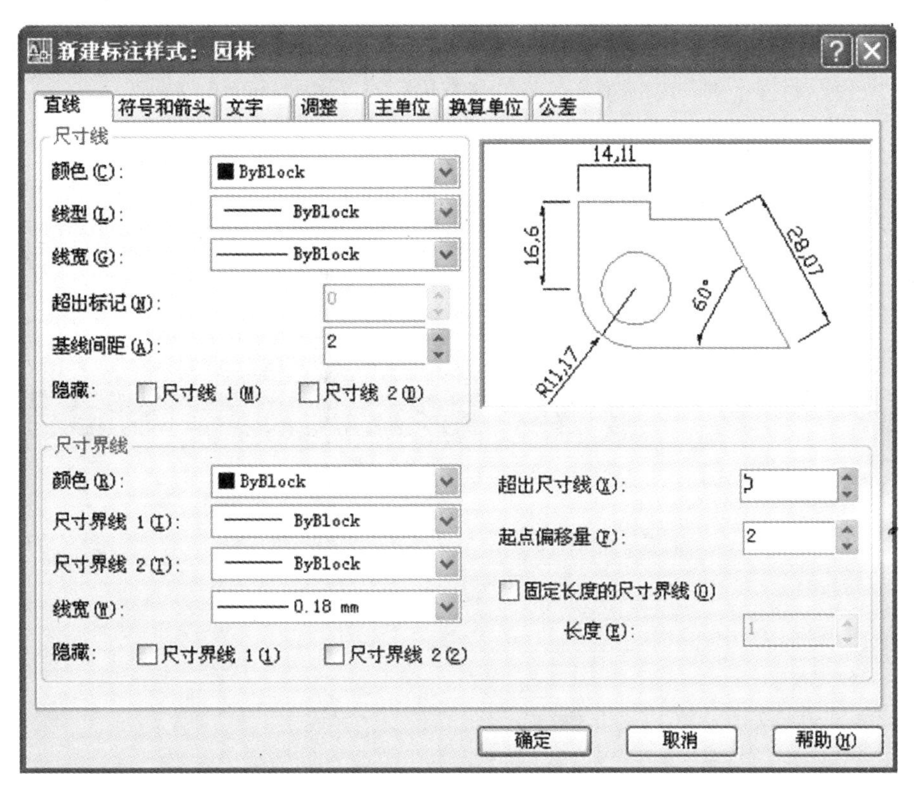

图 1.6.13　直线设置对话框

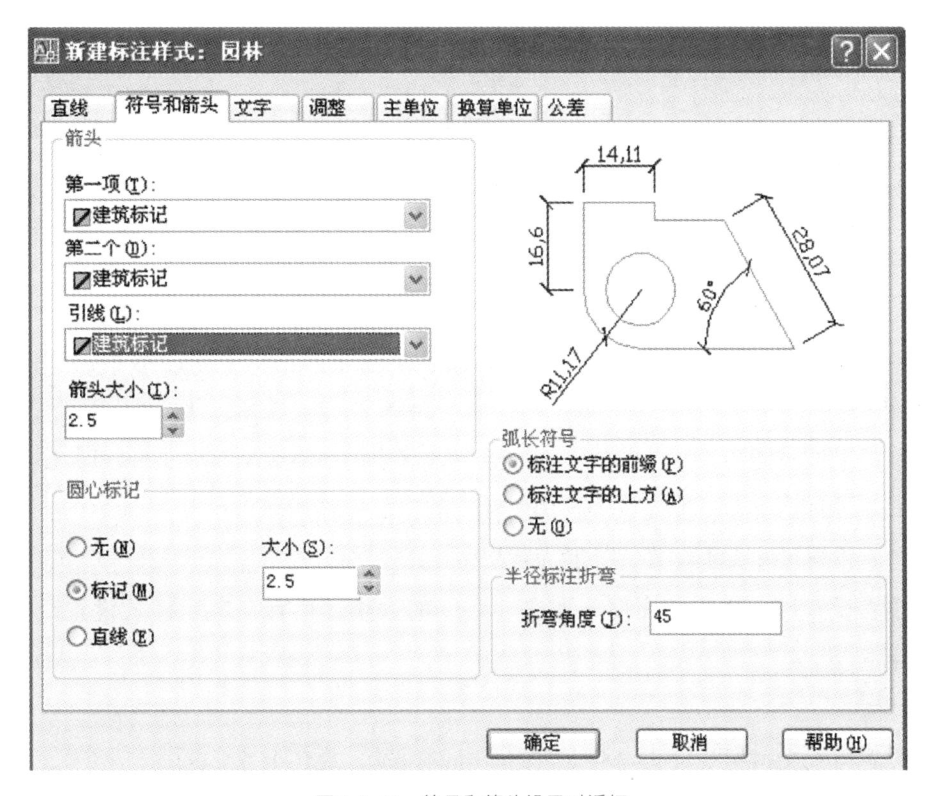

图 1.6.14　符号和箭头设置对话框

1）箭头选项区。设置箭头的尺寸和形状。

a. 第一项：选择第一个尺寸箭头的类型。用户可以从下拉式列表框中选取，一般选择“建筑标记”。

b. 第二项：选择第二个尺寸箭头的类型，一般选择同第一个箭头一样的类型。

c. 引线：选择旁注线引出端标记，一般为实心黑箭头。

d. 箭头大小：设置箭头尺寸大小；输入的尺寸数值指箭头长度方向的大小。

2）图形的中心标记区。

a. 类型：圆心标记为十字、中心线和无标记，再此可以设置中心标记的类型。

b. 大小：设置十字标记的大小。

c. 预览区：显示所设置的格式能达到的效果。

（3）文字。主要是设置尺寸数字的样式、大小、位置等，如图 1.6.15 所示。

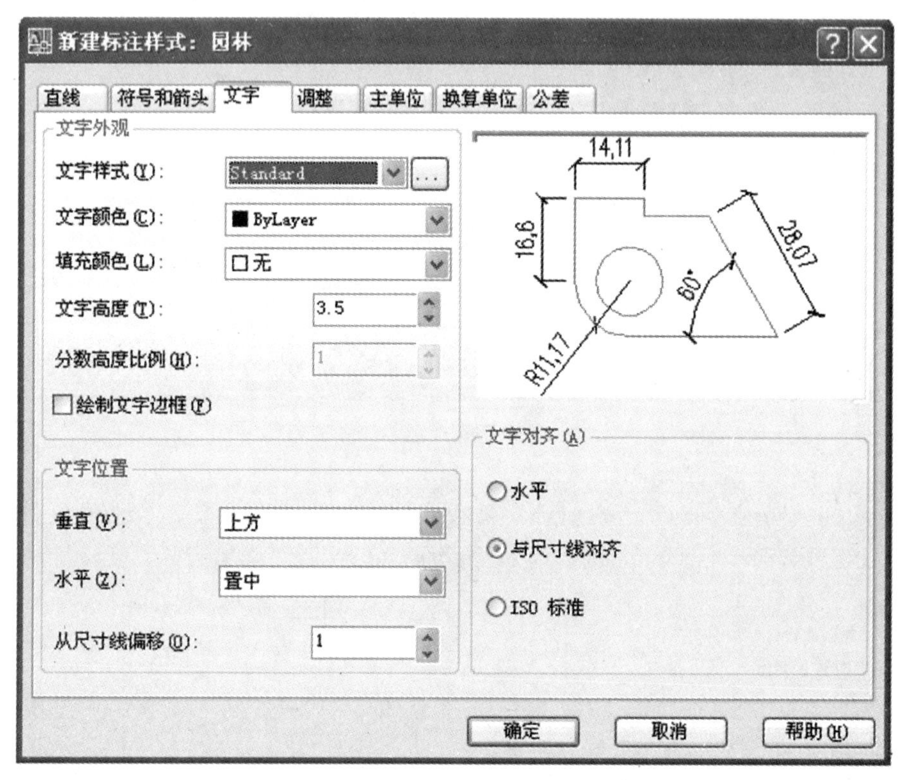

图 1.6.15　文字设置对话框

1）文字外观区。

a. 文字样式：设置字体样式。可以从下拉列表中选取一种字体类型，以供标注时使用。

b. 注意：在尺寸标注前，一般先设一种用于标注的文字样式如图 1.6.16 所示。

c. 文字颜色：设置尺寸文本样式，一般为随层。

d. 文字高度：设置尺寸文本的高度，即尺寸数字的大小。只有在文字样式设置时的文字高度为“0”时才起作用。

2）文字位置区。

a. 垂直：设置尺寸文本相对尺寸线垂直方向所处的位置，共有 4 种形式。

（a）置中，尺寸数字以尺寸线为对称。

（b）上方，尺寸数字在尺寸线以上。

（c）外部，尺寸数字在尺寸界限以外。

（d）JIS，日本工业标准。

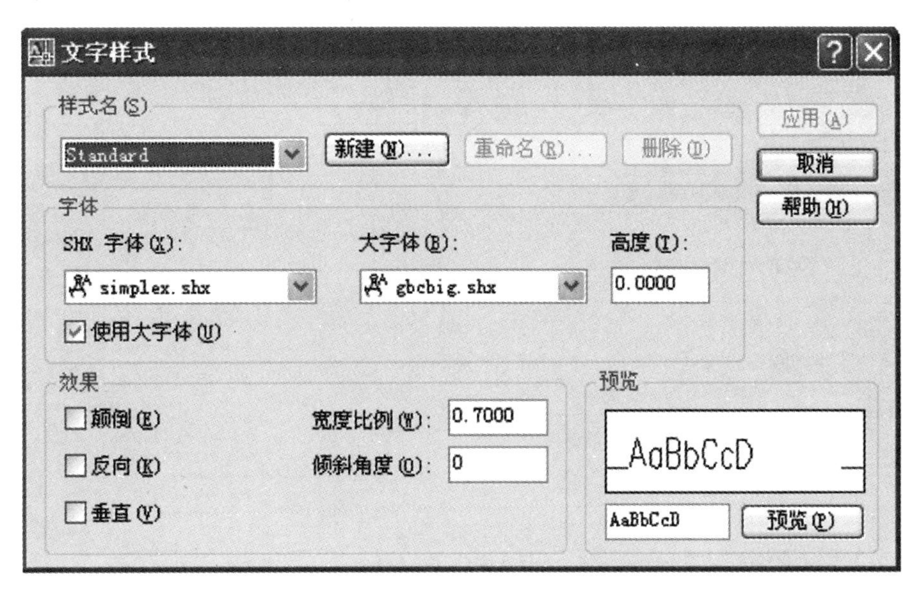

图 1.6.16　文字样式设置对话框

b. 水平：设置尺寸文本相对尺寸线水平方向的位置，共有 5 种形式。

（a）置中。

（b）第一条尺寸界限。

（c）第二条尺寸界限。

（d）第一条尺寸界限上方。

（e）第二条尺寸界限上方。

注意：垂直，一般设置为上方；水平设置一般为置中。

3）文字对齐区。控制文本的书写方向，其中包括 3 个复选框。一般选择与尺寸线对齐。

注：建筑工程尺寸标注根据国标 GBJ 104—87 规定，尺寸起止符号一般用中粗斜短线绘制，长度 2～3mm，尺寸界限一般 mm 应与被标注直线垂直，距图样端头不少于 2mm，另一端宜超出尺寸线 2～3mm，尺寸数字标注在尺寸线的上方中部，数字的字高应不小于 2.5mm，文本字高应从 2.5mm、3.5mm、5mm、7mm、10mm、14mm、20mm 中选用。

（4）调整和其他。

1）调整：一般情况下调整选项在对话框中已详细说明，不再改动，如图 1.6.17 所示。

2）主单位：设置尺寸标注的精度和格式。

注意：尺寸标注精度并不受单位精度的控制，同样尺寸精度也不能影响图形单位的精度。在建筑制图中，单位格式设置为小数，其精度设置为 0。

三、尺寸标注类型

AutoCAD 2007 提供的尺寸标注类型包括线性尺寸标注、径向尺寸标注、角度尺寸标注、引线尺寸标注、坐标尺寸标注、中心尺寸标注等。

1. 线性尺寸标注

线性尺寸标注是工程制图中最常见的标注形式，包括水平尺寸、垂直尺寸、旋转尺寸。

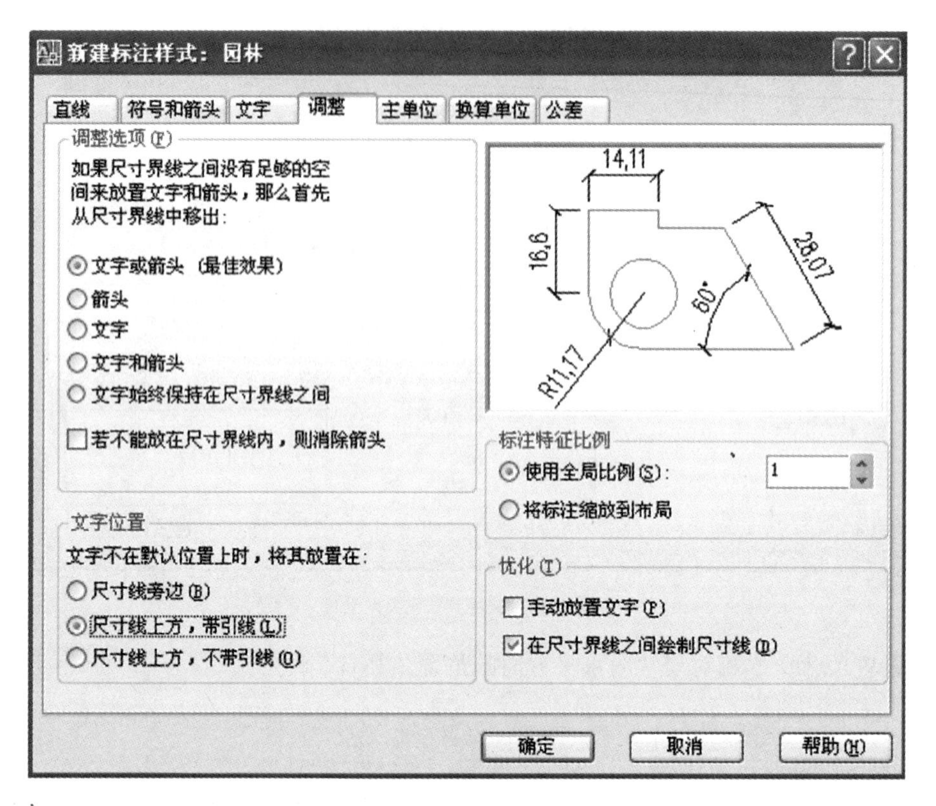

图 1.6.17　调整设置对话框

（1）启动方法。

1）［标注］下拉菜单中选择［线性］项。

2）标注工具栏点选▭。

3）命令行输入：DIMLINEAR 回车即可。

命令提示：

1）指定第一条尺寸界限起点〈选择对象〉：选取一点或直接回车；一般用鼠标点取一点作为第一条尺寸界限的起始点，系统提示。

2）指定第二条尺寸界限起点：用鼠标点取一点作为第二条尺寸界限的起始点，系统提示指定尺寸线位置或［多行文字（M）/文字（T）/角度（A）/水平（H）/垂直（V）/旋转（R）］：点取一点作为尺寸线位置或更改选项意义。

3）多行文字：AutoCAD 将打开多行文本编辑器窗口，窗口中〈342.01〉表示自动标注值。用户可更改和定制尺寸文本，包括字体、字高和内容。

4）文字：通过命令行输入尺寸文本。一般为当图中标注所显示数值与实际不符时，可采用此方法来修改所标注的数值。

5）角度：确定文本尺寸旋转的角度。

6）水平：强制执行水平尺寸标注方式。

7）垂直：强制执行垂直尺寸标注方式。

8）旋转：设置尺寸线的旋转角度。

（2）线性标注实例。绘制跌水池立面图如图 1.6.18（a）所示，选择线性命令，单击要标注的水池左边端点，拖动鼠标向右找到右边水池端点并单击如图 1.6.18（b）所示，确定尺寸线距离图形的距离，单击鼠标左键即可如图 1.6.18（c）所示；同样办法标注垂直方向水池的高度，如图 1.6.18（d）所示。

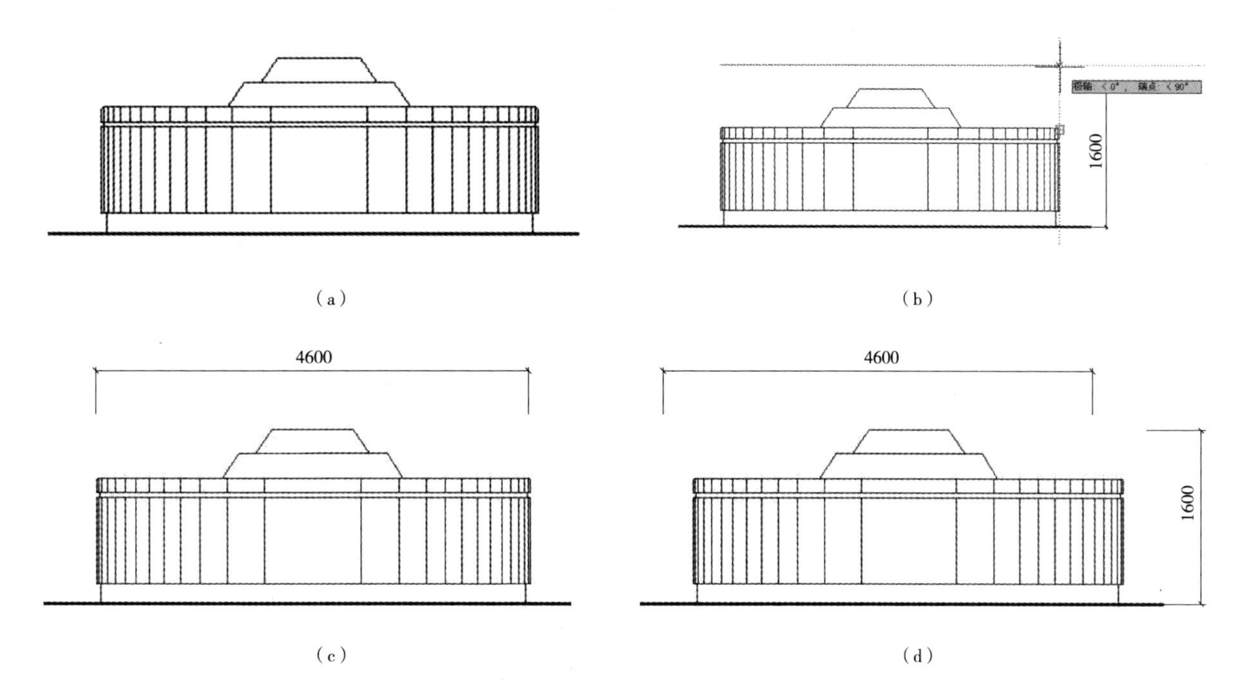

图 1.6.18

注意：在选取起始点时，注意运用对象捕捉命令。一般情况下，在标注格式设置时，在文本对齐选项中选择与尺寸线对齐方式，则系统会自动识别；当尺寸文本需要倾斜时，一般采用对齐标注；在选择定位点时，需要采用对象捕捉方式进行，以便能快速、准确地标注尺寸。

2. 对齐尺寸标注

对齐尺寸标注又称斜线标注，一般用来标注斜线、斜面，也可以进行水平、垂直标注。

（1）启动方法。

1）［标注］下拉菜单中选择［对齐］项。

2）标注工具栏点选。

3）命令行输入：DIMALIGNED（DAL）回车即可。

（2）对齐标注实例。绘制中心水池平面图如图 1.6.19 所示，选择对齐命令，单击要标注的水池斜边一个端点，拖动鼠标向另一水池斜边端点并单击鼠标左键，确定尺寸线距离图形的距离，单击鼠标左键即可；同样办法标注另一斜边水池的宽度。

注意：该命令用于倾斜对象的尺寸标注，系统能自动将尺寸线调整为与所标注线段平行；当选项角度可改变尺寸文本的方向。

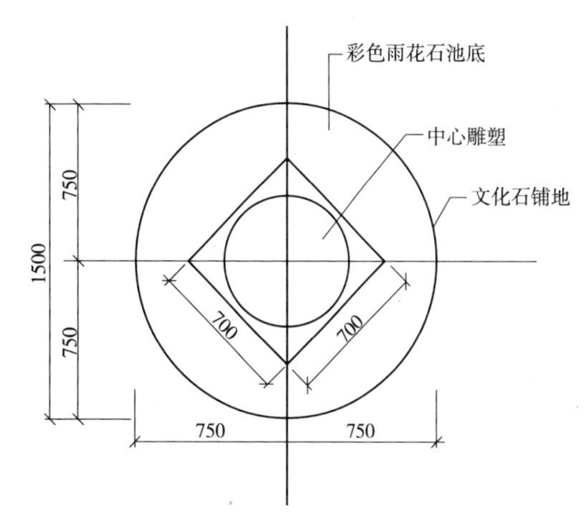

图 1.6.19 中心水池平面图（单位：mm）

3. 基线尺寸标注

在工程实际中，常以某条线或面作为基准，其他尺寸都以该基准进行定位或画线，就称为基线标注。

（1）启动方法。

1）［标注］下拉菜单中选择［基线］项。

2）标注工具栏点选。

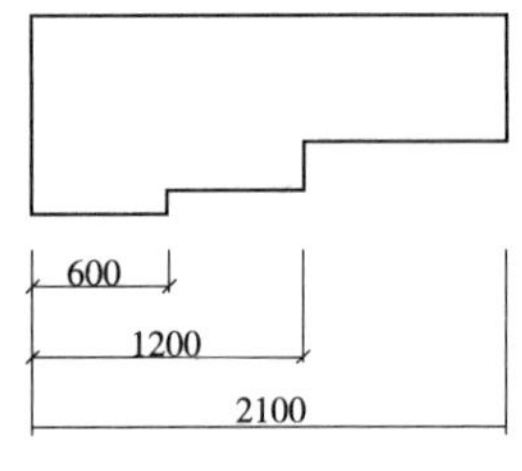

图 1.6.20 （单位：mm）

3）命令行输入：DIMBASELINE（DBA）回车即可。

（2）基线标注实例。标注某平面图，选择线性命令，标注两点距离如图 1.6.20 所示，选择基线标注命令，继续单击要标注的各个节点如图 1.6.20 所示。

注意：在使用基线尺寸命令标注之前，必须用线性、对齐命令标注第一个尺寸。基线标注时，两基线间的距离，在标注样式设置时确定。

4. 连续尺寸标注

连续尺寸标注适合标注首尾相连的多个尺寸标注，如图 1.6.21 所示。其特点是：以线性标注为基础，继续创建与之相连的新尺寸标注。

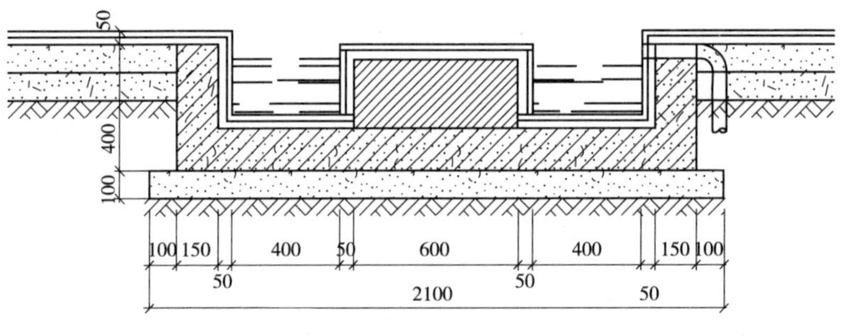

图 1.6.21 连续尺寸标注 1（单位：mm）

（1）启动方法。

1）［标注］下拉菜单中选择［连续标注］项。

2）标注工具栏点选。

3）命令行输入：DIMCONTINUE（DOC）回车即可。

（2）连续标注实例。标注某平面图如图所示，选择线性命令，标注两点距离如图 1.6.22 所示，选择连续标注命令，继续单击要标注的各个节点如图 1.6.22 所示，直到最后完成。

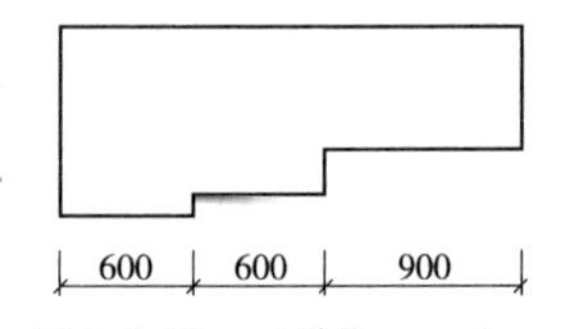

图 1.6.22 （单位：mm）

注意：在使用连续标注命令之前，必须用线性、对齐等方式标注第一个尺寸。连续标注时，其尺寸线在同一条水平或垂直线上；使用基线和连续标注时，AutoCAD 不允许用户改变标注文字内容。因此图形尺寸是系统自动测量尺寸，要求绘图必须准确，对于“并联”或“串联”尺寸不宜使用基线标注和连续标注。

5. 径向标注

径向尺寸是工程中另一种常见的尺寸，常用于标注建筑图样中的圆、圆环、圆弧的直径、半径及圆心。

（1）半径、直径尺寸标注。

1）启动方法。

a.［标注］下拉菜单中选择［半径/直径］项。

b. 标注工具栏点选⊘⊘。

c. 命令行输入：DIMRADIUS（DRA）/DIMDLAMETER（DDI）回车即可。

2）半径、直径尺寸标注实例。选择半径标注命令，单击圆形边缘，向一侧移动鼠标并单击鼠标左键，回车即可如图 1.6.23（a）所示。直径标注命令，同上如图 1.6.23（b）所示。

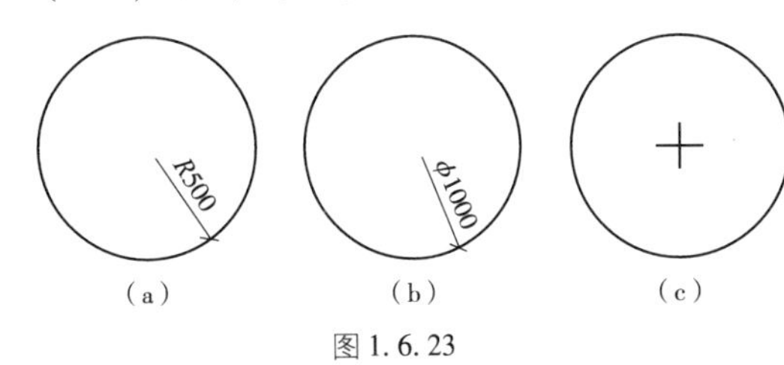

图 1.6.23

注意：在［指定尺寸线位置］选项中，可直接拖动鼠标以确定尺寸线的位置，屏幕将显示其变化。

（2）圆心标记标注。用绘图命令绘制的圆或圆弧没有圆心标记，可以通过圆心标记标注使圆或圆弧的中心标记出来。标注时只要用户选择对象后，系统会自动进行中心标注。

中心标注的形式有三种选择：无、标记和直线，其设置和大小在［标注样式］中设定。

1）启动方法。

a.［标注］下拉菜单中选择［圆心标记］项。

b. 标注工具栏点选⊙。

c. 命令行输入：DIMCENTER（DCE）回车即可。

2）圆心标记实例。选择圆心标记命令，单击圆形边缘。

注意：首先通过标注样式管理器设置圆心的标记的样式和大小。

6. 角度、引线和坐标尺寸标注

（1）角度标注。角度标注可以标注圆弧的中心角、圆上某段圆弧的中心角、两条不平行直线的夹角，也可以根据已知的三个点来标注角度。

1）启动方法。

a.［标注］下拉菜单中选择［角度］项。

b. 标注工具栏点选△。

c. 命令行输入：DIMANGULAR（DAN）回车即可。

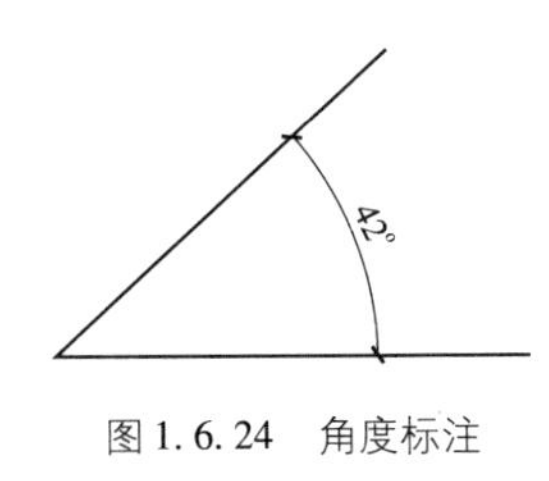

图 1.6.24 角度标注

2）角度标注实例。选择角度标注命令，单击夹角的两边边线，向一侧移动鼠标并单击鼠标左键，回车即可如图 1.6.24 所示。

（2）引线标注。引线标注用于对图形的某一特征进行说明，并用一条引线将文字指向被说明的特征。引线由箭头、直线段或样条曲线以及水平线等组成。引线的末端是注释。引线和注释是两个独立的对象，但两者是相关的。

1）启动方法。

a.［标注］下拉菜单中选择［引线］项。

b. 标注工具栏点选。

c. 命令行输入：QLEADER（LE）回车即可。

2）引线标注实例。选择引线标注命令，单击第一个引线点，指定下一点，再指定下一点，如图1.6.25（a）所示；指定文字高度，例如5；输入注释的第一行文字，例如广场铺地；输入注释的下一行文字回车，得到如图1.6.25（b）所示的引线注释。

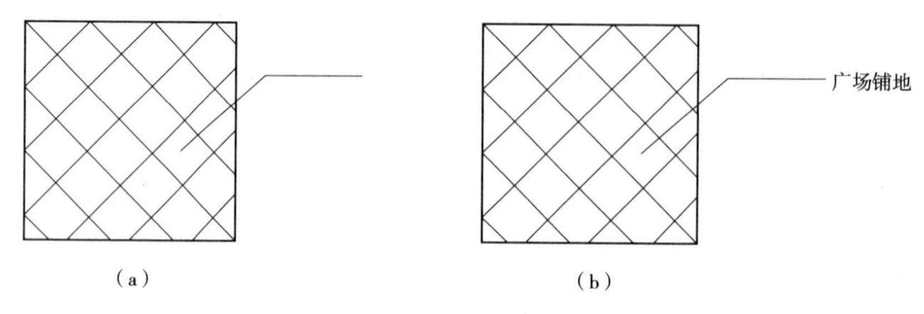

图1.6.25

注意：引线标注不测量图形尺寸距离；如果移动注释，引线也会随之移动，但移动引线并不会导致注释移动。

（3）坐标标注。坐标标注是从当前坐标系的原点到标注特征点的X、Y方向的距离。坐标标注精确定义了几何特征与基准的距离，从而避免了误差的积累。

7. 快速标注

在工程制图中，经常遇到要标注一系列相邻或相近实体对象的同一类尺寸，如建筑平面图的轴线尺寸、外墙上的门、窗洞、窗间墙等部分尺寸，可以利用快速标注命令，当选中多个对象后，可一次性进行多个对象的尺寸标注。

（1）启动方法。

1）［标注］下拉菜单中选择［快速标注］项。

2）标注工具栏点选。

3）命令行输入：QDIM 回车即可。

（2）快速标注实例，如图1.6.26所示。

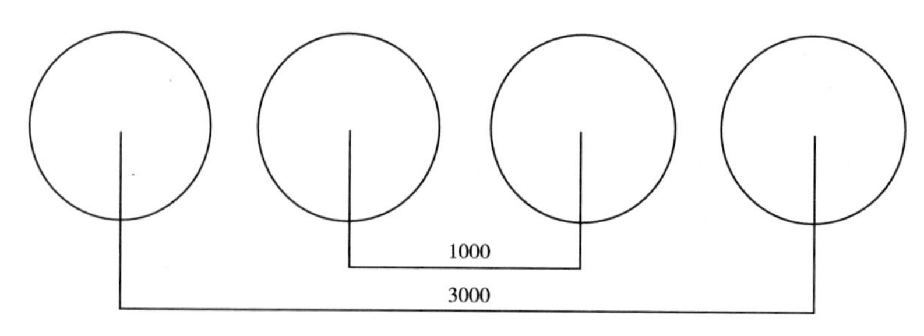

图1.6.26　快速标注（单位：mm）

注意：使用快速标注命令标注时，系统可以自动查找所选几何体上的端点，并将他们作为尺寸界限的始末点来标注。

8. 编辑尺寸标注

该命令用来更改尺寸标注中的尺寸文本、尺寸界限的位置，以及修改尺寸文本的摆放角度。

（1）启动方法。

1）［标注］下拉菜单中选择［倾斜］项。

2）标注工具栏点选。

3）命令行输入：DIMEDIT 回车即可。

（2）编辑标注实例。

1）选择编辑文字命令，输入编辑类型：默认 H/新建 N/旋转 R、倾斜 O，输入需要的类型如 N，回车输入 200，选择标注对象，标注样式改变如图 1.6.27 所示。

2）利用属性管理器编辑尺寸标注。用户可以通过属性命令中的对话框更改、编辑尺寸标注相关参数。

具体操作：选择将要修改的某个尺寸标注，在启动属性管理器命令（或单击鼠标右键）。此时屏幕弹出属性管理器对话框。在该对话框中，用户可根据需要更改相关设置。

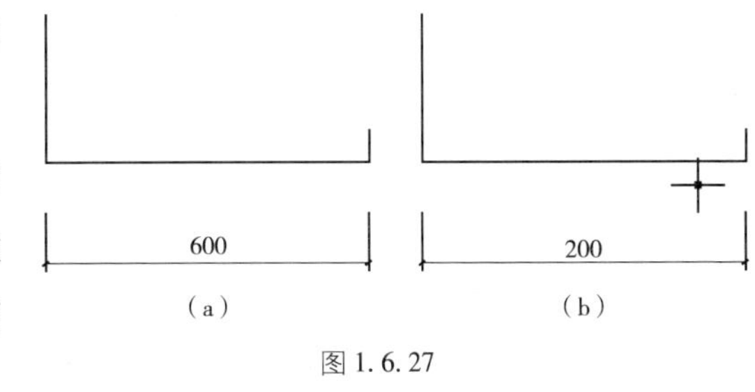

图 1.6.27

(a) 修改前；(b) 修改后

实训作业

绘制休息坐凳平面图、立面图及剖面图，并标注尺寸，如图 1.6.28 ~ 图 1.6.31 所示。

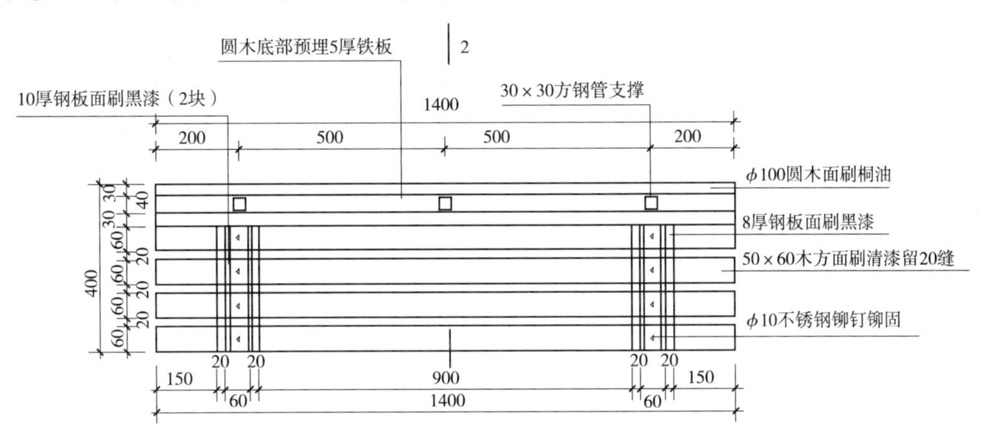

图 1.6.28 休息坐凳平面图（单位：mm）

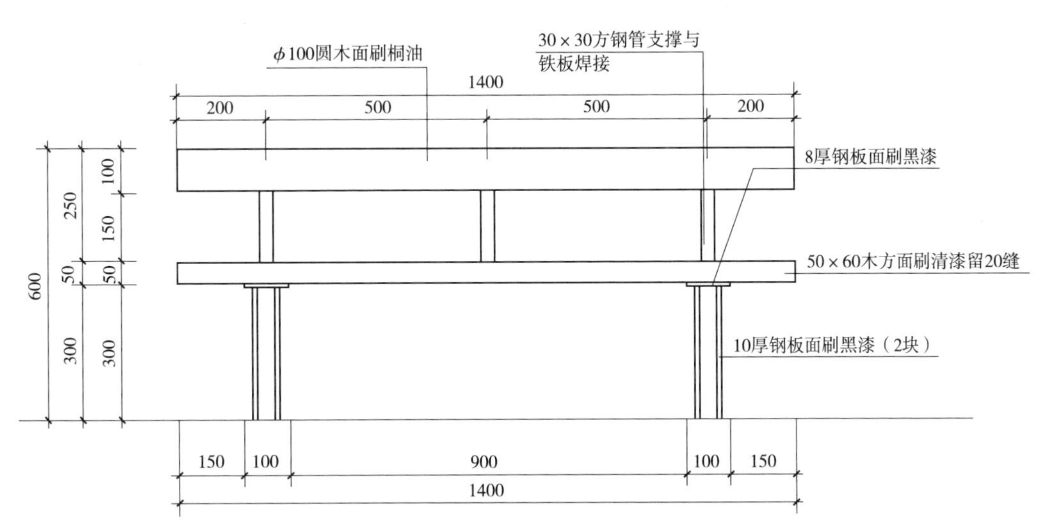

图 1.6.29 休息坐凳立面图（单位：mm）

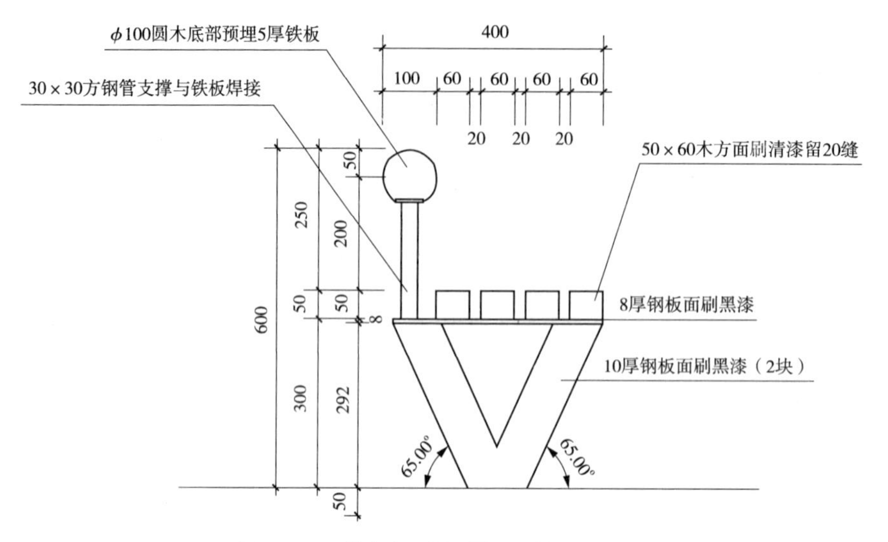

图 1. 6. 30　休息坐凳侧立面图（单位：mm）

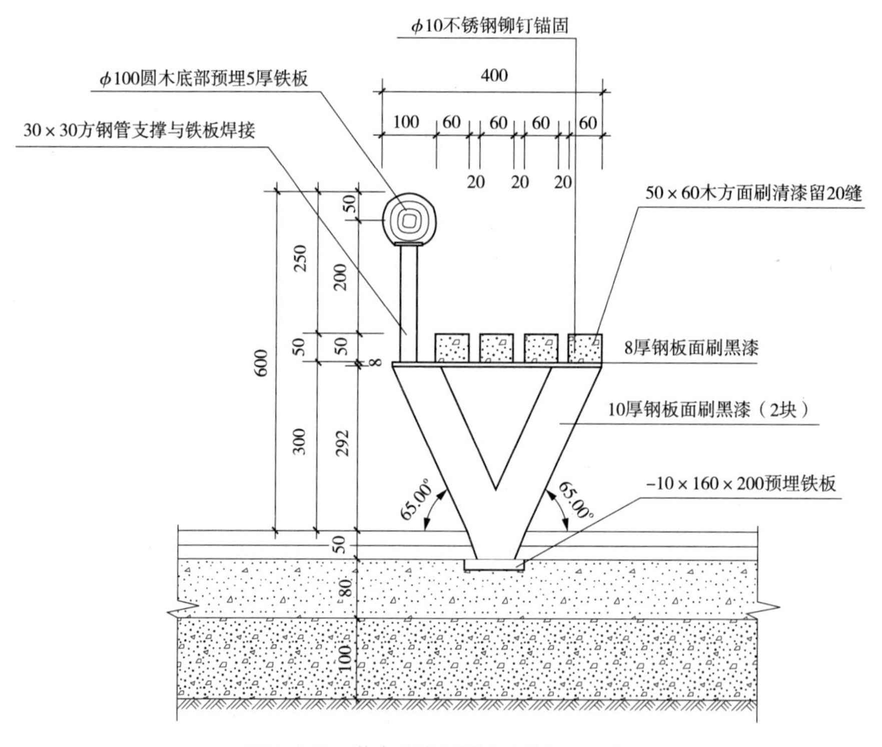

图 1. 6. 31　休息坐凳剖面图（单位：mm）

项目七

图块及图案填充在园林设计图中的应用

任务一　图块的应用

任务目标

掌握块的创建及使用方法，熟练运用块编辑命令进行园林辅助制图。

任务解析

块的创建、编辑的方法需熟练掌握。

在园林设计图中多次画到相同或相似的符号（如植物），这时，用户可将这些常用符号定义成图块或带有属性的图块，在图中用到时可以插入、缩放或旋转它。如将所用的图块储存在同目录下，就可生成园林专业图库，在以后的制图工作中只需将所要的符号以图块的方式插入至当前图形中，而无需重新绘制。这样可以提高绘图效率，节约图形文件占用磁盘空间，还使绘制的图纸规范统一。

一、图块定义

1. 块的启动方法

（1）［绘图］下拉菜单中选择［块］项，选择［创建（M..）］，屏幕弹出［块定义］对话框，如图1.7.1所示。

（2）［绘图］工具栏中单击［创建块］按钮，屏幕弹出［块定义］对话框，如图1.7.1所示。

（3）命令行输入：BLOCK（B）回车即可。

2. 块定义实例——制作某植物图块

（1）如利用CAD绘制完成一株树平面图如图1.7.2所示，单击创建块按钮，屏幕弹出“块定义”对话框。

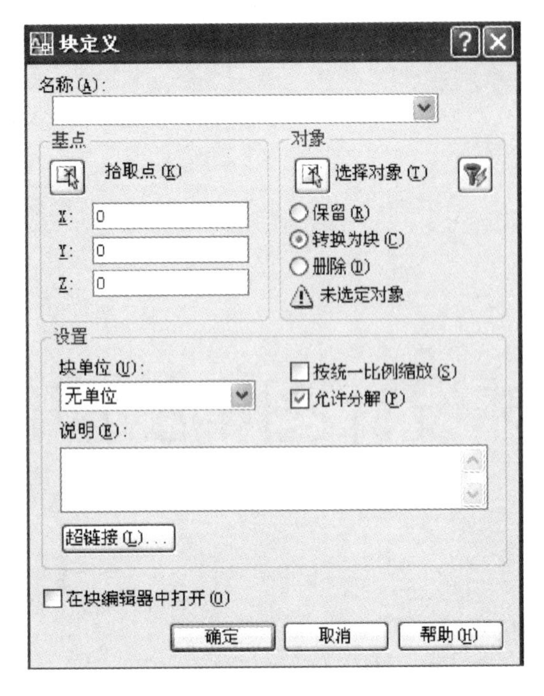

图 1.7.1　块定义对话框

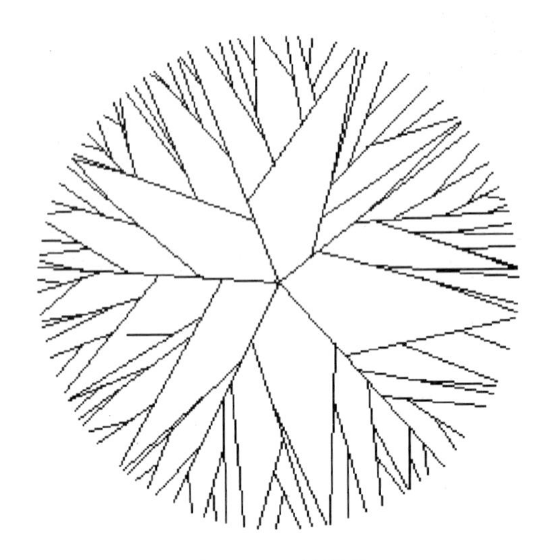
图 1.7.2　树平面

（2）在“名称”中输入名称，如雪松，点取“拾取点”按钮，单击树的圆心如图所示；点取“选择对象”按钮，框选植物，单击“确定”按钮，完成该植物的块定义。

注意：完成块的定义，表面看到的图像与原来图形没有区别，但这时图形已变为一个整体，随意选中图形一点将会是选中整个图形；如果图形中已定义的图块名，重名时会给出错误提示。建议绘制的所有植物图例都要编辑成块，便于以后应用。

二、块插入

所谓插入图块，就是将已经定义的图块插入到当前的图形文件中。在插入图块时，用户必须确定几个特征参数：即要插入的图块名，插入点位置，插入比例系数和图块的旋转角度。

1. 块插入的启动方法

（1）［插入］下拉菜单中选择［块］项，屏幕弹出［插入］对话框，如图 1.7.3 所示。

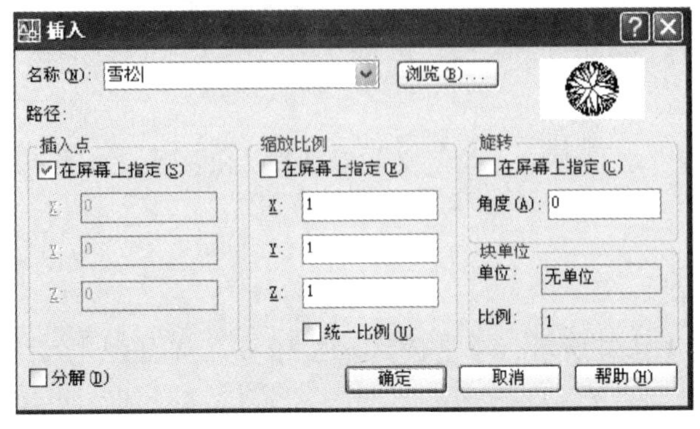

图 1.7.3　插入对话框

（2）［绘图］工具栏中单击［插入块］按钮，屏幕弹出［插入］对话框，如图 1.7.3 所示。

（3）命令行输入：INSERT（I）回车即可。

插入对话框相关说明。

（1）名称：下拉文本框，选择插入的块名。

（2）插入点：选取复选框后，在屏幕上点取插入点时，会有相应提示。

（3）缩放比例：选取复选框后，在随后的操作中会提示缩放比例。

2. 块插入实例——某广场插入植物图块

（1）打开某广场平面图如图 1.7.4 所示，单击插入块按钮，屏幕弹出［插入］对话框，如图 1.7.3 所示。

（2）在“名称”中分别输入名称已创建的各个植物名称如图 1.7.5 所示，如雪松，单击“确定”按钮，其他植物依次选用如图 1.7.6 所示，完成该图植物的块的插入，并应用复制命令或阵列命令，完成其他植物绘制，如图 1.7.7 所示。

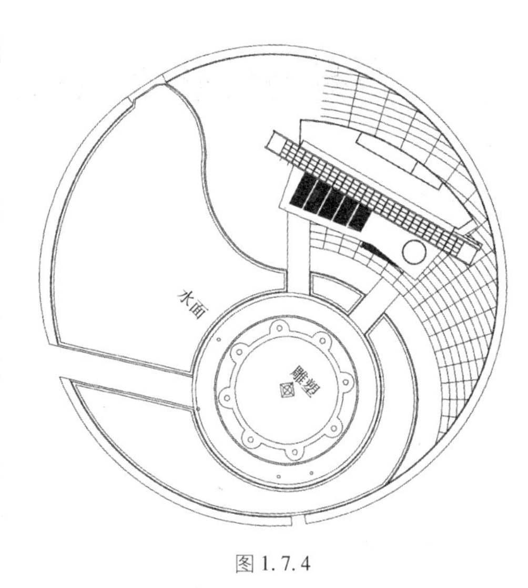

图 1.7.4

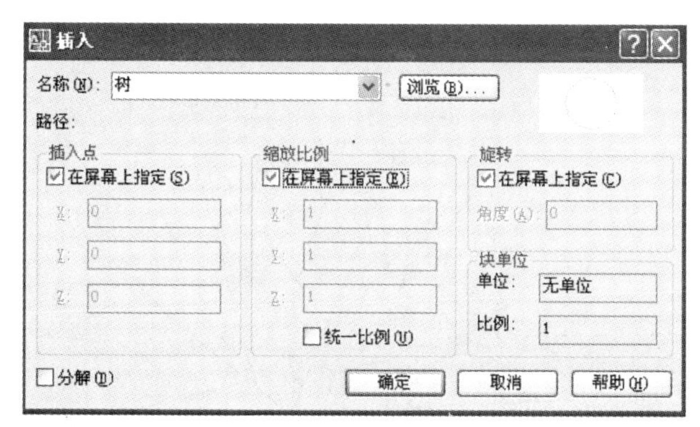

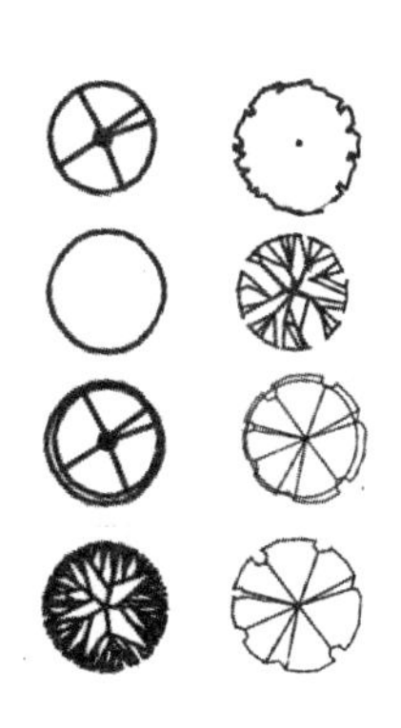

图 1.7.5　插入不同的植物种类

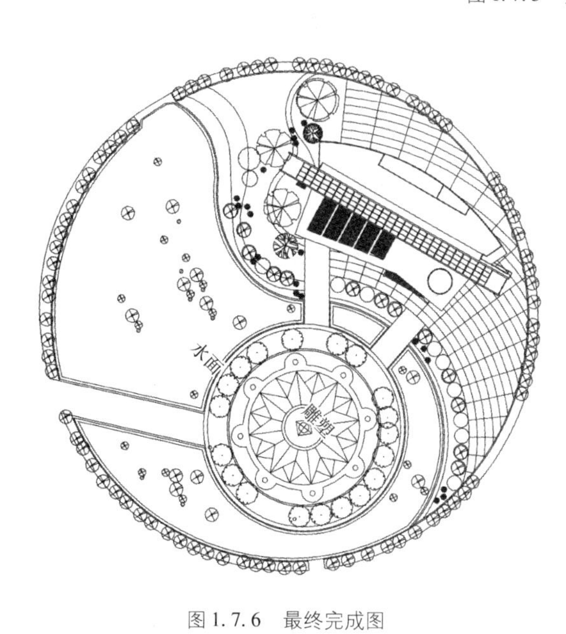

图 1.7.6　最终完成图

注意：在图块插入过程中一次只能插入一个图块，常用于位置没有规律的图块。如果插入的是内部块则直接输入块名即可；如果插入的是外部块则需要给出块文件的路径。对于具有同一几何形状而尺寸、比例不同的图例符号，用户可将其定义为单位尺寸块，在以后的插入中放大或缩小即可。

三、图块的编辑

1. 图块的编辑的启动方法

［工具］下拉菜单中选择［块编辑器］项，屏幕弹出［编辑块定义］对话框，如图 1.7.7 所示。

2. 块编辑实例——重新定义树

［工具］下拉菜单中选择［块编辑器］，屏幕弹出［编辑块定义］对话框，在该对话框中，选取要重新定义的块名称，单击“确定”，出现如图 1.7.8 所示对话框，在该对话框中，植物被分解如图 1.7.9 所示，可进行修改，修改完成保存块定义如图 7.1.10 所示。

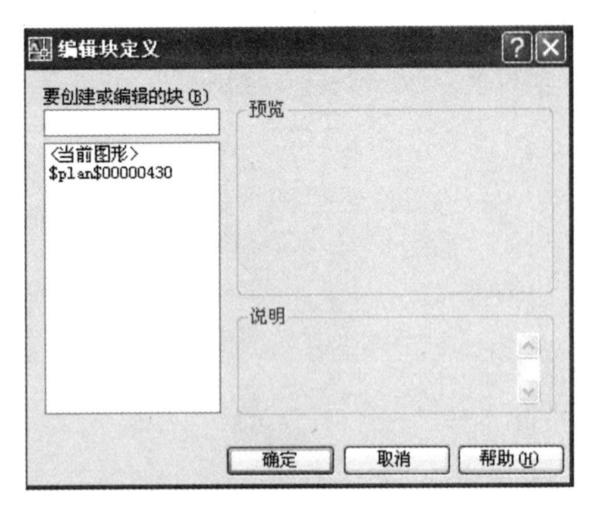

图 1.7.7

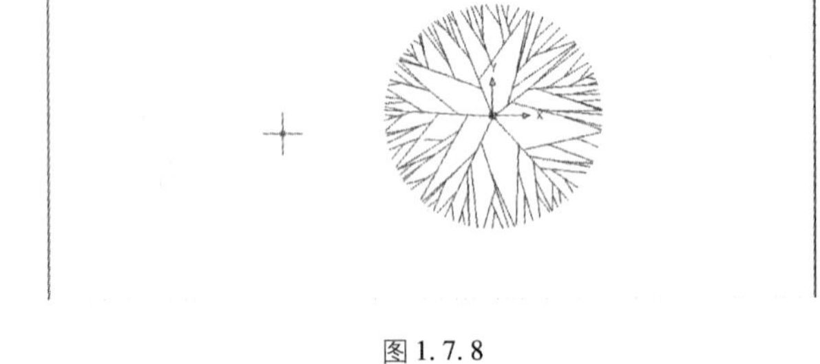

图 1.7.8

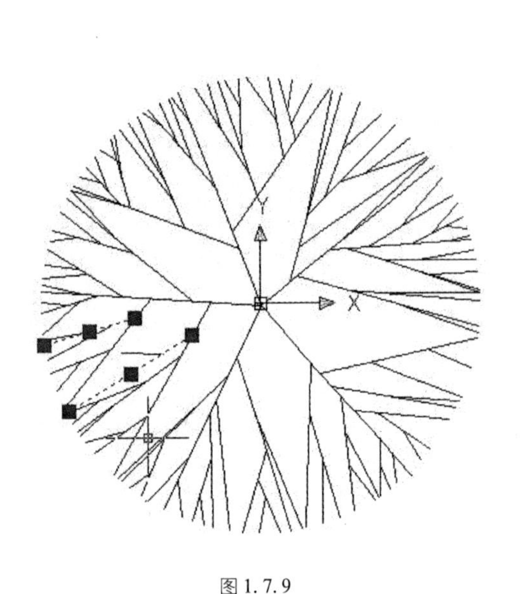

图 1.7.9

图 1.7.10　重新创建树块

任务二　图案填充在园林设计图中的应用

任务目标

熟悉图案填充的一些方法。

任务解析

图案填充的方法需熟练掌握。

在园林绘图中，常常使用不同的线或形状组成的图案表示各种材料特征，这在显示对象的剖切视图时十分常见。通常以点和三角形填充表示混凝土材料，以若干组垂直线表示土壤，以斜线或交叉斜线表示砖石建筑，这些图案都属于填充图案。

一、图案填充的概述

1. 填充边界

图案填充是在一定区域内进行的，构成填充区域的曲线称为填充边界。填充边界可以是单一对象（如圆、矩形等），也可由若干对象连接而成。填充边界具有一个封闭的外环，外环内可以存在数量不限的内环或称孤岛。

2. 填充图案的特性

填充图案具有关联性和整体性。

（1）关联性。关联性是指填充图案与填充边界是相关的即当填充边界发生变化时，填充图案将随之变化，这时填充图案称为相关图案，图案的关联性可以在生成图案时控制。如果关闭“边界图案填充”对话框中的关联开关，则生成的图案不具有关联性，这种图案称为非相关图案。此外，用 HATCH 命令生成的图案也不具有关联性。

（2）整体性。整体性是指用填充命令一次生成的图案。用户不能对组成图案的每一个元素进行单独操作。图案可以用分解命令分解，分解后的图案不再是一个单一对象，而是一组独立的对象。

二、图案填充过程

图案填充过程包括选择填充图案、确定填充边界、定义填充方式。

1. 图案填充的启动方法

（1）［绘图］下拉菜单中选择［图案填充］项，屏幕弹出［图案填充和渐变色］对话框，如图 1.7.11 所示。

（2）［绘图］工具栏中单击［图案填充］按钮，屏幕弹出［图案填充和渐变色］对话框，如图 1.7.11 所示。

（3）命令行输入：BHATCH（BH、H、－H）回车即可。

2. 命令选项

在该对话框中，包含了［图案填充］和［渐变色］两个选项卡。

（1）图案填充选项卡如图 1.7.12 所示。

1）类型：选择图案填充的类型。包括预定义、用户定义和自定义三种。

2）图案：该下拉列表框显示了目前图案名称。图案调色板］对话框。从该对话框中能够预览所有预定义的填充样式。可以用鼠标点取所要填充的图案，如图 1.7.13 所示。

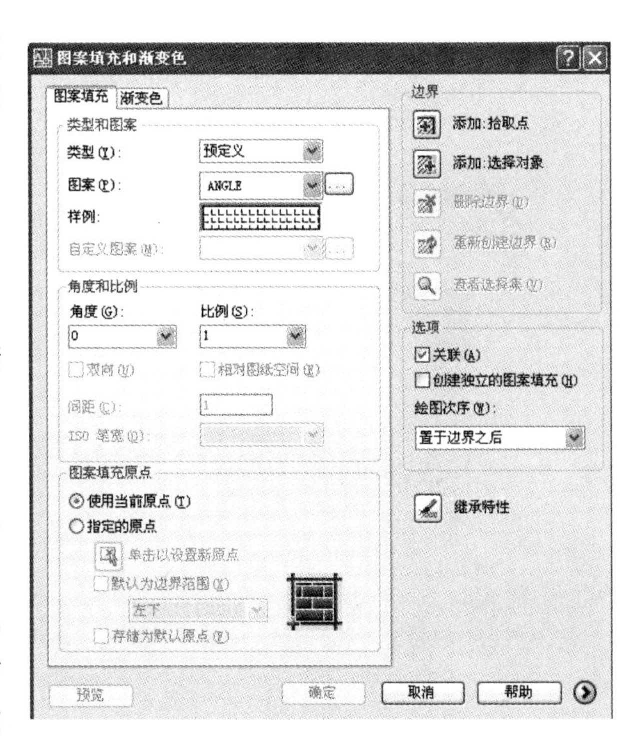

图 1.7.11　图案填充和渐变色对话框

3）样例：通过预览的形式直接显示图案样式。

4）角度：输入角度值，确定图案样式的旋转角度。

5）比例：调整比例大小，确定填充图案的大小，默认值为1。

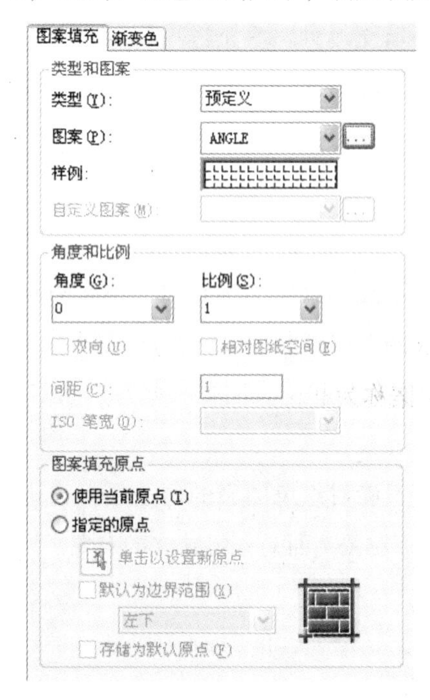

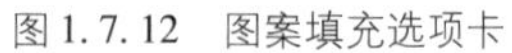

图1.7.12　图案填充选项卡

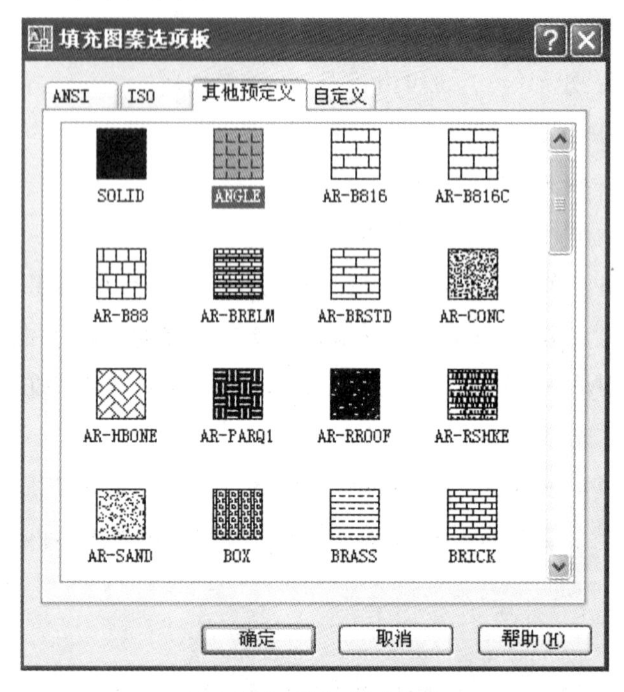

图1.7.13　填充图案选项板

（2）渐变色选项卡如图1.7.14所示。利用渐变色选项卡可以对图形进行渐变色填充。

1）单色：单击色块右侧按钮，可以弹出“选择颜色”对话框，如图1.7.15所示，根据需要直接单击所需颜色，在通过“渐深”至“渐浅”的滑块调整渐变效果，最后单击“确定”按钮。

2）双色：选择此项，出现“颜色1”和“颜色2”两个颜色，设计者根据需要进行相应颜色设置，

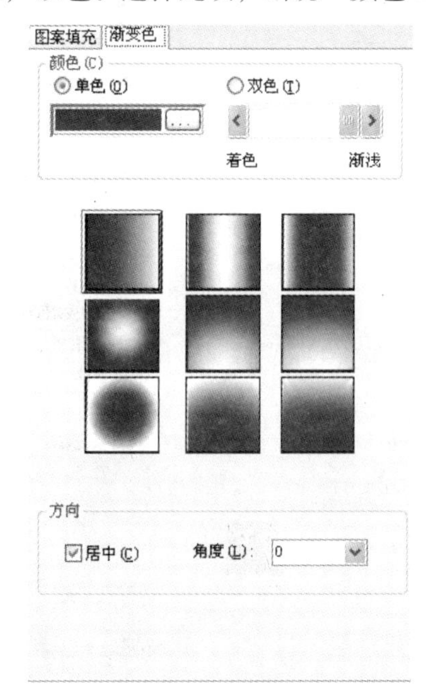

图1.7.14　渐变色选项卡

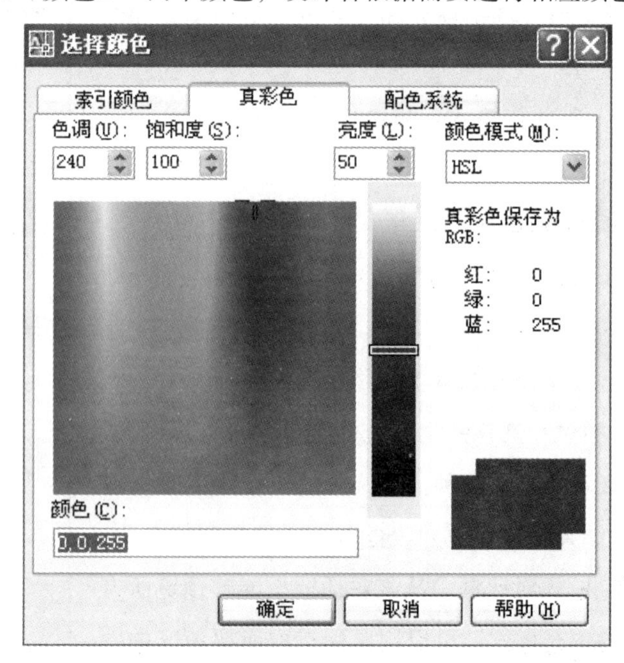

图1.7.15

最后单击“确定”按钮。

3）方向：确定所选颜色是否以居中的方式渐变，并可控制形成渐变的方向。

注意：

(1) 填充的图案是一个整体，如果用分解命令将其分解，将会增加图形文件的字节数，因此最好不要分解填充图样。

(2) 填充图案时，图形的边界必须封闭，否则系统不能完全填充。

(3) HATCH 命令由命令行输入时，不会出现对话框。

三、图案填充方式

1. 添加：拾取点

(1) 单击“添加：拾取点”按钮，切换到绘图区域，这时点击要填充的区域，填充的区域边线变为虚线，如图 1.7.16 所示，回车，回到图案填充对话框。

(2) 选取“样例”按钮，弹出“填充图案选项板”对话框，选择要填充的图案样式，单击“确定”按钮。

(3) 回到“填充图案选项板”对话框，单击“预览”，观察填充图案的比例、样式等选项，并可进行修改，最后单击“确定”，完成填充如图 1.7.17 所示。

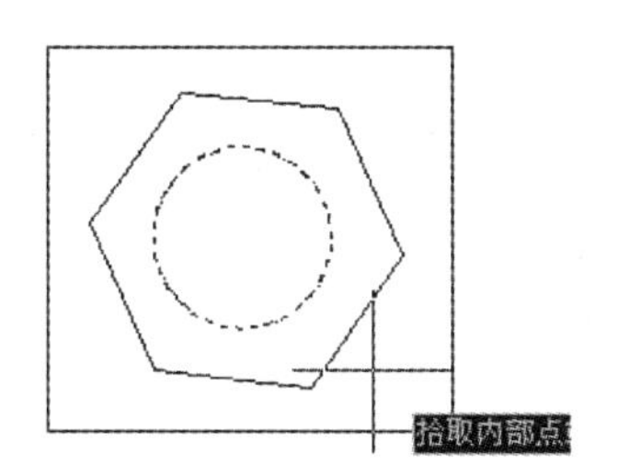

图 1.7.16　拾取点选择填充区域

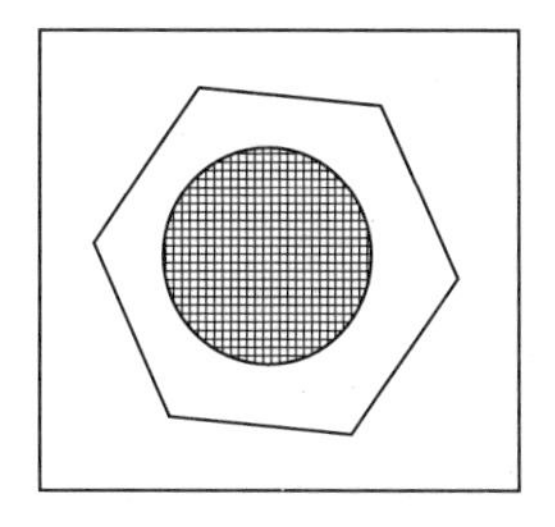

图 1.7.17　填充图案样式

2. 添加：选择对象

“添加：选择对象”的基本操作同上，不同的是在选择要填充的对象时，在图形边缘上点取，如图 1.7.18 和图 1.7.19 所示。

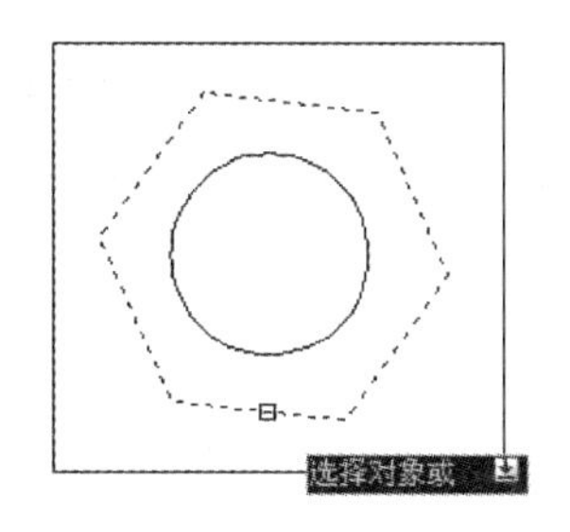

图 1.7.18　选择对象选择填充区域

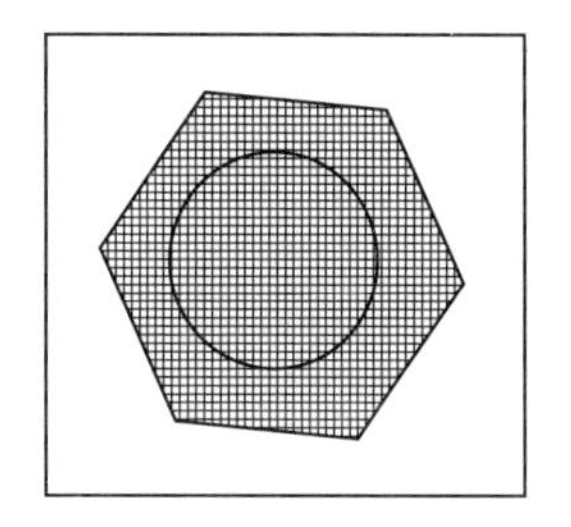

图 1.7.19　填充完成图案样式

四、编辑填充图案

图案填充完成后，随着图形的变化，原有填充图案的类型和特性也随之变化，就需要对填充图案进行编辑。

编辑填充图案方法如下。

(1) [修改] 下拉菜单中选择 [对象] 项，选取 [图案填充] 项。

(2) 双击要修改的图案，这种方法比较方便。

(3) 命令行输入：HATCHEDIT (HE) 回车即可。

启动该命令后会要求选择编辑修改的填充图案，根据需要进行修改。

实训项目

(1) 草地图案填充。打开要填充的图形；新建“草地”图层，并置为当前层；填充草地。

“草地填充”具体如下。

1) 打开要填充草地的图像，如图 1.7.4 所示。

2) 单击 [图案填充] 按钮，屏幕弹出 [图案填充和渐变色] 对话框，点取“拾取点”按钮，回到绘图区域单击填充草地的区域，如图 1.7.20 所示。

3) 单击鼠标右键“确定”，回到“图案填充和渐变色”对话框，选取“样例”按钮，弹出“填充图案选项板”对话框，选择图案样式“CROSS”、“GRASS”或“SWAM”等样式，单击“确定”按钮。

4) 回到“填充图案选项板”对话框，单击“预览”，发现比例不合适，进行修改，比例值改为 0.05，查看效果，最后单击“确定”，完成填充如图 1.7.21 所示。

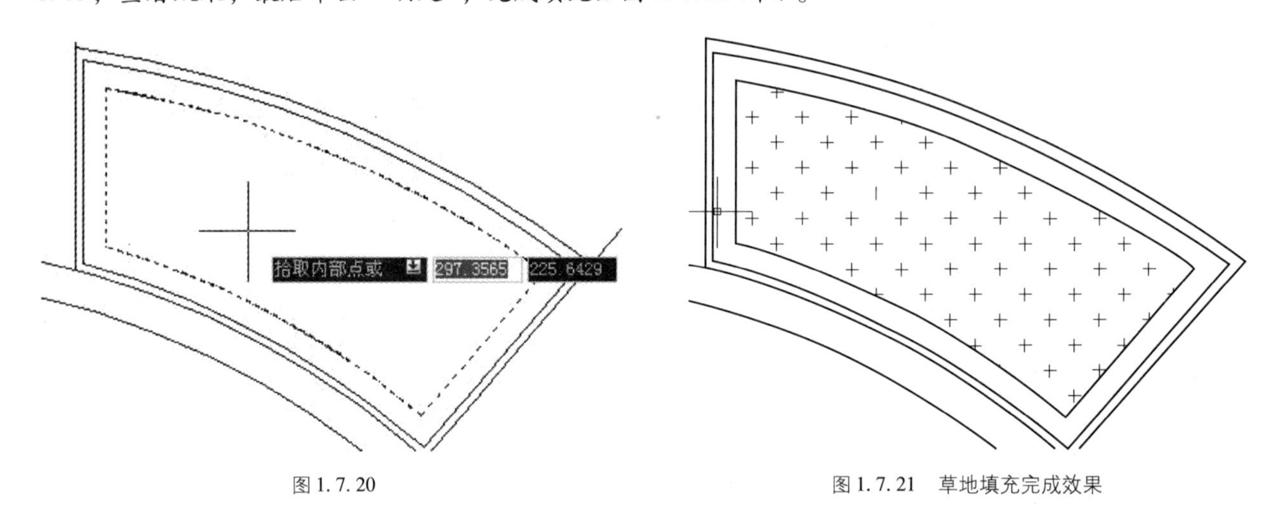

图 1.7.20　　　　图 1.7.21　草地填充完成效果

注意：如果一幅图中，有多个区域需要填充，可以同时“拾取”多个区域，一起填充。

(2) 运用本节介绍的图案填充内容，对其他项目练习中需要填充的草地、水体、地面铺装等内容进行填充。

要求：填充的图案、颜色、角度、比例要恰当，符合要求。

项目八

室内设计图的绘制

建筑装饰图一般由平面图、顶棚平面图、室内立面图、装饰设计说明、墙（柱）面装饰剖面图、装饰详图、水电施工图等图样组成，平面图是室内布置设计中重要的图样，它反映了建筑平面布局、空间尺度、功能划分、材料选用、绿化及陈设的布置等内容。

建筑装饰图在绘制中需要掌握室内设计原理、人体工程学等学科知识，布置时要注意设计功能空间，还应根据人体工程学来确定空间尺寸。

任务一　抄绘某居室平面图

任务目标

能熟练绘制室内设计图纸。

任务解析

通过室内平面图的绘制，能够对建筑室内图纸绘制有较全面的了解，同时掌握绘制步骤。

室内平面布置图的图示内容，参考本书配套下载素材内容模块一项目八某居室平面图，如图1.8.1所示。

（1）建筑平面的基本内容，如墙柱与定位轴线、房间布局与名称、门窗位置（编号）、门的开启方向等。

（2）室内地面标高。

（3）室内家具、家用电器等的位置。

（4）装饰陈设、绿化美化等位置及图例符号。

（5）室内立面图的内饰投影符号（按顺时针从上至下在圆圈中编号）。

（6）室内现场制作家具的定形、定位尺寸。

（7）房屋外围尺寸及轴线编号等。

（8）索引符号、图名及必要的说明等。

注意：在绘制平面图过程中可以将楼地面平面图（主要反映地面装饰分格情况、拼花、材料等）

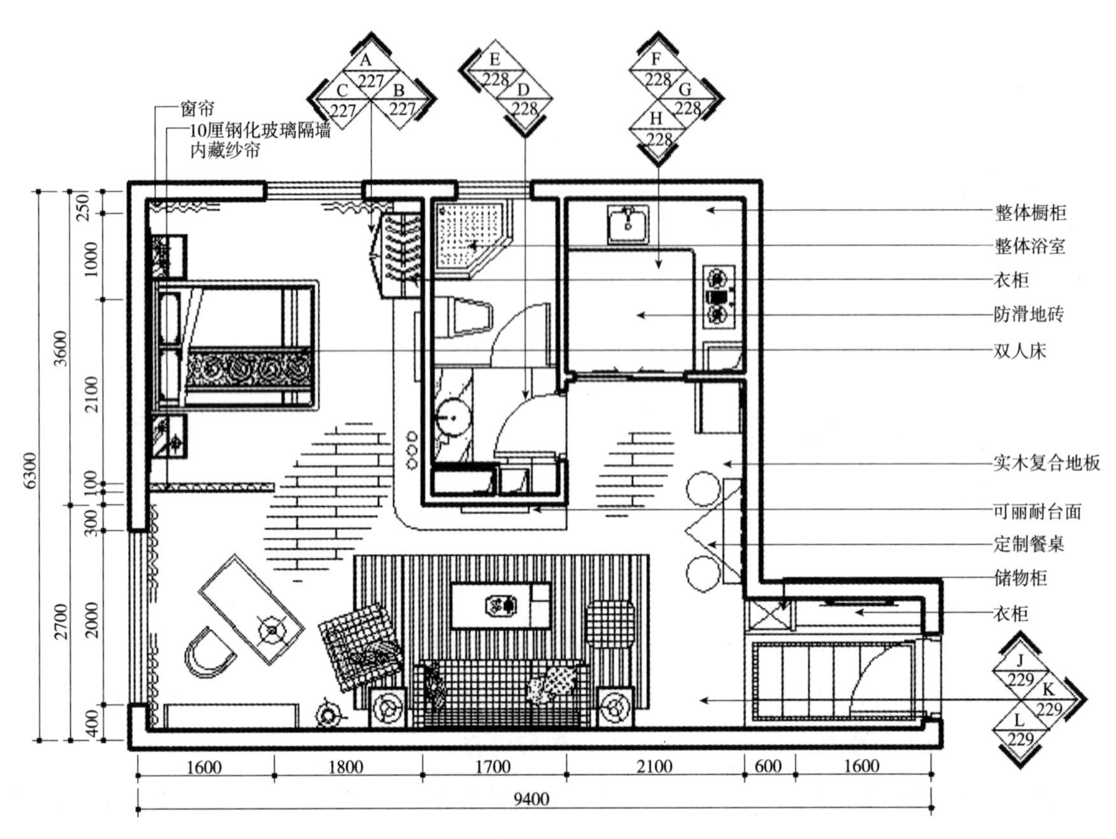

图 1.8.1　平面图（单位：mm）

与平面布置图绘制在一起，这样在一张平面中，就可以表现更多的内容，如地面布置情况、地面的装饰风格、标注尺寸、色彩、地面标高等。

操作步骤如下所述。

（1）设置绘图环境。“格式”下拉菜单“图形界限”，以总体尺寸为参考，设置图形界限为 20000 * 15000。“格式”下拉菜单“线型”，加载中心轴线 center，根据设置的图形界限与模板的图形界限的比值设置其全局比例因子为 100，使中心轴线能正常显示为点划线，如图 1.8.2 所示。

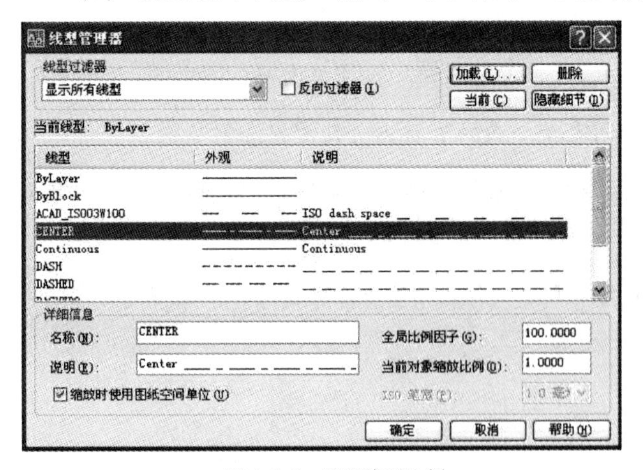

图 1.8.2　设置线型比例

（2）设置图层。根据不同特性创建图层，用于管理各种图形对象，如轴线层、墙体层、门窗层、文字层、标注层、家具层、图框层、索引层等，并设置各图层颜色、线型等特性，如图 1.8.3 所示。

（3）绘制轴线。将轴线图层置为当前，打开极轴，使用直线命令，绘制一条超过总长的横轴线和一条纵轴线，再使用偏移命令得到其他轴线，利用项目二所介绍的方法。

（4）绘制墙体。将墙体层置为当前，并根据定位轴线使用多线命令绘制墙体；进一步使用偏移、修剪命令，完成门窗洞的绘制，如图 1.8.4 所示。

（5）绘制门窗、楼梯及其他细部。将门窗层置为当前，创建或调用门、窗的图块，并在上图的基

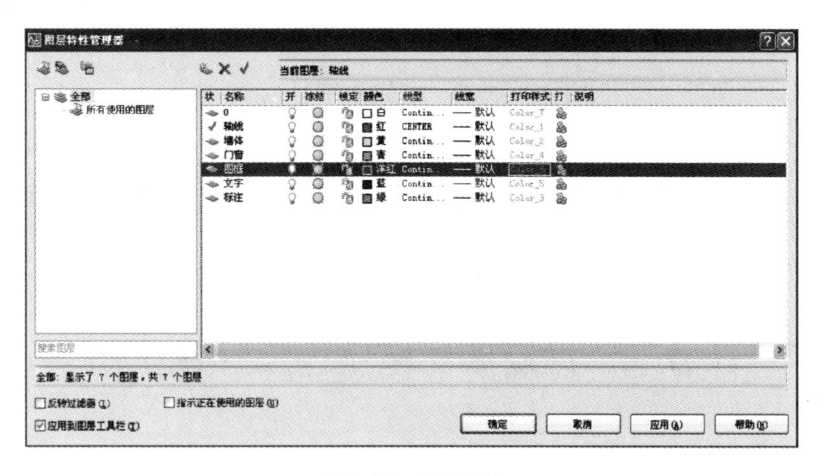

图 1.8.3　设置图层

础上插入门窗图块，如图 1.8.5 所示。

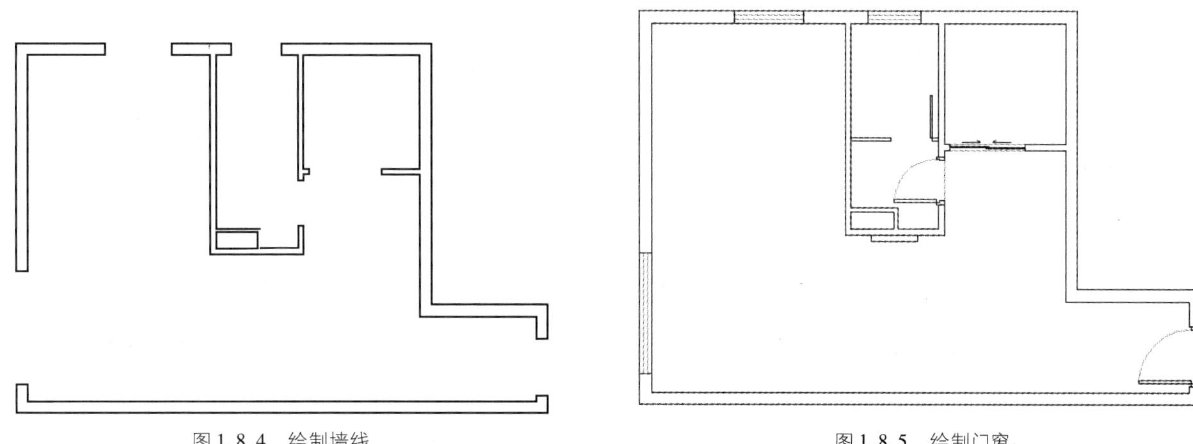

图 1.8.4　绘制墙线　　　　图 1.8.5　绘制门窗

（6）尺寸标注并插入图框。将标注图层置为当前，设置正确的标注样式，使用标注工具对平面图进行尺寸标注，如图 1.8.6 所示。

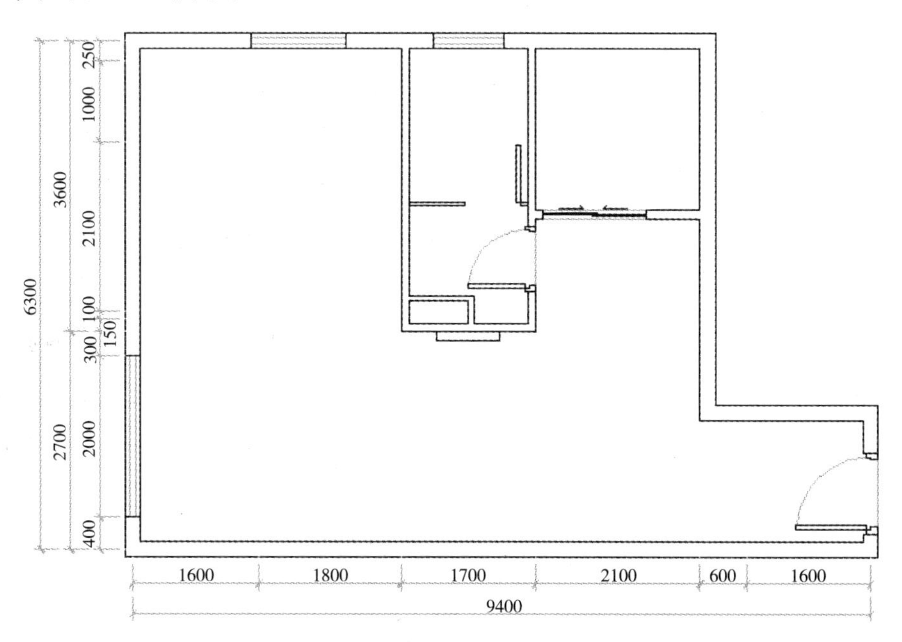

图 1.8.6　标注尺寸（单位：mm）

注意：绘制到此步骤，也可把属性块的方法标注轴号；将图框图层置为当前，绘制指北针，插入图框等内容完成。

（7）进一步平面布置。根据室内设计原理、人体工程学等相关知识进行平面布置，调入家具、设备、绿化等图块，完成总体平面布置，在调入时注意图块的尺寸和比例。完成最总平面图的绘制。

任务二　抄绘某居室室内设计施工图

任务目标

能熟练绘制室内设计图纸。

任务解析

通过室内平面图的绘制，能够对建筑室内图纸绘制有较全面的了解，同时掌握绘制步骤。

室内设计施工图包括平面布置图、顶棚布置图、立面图和剖面图和详图等内容。平面图的绘制在任务一中已讲述，下面简要介绍几种图纸的绘制。

1. 顶棚布置图

主要用来表现天花板的各种装饰平面造型以及藻井、花饰，浮雕和阴角线的处理形式、施工方法，还有各种灯具的类型、安装位置等内容。顶棚平面图可分为两种方法：①正投影平面图；②假设在地面设一面镜子，顶面则在镜子里面形成倒影，即“镜像”法。

造型设计完成后，需要对整个房间层高有清楚的认识、对材料有充分了解。使用文字命令，对整个顶棚进行材料说明，对层高进行说明可使用标高符号，也可用其他适当的表达式或说明。

顶棚布置图的常用比例为1∶100，1∶50，可用比例为1∶30、1∶20等。

2. 立面图

在与房屋立面平行的投影面上所做的正投影图称为立面图。它主要反映房屋的外貌各部分配件的形状和相互关系以及立面装修做法等。

立面图用于反映室内垂直方向的装饰设计形式、尺寸与做法、材料与色彩的选用等内容，是确定墙面做法的主要依据。房屋室内立面图的名称应根据平面布置图中内视投影符号的编号或字母确定。

为了使立面图外形清晰、层次感强，立面图应采用多种线型画出。一般立面图的外轮廓用粗实线表示；门窗洞、阳台、雨篷、台阶等突出部分的轮廓用中实线表示；门窗扇及其分格线、花格、雨水管、有关文字说明及标高等均用细实线表示；室外地平线用加粗实线表示，室内立面图一般不画虚线。

立面图的常用比例为1∶50，可用比例为1∶40、1∶30等。

（1）立面图的图示内容包括如下。

1）室内立面轮廓线，顶棚有吊顶时可画出吊顶、叠级、灯槽等剖切轮廓线（粗实线表示），墙面与吊顶的收口形式，可见的灯具投影图形等。

2）墙面装饰造型及陈设（如壁挂、工艺品等），门窗造型及分格，墙面灯具、暖气罩等装饰内容。

3）装饰选材、立面的尺寸标高及做法说明。

4）影视墙、壁柜固定家具及造型。

5）索引符号、说明文字、图名及比例等。

（2）立面图的识读内容如下。

1）确定要读的室内立面图所在的房间位置，按房间顺序识读室内立面图。

2）在平面布置图中明确该墙面位置有哪些固定家具和室内陈设等，并注意其定形、定位尺寸，做到对墙（柱）面布置的家具、陈设有一个基本的了解。

3）详细识读室内立面图，注意墙面装饰造型及装饰面的尺寸、范围、选材、颜色及相应做法。

4）查看立面标高、其他细部尺寸、索引符号等。

3. 装饰详图

由于平面布置图、楼地面平面图、室内立面图、顶棚平面图等的比例一般较小，很多装饰造型、构造做法、材料选用、细部尺寸等无法反映或反映不清晰，满足不了装饰施工、制作的需要，故放大比例画出详细图样，形成装饰详图。

在装饰详图中剖切到的装饰体轮廓用粗实线表示，未剖切到但能看到的投影内容用细实线表示。装饰详图是从整个室内空间中取出一个局部来作详细的表达，故应特别注意用索引符号清晰地表达与其他图纸的关系。

详图常用比例1∶10～1∶50。当该形体按上述比例画出的图样不够清晰时，需要选择，1∶1～1∶10的大比例绘制。

（1）装饰详图的图示内容包括如下。

1）装饰墙体的建筑做法。

2）造型样式、材料选用、尺寸标高、色彩及做法说明、工艺要求等。

3）所依附的建筑结构材料、连接做法，如钢筋混凝土与木龙骨、轻钢及型钢龙骨等内部骨架的连接图式，选用标准图时应加索引。

4）装饰体基层板材的图式，如石膏板、木工板、多层夹板、密度板、水泥压力板等用于找平的构造层次。

5）装饰面层、胶缝及线角的图式，复杂线角及造型等还应绘制大样图。

6）索引符号、图名、比例等。

（2）图装饰详图的识读：装饰详图种类较多且与装饰构造、施工工艺有着紧密联系，在识读装饰详图时应注意与实际结合，做到举一反三，融会贯通，所以装饰详图是识图中的重点、难点。

实训作业

绘制室内平面图、立面图、顶棚平面图等，并标注尺寸，如图1.8.7～图1.8.15所示。

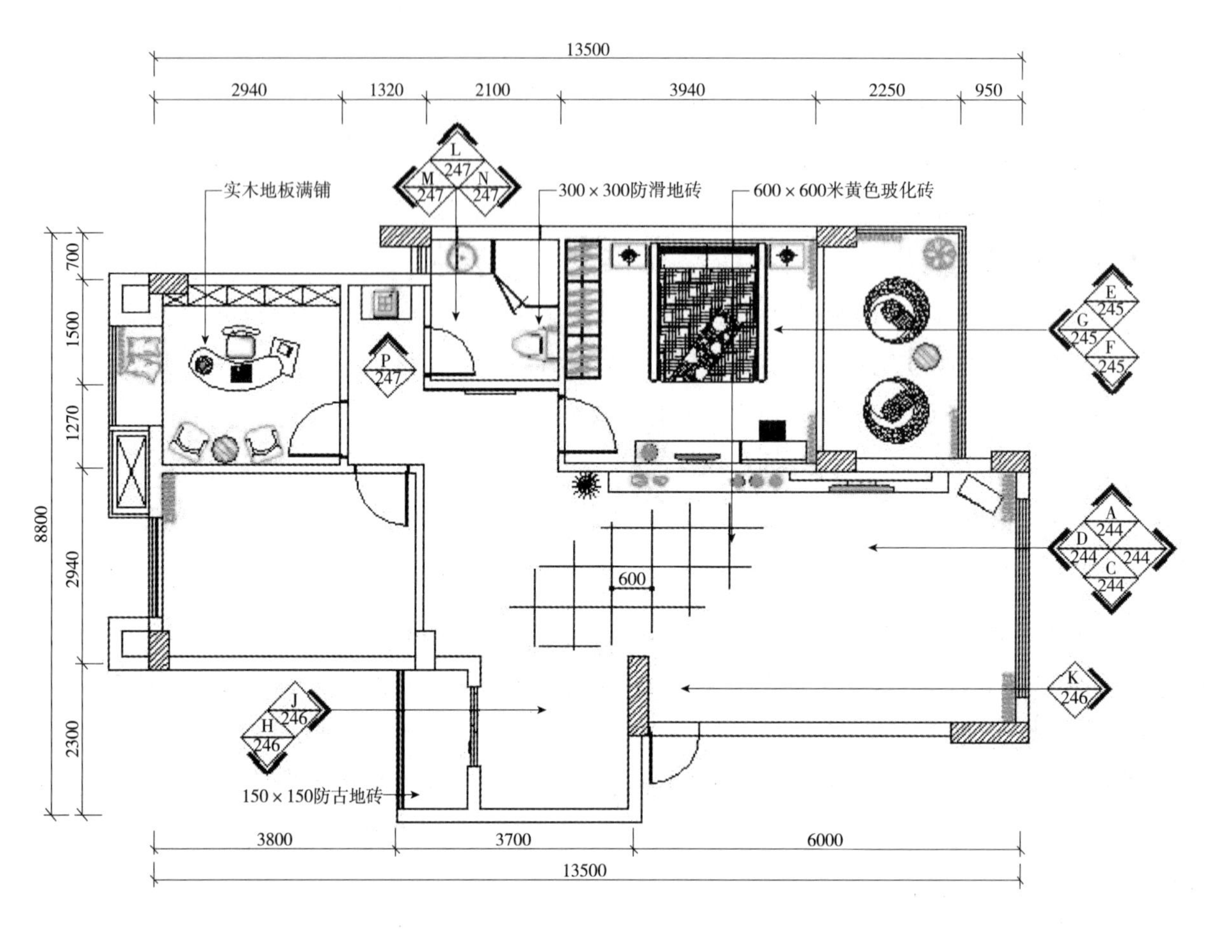

图 1.8.7　平面图（单位：mm）

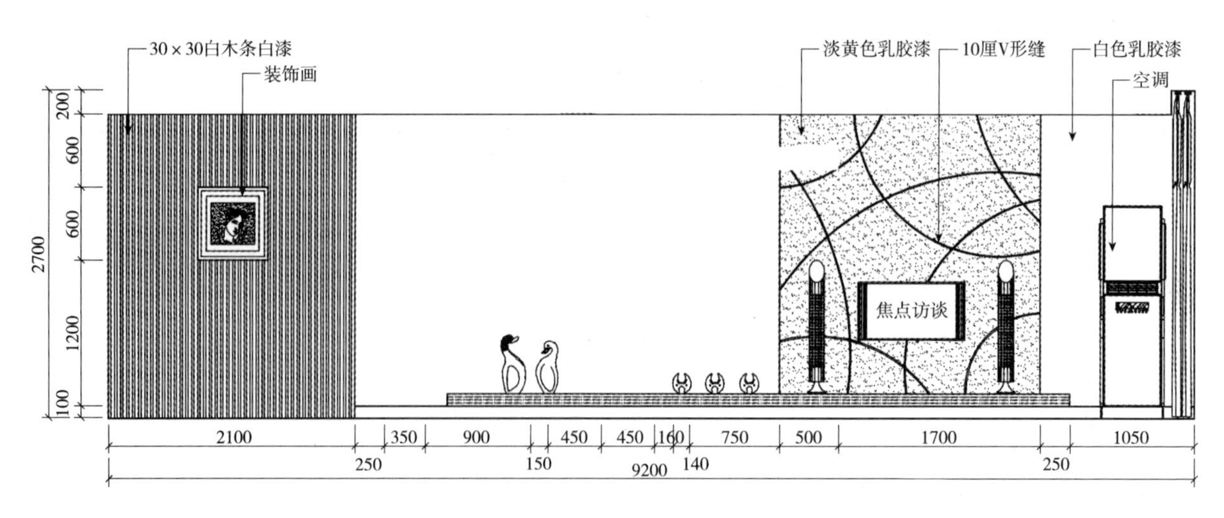

图 1.8.8　244A 立面（单位：mm）

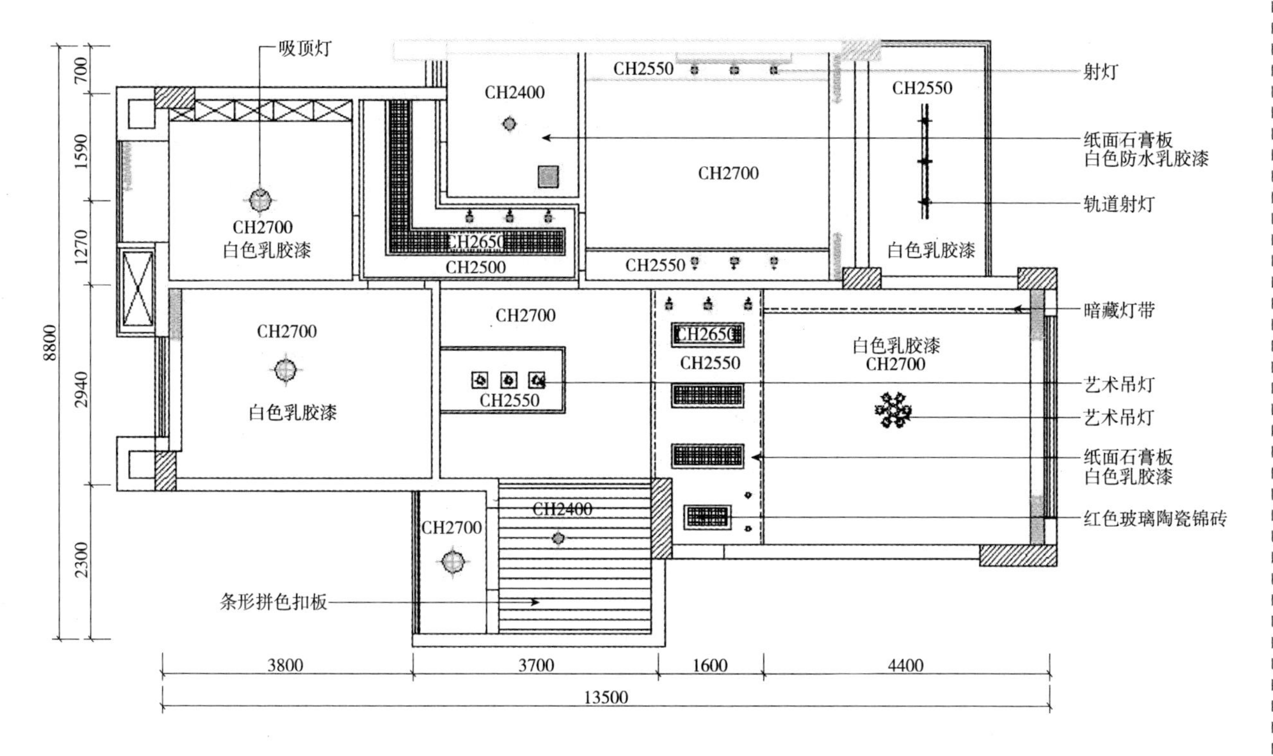

图1.8.9 顶棚平面图（单位：mm）

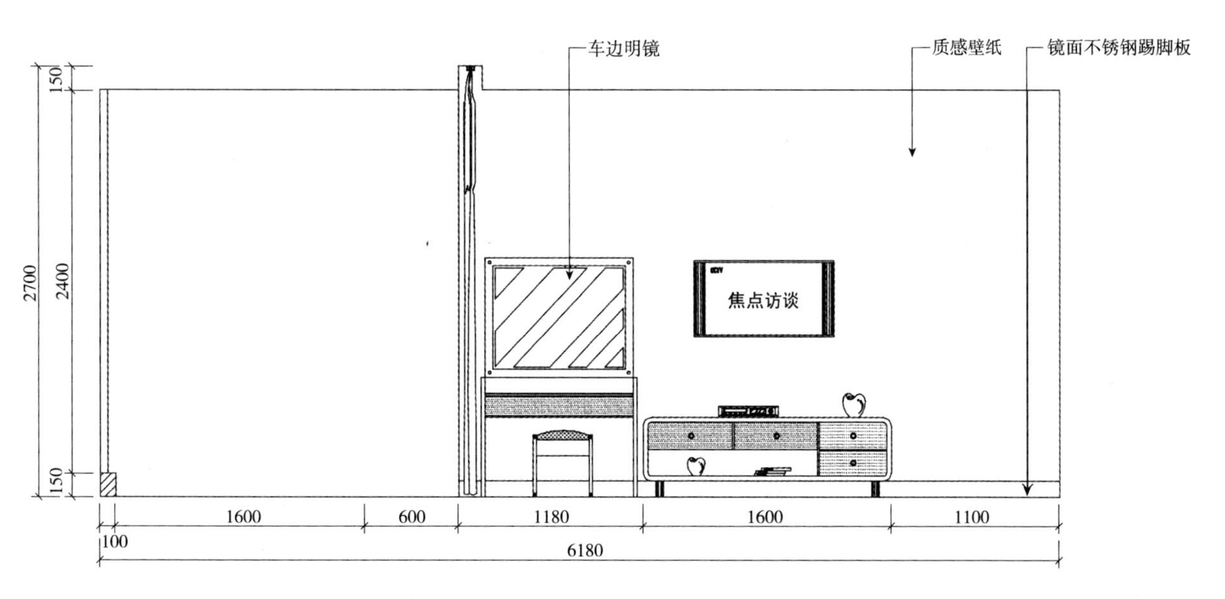

图1.8.10 244F立面（单位：mm）

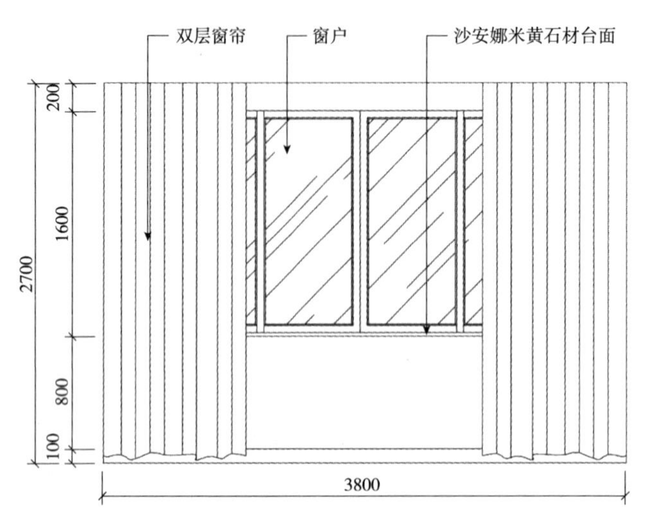

图 1.8.11　244B 立面（单位：mm）

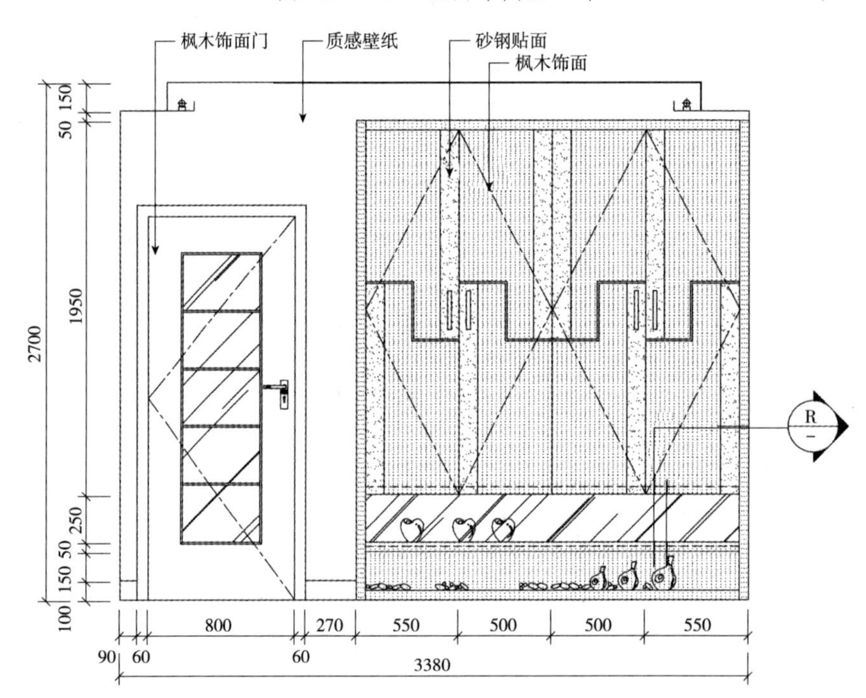

图 1.8.12　244G 立面（单位：mm）

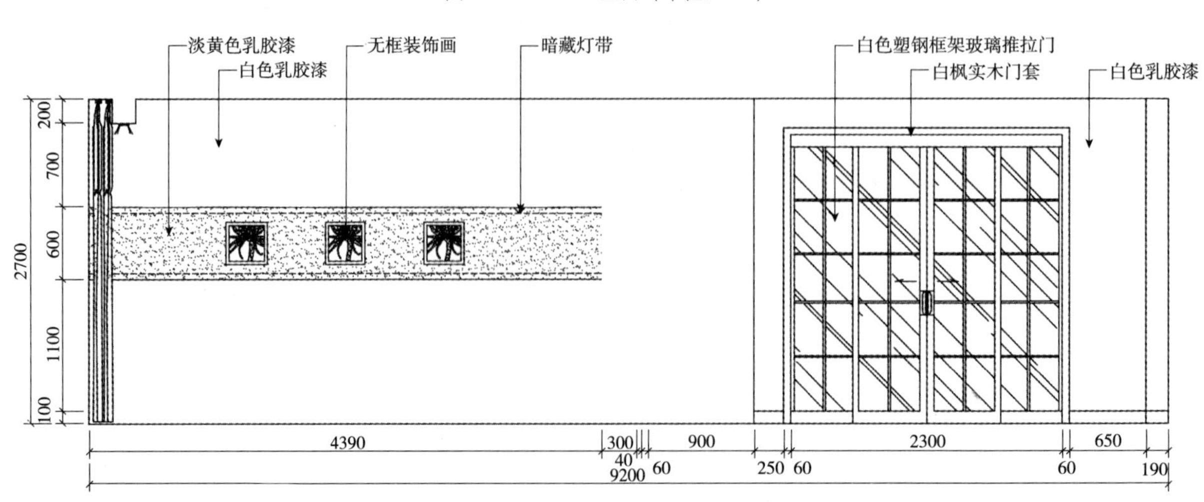

图 1.8.13　244C 立面（单位：mm）

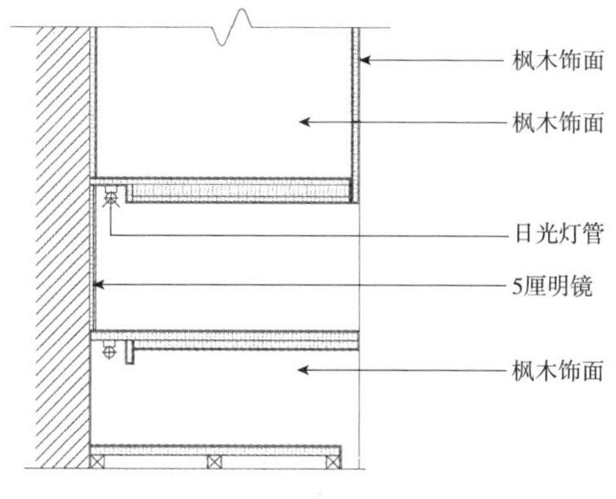

图1.8.14 R剖面图

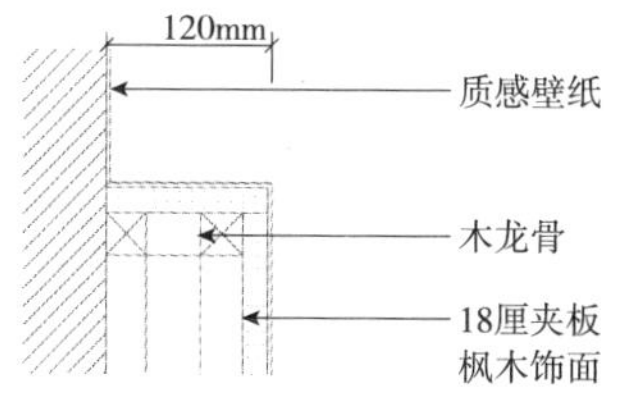

图1.8.15 Q剖面图

模块二

利用3dsMax技术制作园林效果图

随着时代的进步、社会的发展和计算机软、硬件技术的发展，3dsMax 绘图这项新型技术很快地应用到了园林景观设计中，但这不代表 3dsMax 绘图能够完全取代传统手工绘图，而是将它们分开更好地应用于园林设计，即在设计初期使用手工绘图，在绘制高质量的图纸时使用 3dsMax 绘图。在如今快速发展的时代，园林规划设计的图纸需以数字化的形式来存储。3dsMax 绘图精确、美观，速度快、效率高，易于修改、保存、发送及更新等特点，更适合于园林设计。

3dsMax 主要用于制作各类效果图，如风景园林效果图、展示效果图等。在 3dsMax 的场景制作过程中，不但要创建精美的三维造型、制作华丽的材质、设计完美的动画，还应该注意灯光环境与摄像机，否则就会发现自己精心设计的对象一经放入场景，总是达不到理想的效果。

3dsMax 的突出特点之一是其交互式的渲染器功能，当在视图中创建或修改对象时，可以立刻看到所进行操作的结果。在 3dsMax 的场景制作过程中，不但能创建精美的三维造型、制作华丽的材质、设计完美的动画，还可以进行灯光环境与摄像机设置，使精心设计的作品达到更加理想的效果。园林设计具有更多的灵活性和随机性，这方案需要通过反复地调整、修改来提高含金量。3dsMax 技术的应用，提高了绘图效率，并且修改特别方便。本模块中将以六个项目案例为载体，进行项目式教学安排。

项目一

园林石桌、石凳的制作

任务　制作园林石桌、石凳

园林中的石桌、石凳是供人小憩的主要用具，不仅要求它具有实用性，而且还要求它的造型具有一定的观赏性，与整个园林布局融为一体。

任务目标

认识3dsMax软件，了解3dsMax界面，初步学会3dsMax中放样建模编辑器的应用以及布尔运算建模方式。

任务解析

通过3dsMax基本常知识的学习，能够对3dsMax软件有初步的了解，学会石桌石凳的建模方式方法。

一、石桌的制作

（1）选择下拉式菜单【文件】/【重设定】命令，重新设定系统。

（2）在命令面板中单击（创建）按钮，单击（二维）按钮，将其下的 圆 按钮激活。

（3）在顶视图中创建【半径】值为60的圆，如图2.1.1所示。

（4）在命令面板中单击（创建）按钮，单击（二维）按钮，将其下的 线 按钮激活，并设置线的拖动类型为角点，如图2.1.2所示。在捕捉控制区中打开按钮，在前视图中绘制长度为200的垂直线。

（5）选择圆，在命令面板中单击（创建）按钮，单击（几何体）按钮，选择标准基本体后面倒三角列表中的复合对象，激活其下的 放样 按钮，如图2.1.3所示。激活创建方法下的 获取路径 按钮，拾取绘制好的直线，就会放样出如图2.1.4所示的模型，为模型命名为桌墩。

（6）选择桌墩，在命令面板中单击（修改），打开修改命令面板中的 + 变形 按钮，如图2.1.5所示。再激活其下的 缩放 按钮就会调出如图2.1.6所示的缩放变形器。激活（插入点）

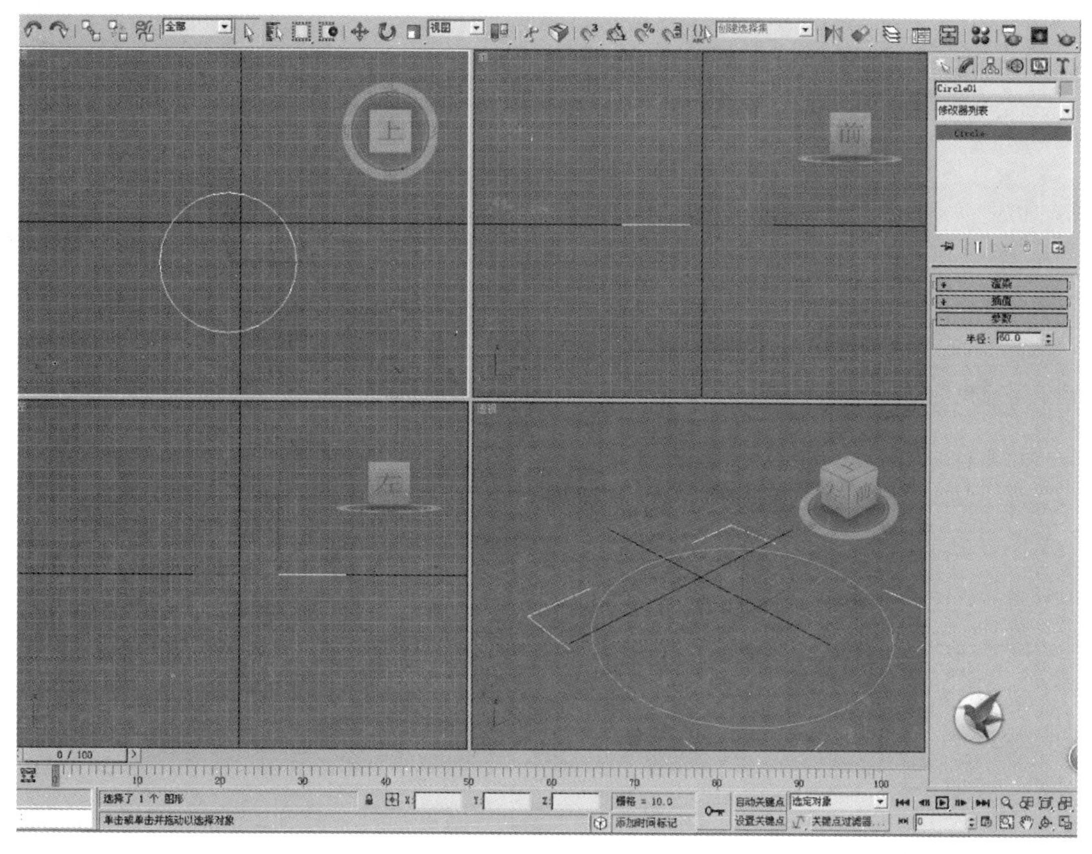

图2.1.1 创建的半径为60的圆

按钮，在红色控制线上添加一个控制点，设置控制点点的位置为 50.0 170.0 ，效果如图2.1.7和图2.1.8所示。再把光标放在控制点上，单击右键，选择“Bezier——平滑”项，再对点的手柄移动调整，效果如图2.1.9和图2.1.10所示。

图2.1.2 拖动类型

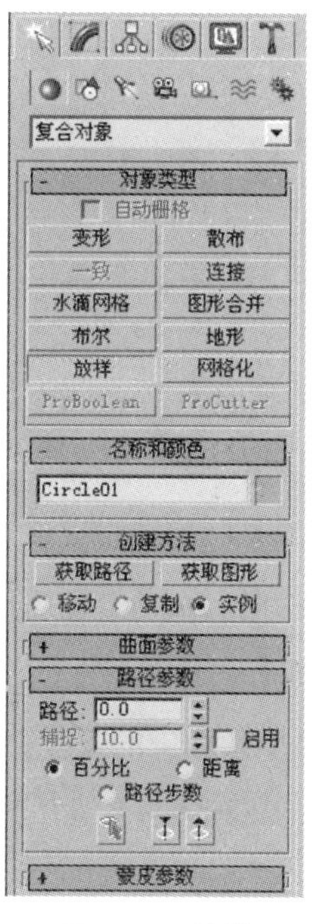

图2.1.3 放样

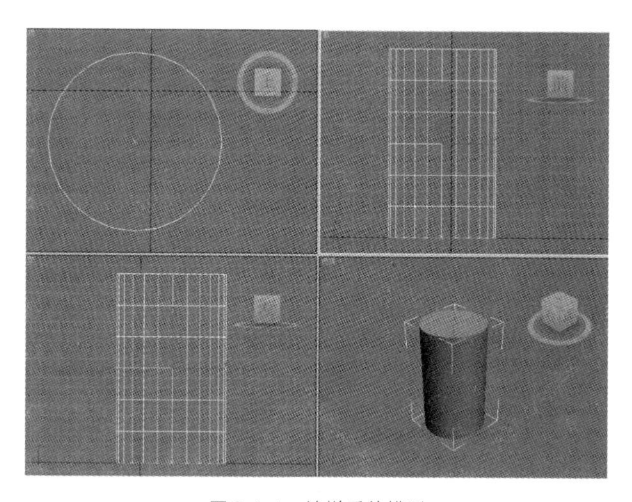

图2.1.4 放样后的模型

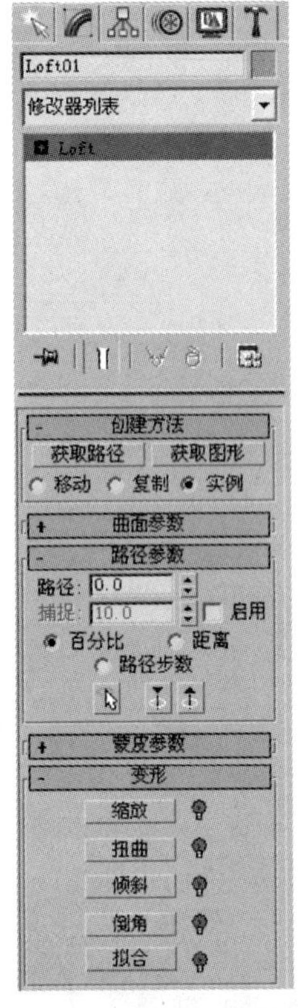
图 2.1.5　放样修改面板

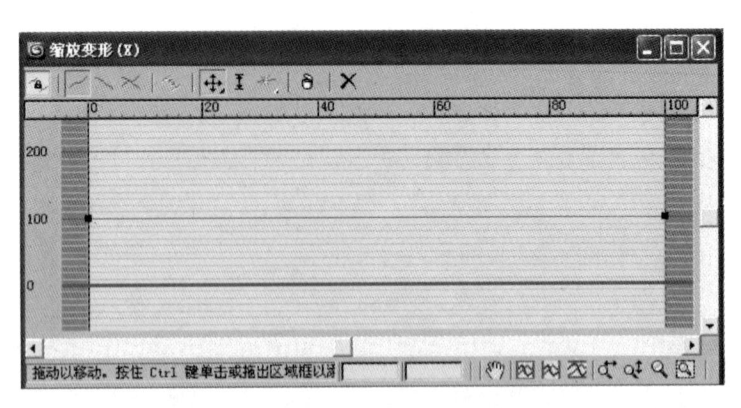
图 2.1.6　缩变形器

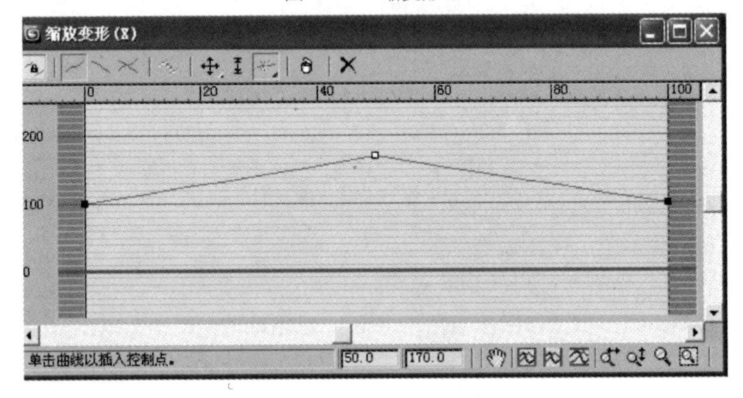
图 2.1.7　添加控制点

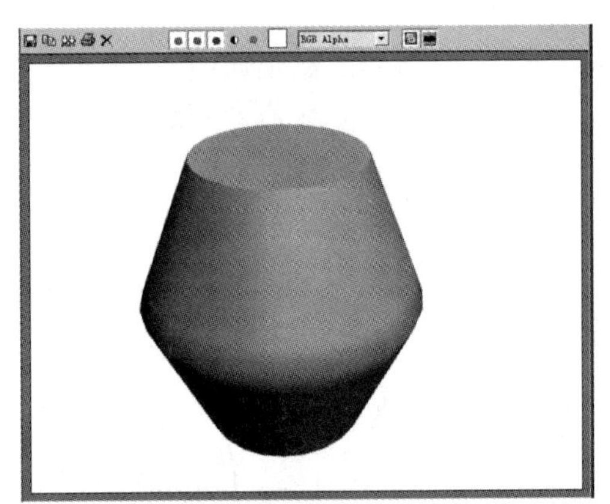
图 2.1.8　添加控制点效果

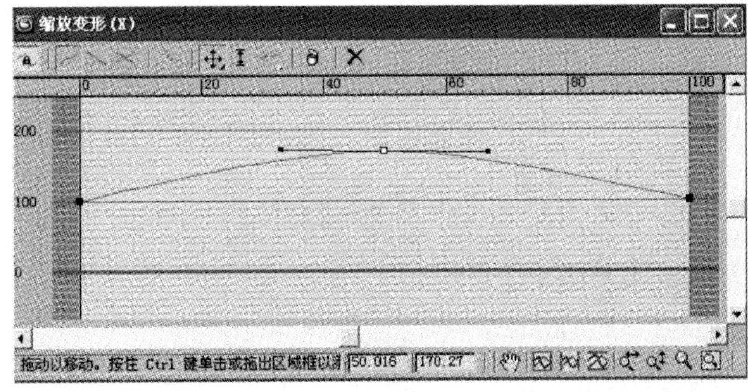
图 2.1.9　调整控制点样式

图 2.1.10　调整控制点效果

（7）选择桌墩，激活（等比例缩放）按钮，摁住〈shift〉键，拖动鼠标，松手，然后从坐标值输入框中 X 值中输入 94，如 X 94.0 Y 94.0 Z 94.0 所示，会自动复制桌墩 01。

（8）选择桌墩，在命令面板中单击（创建），单击（几何体）按钮，选择标准基本体后面倒三角列表中的复合对象，激活其下的 布尔 按钮，选择操作中的差集（A－B），如图 2.1.11 所示，点击 拾取布尔 下的 拾取操作对象 B 按钮，拾取桌墩 01，就会得到中间挖空的桌墩模型。

（9）在创建命令面板中，单击按钮，将其下的 圆柱体 按钮激活。在前视图中创建圆柱体，设置其参数如图2.1.12所示。将工具栏中的（对齐）按钮激活，单击视图中的“桌墩”。在弹出的【对齐选择】对话框中勾选【x轴】【y轴】和【z轴】，如图2.1.13所示。单击【对齐选择】对话框中的确定按钮。柱体在视图中的位置如图2.1.14所示。在命令面板中单击按钮，将其下的仅影响轴按钮激活，再单击居中到对象按钮，此时，柱体的轴心自动移至柱体的中心位置。关闭仅影响轴按钮，激活捕捉控制区中的（角度捕捉切换）按钮，并在其上单击右键，在弹出的【网格和捕捉设定】对话框中设置其【角度】值为90°。从顶视图中激活按钮，压住〈shift〉键，旋转一下效果如图2.5.15所示。

图2.1.11

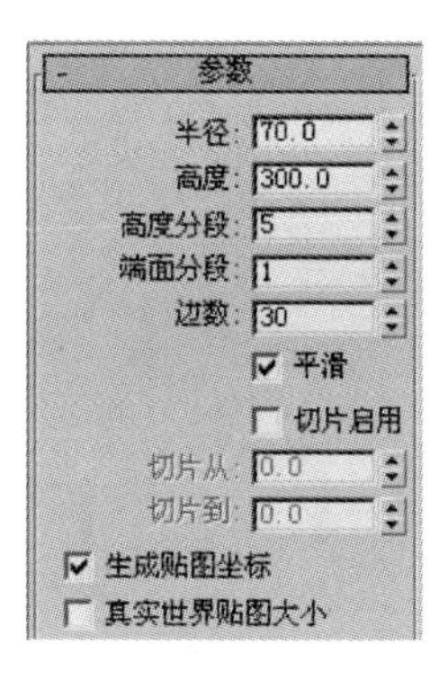

图2.1.12　圆柱体参数

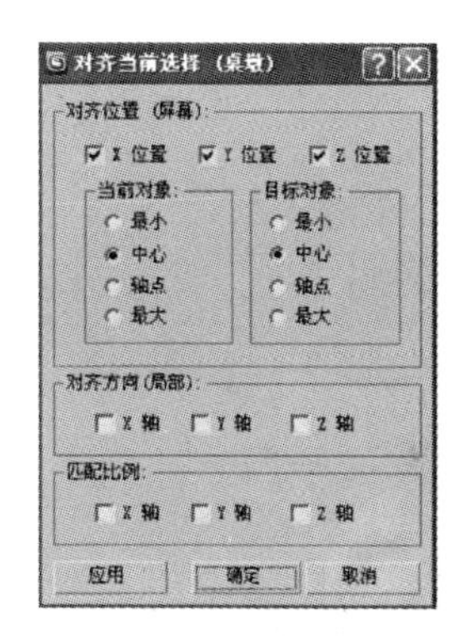

图2.1.13　对齐对话框

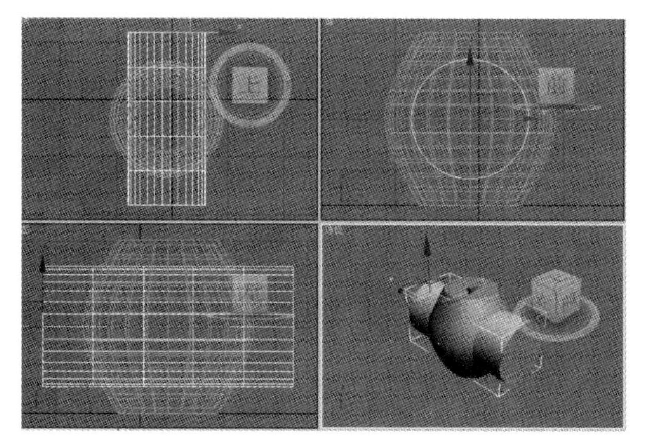

图2.1.14　对齐圆柱效果

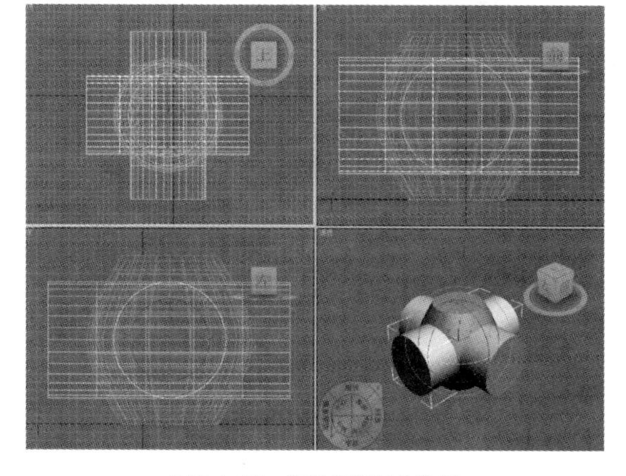

图2.1.15　旋转复制圆柱效果

（10）选择桌墩，在命令面板中单击（创建），单击（几何体）按钮，选择标准基本体后面倒三角列表中的复合对象，激活其下的布尔按钮，选择操作中的差集（A－B），点击拾取布尔下的拾取操作对象 B按钮，分别拾取圆柱、圆柱01，就会得到桌墩模型如图2.1.16所示。

（11）在命令面板中单击按钮，单击（几何体）按钮，选择标准基本体后面倒三角列表中的扩展基本体，将其下的 切角圆柱体 按钮激活，在顶视图中创建倒角柱体。在修改命令面板中设置倒角柱体的【参数】各参数如图 2.1.17 所示，并命名为桌面，选择桌面，将工具栏中的 （对齐）按钮激活，单击视图中的“桌墩”，调整桌面到如如图 2.1.18 所示位置。

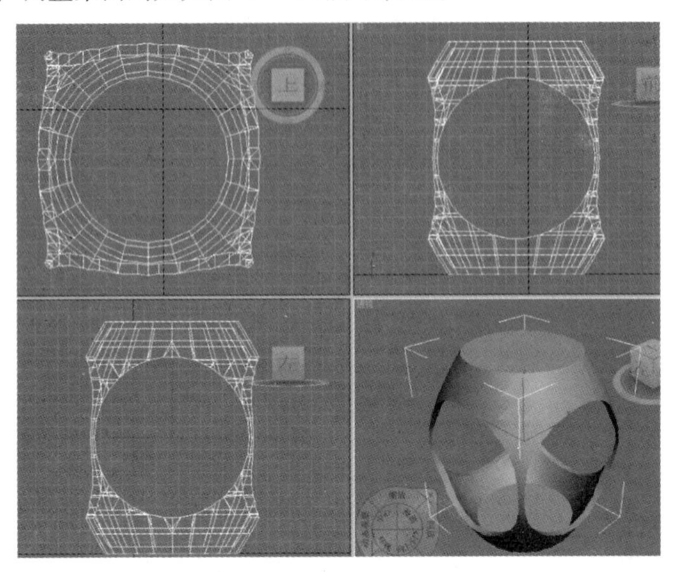

图 2.1.16　布尔后的桌墩效果图

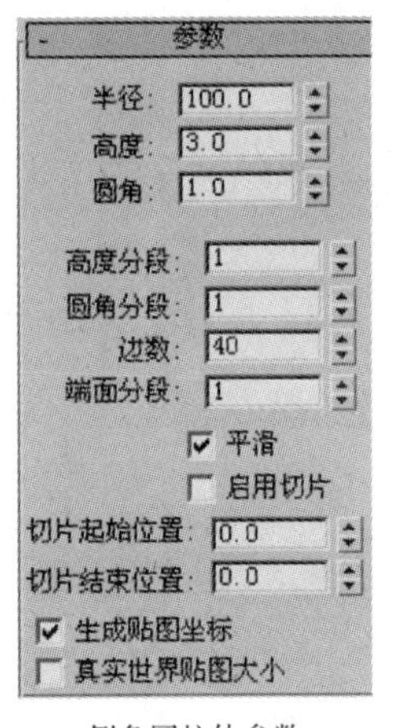

倒角圆柱体参数

桌墩造型效果

桌面效果

图 2.1.17

二、石凳的制作

（1）在命令面板中单击 （创建）按钮，在单击 （二维）按钮，将旗下的 矩形 按钮激活。在前视图中创建【长度】值为 120，【宽度】值为 50 的矩形，如图 2.1.18 所示，在命令面板中单击 （修改）按钮，在单击修改命令面板中的 可编辑样条线 按钮。

（2）将修改命令面板中的 （线段）按钮激活，在视图中激活如图 2.1.19 所示的线段。在命令面板中单击 拆分 按钮，此时激活的线段中间即插入一个节点。激活 （节点）按钮，选择试图中刚才插入的节点。在前视图中沿 X 轴向右移动 3 个格。将刚才被激活的线段两端的节点分别选择，单独移动节点调整杆，将选择的线段调整成一个弧线型，如图 2.1.20 所示。在修改命令面板中激活 （样条线）按钮，激活视图中的线型，回到修改命令面板中，单击 轮廓 按钮，即其激活（显示为绿色），在轮廓右侧的窗口，输入数值“6”。关闭按钮，在视图中生成的形态如图2.1.21所示，返回上一层极。

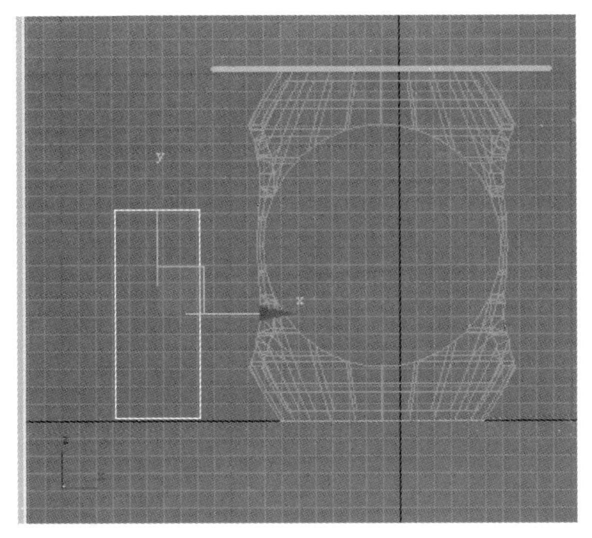

图2.1.18　创建矩形

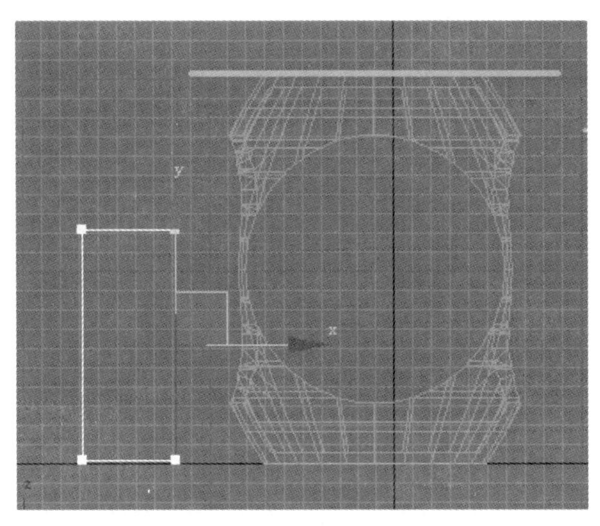

图2.1.19　编辑矩形

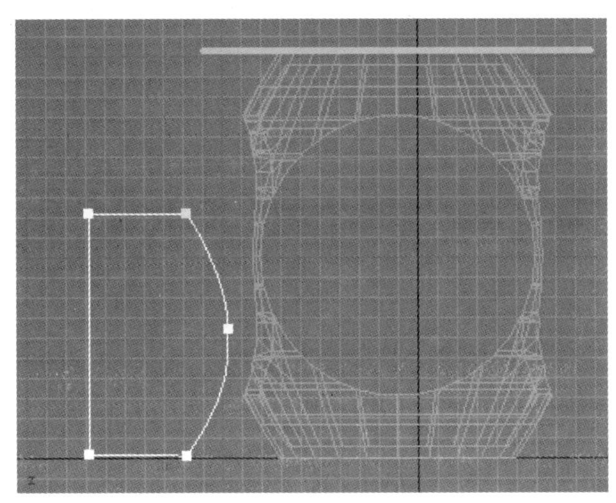

图2.1.20　编辑顶点

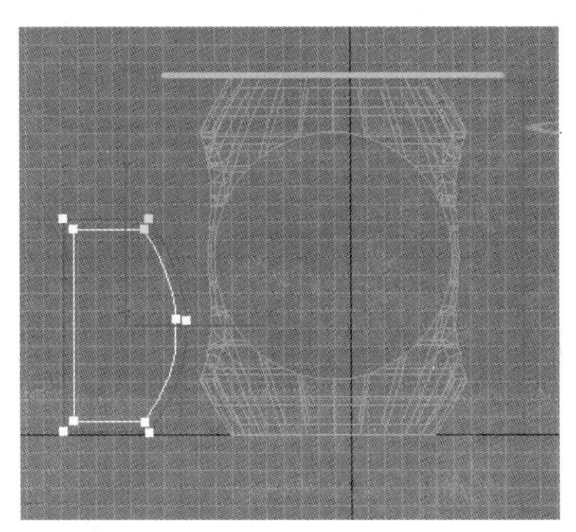

图2.1.21　轮廓

（3）在修改命令面板中激活修改器列表中的【车削】工具，设置其下的【参数】类参数如图2.1.22所示。旋转后在视图中生成的形态如图2.1.23所示，并命名为石凳。

（4）选择石凳，调整好位置，如图2.1.24所示，在顶视图中光标放在X轴上，摁住〈shift〉键，向右移动到如图2.1.25的位置，再选择石凳和石凳01，利用前面讲的旋转复制90°的建模方法，完成4个石凳的模型，形态如图2.1.26所示。

（5）大理石材质的制作。在视图中选择桌面造型。单击工具栏中的（材质编辑器）按钮，在弹出的【Material Editor】（附可下载材质）对话框中选择第一个示例框。明暗器参数选择面状，在【Material Editor】对话框中的【Shade Basic Prameters】参数下单击【漫反射】右侧的小方框，在弹出的【材质/贴图浏览】对话框中双击【斑点】选项，设置斑点参数中1号颜色值为90，90，90，“自发

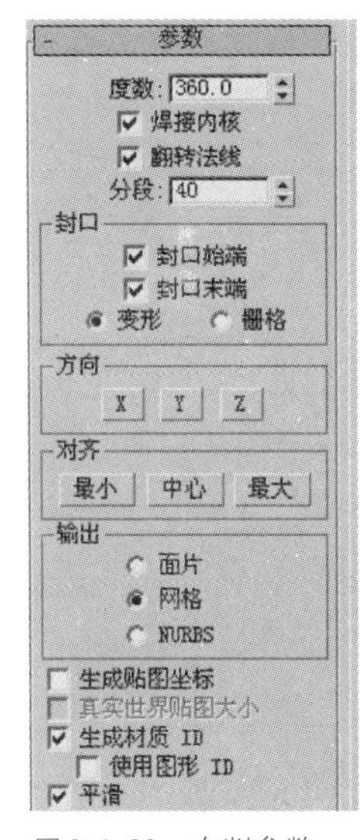

图2.1.22　车削参数

光”颜色设置数值为40。

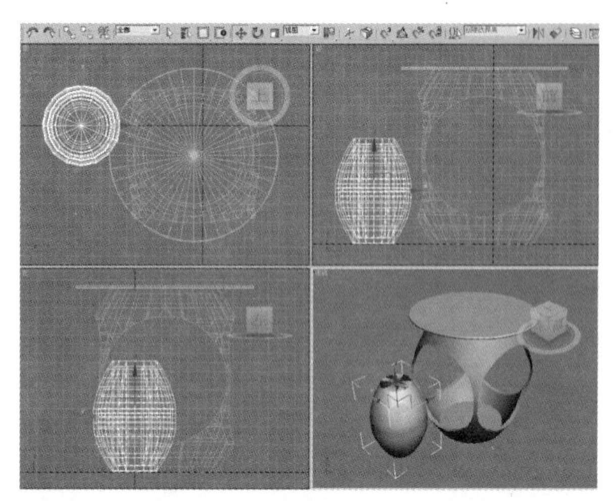

图2.1.23　车削完成的石凳效果

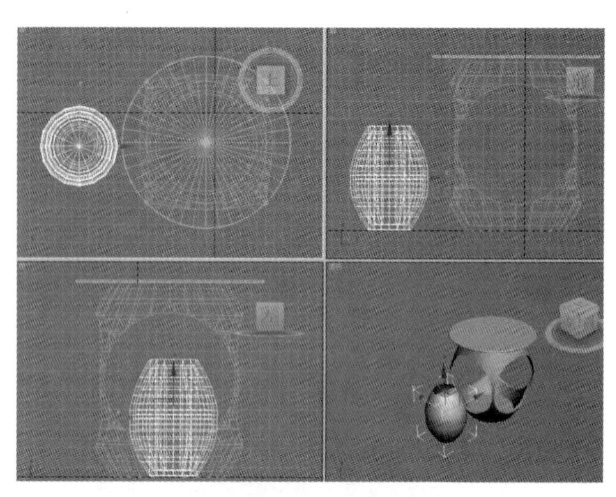

图2.1.24　调整石凳的效果

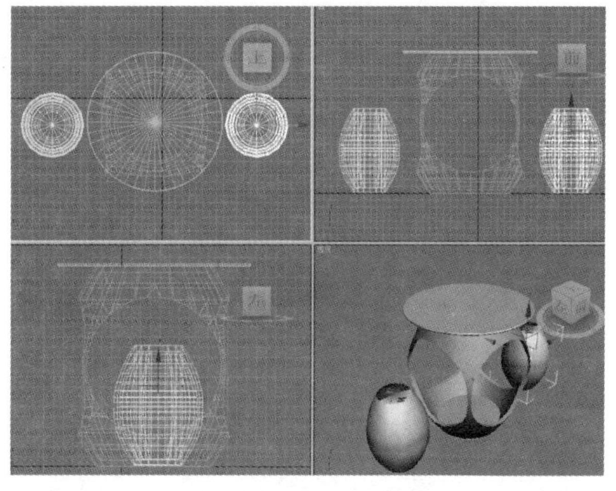

图2.1.25　复制1组各石凳

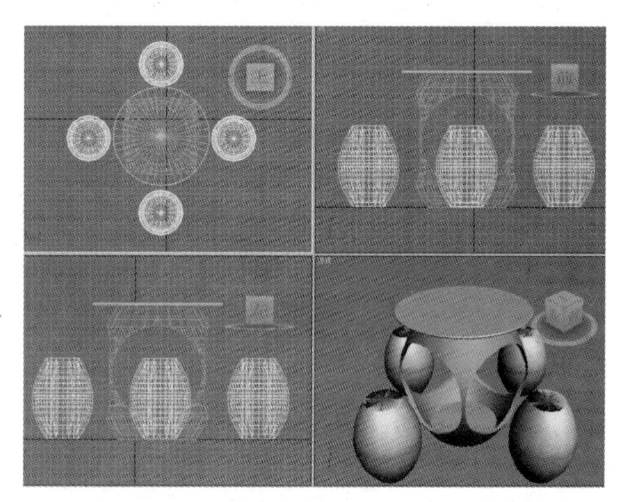

图2.1.26　完成4组石凳效果

（6）石桌、石凳附下载材质。下面给石桌、石凳面赋大理石材料。选择场景中的所有对象，选择大理石材质，单击对话框中工具行上的（赋予材质）按钮将此材质赋给视图中选择的造型，效果如图2.1.27所示。石桌、石凳造型就做完了。

图2.1.27　石桌、石凳效果

实训作业

创建如图2.1.28所示的园林石桌、石凳。

图2.1.28 园林石桌、石凳

项目二

景墙的制作

任务　制作园林景墙

任务目标

学会3dsMax中挤出建模和布尔运算，熟悉3dsMax在园林行业的应用现状。

任务解析

通过园林景墙模型的制作，能够对3dsMax软件有更进一步的了解，了解3dsMax技术在园林的应用。

景墙是园林景观设计中常见的一种小品类型，对于空间的分隔与组织常能起到决定性的作用，常见的景墙包括古典与现代等风格，下面以一个简单的实例介绍景墙的制作过程。

一、建立景墙立面

（1）首先在开始菜单中选择【文件】｜【重置】，恢复初始状态，如图2.2.1所示。

（2）在创建命令面板中单击【图形】｜【矩形 矩形】命令，在前视图中拖曳鼠标建立一个矩形，在命令面板中参数卷展览中长设为10000，宽设为2500，如图2.2.2所示。

注意：若屏幕上不能显示或不能完全显示所绘形体，可单击屏幕右下角【所有视图最大化】，此时屏幕状态如图2.2.3所示。

二、建立门窗洞

取消勾选命令面板中【开始新图形 开始新图形】，在屏幕中相应位置分别建立如图2.2.4所示的长宽为1000×1500的矩形和半径为1000的圆形。

注意：取消勾选后所建图形与前面的矩形是同一物体。

三、调整编辑景墙门及窗的位置

选择所绘形体，单击修改命令面板中【可编辑样条线】卷展览前的【+】号，卷展览打开，如图

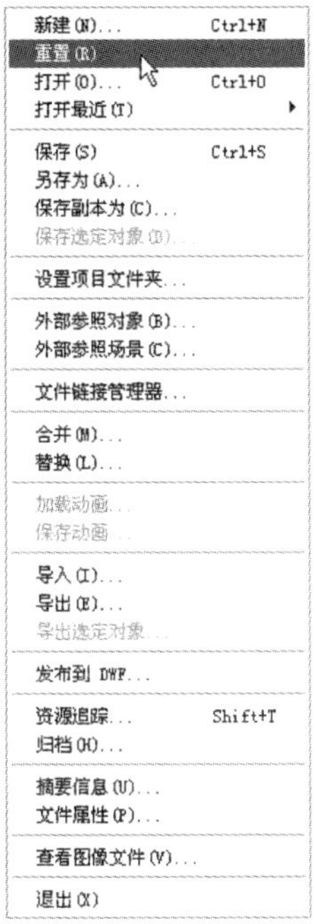

新建(N)... Ctrl+N
重置(R)
打开(O)... Ctrl+O
打开最近(T)
保存(S) Ctrl+S
另存为(A)...
保存副本为(C)...
保存选定对象(D)...
设置项目文件夹...
外部参照对象(B)...
外部参照场景(C)...
文件链接管理器...
合并(M)...
替换(L)...
加载动画...
保存动画...
导入(I)...
导出(E)...
导出选定对象...
发布到 DWF...
资源追踪... Shift+T
归档(H)...
摘要信息(U)...
文件属性(P)...
查看图像文件(V)...
退出(X)

图 2.2.1

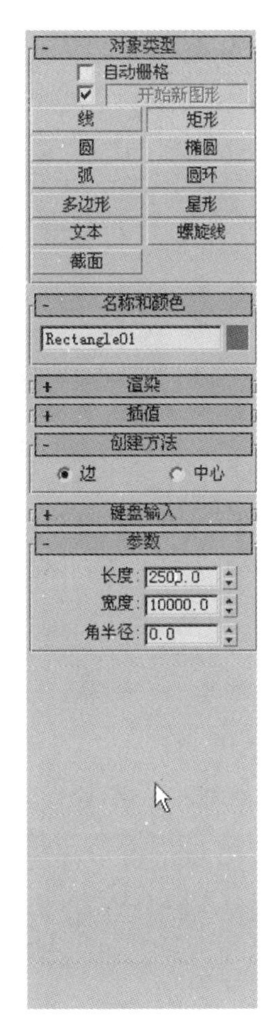

图 2.2.2

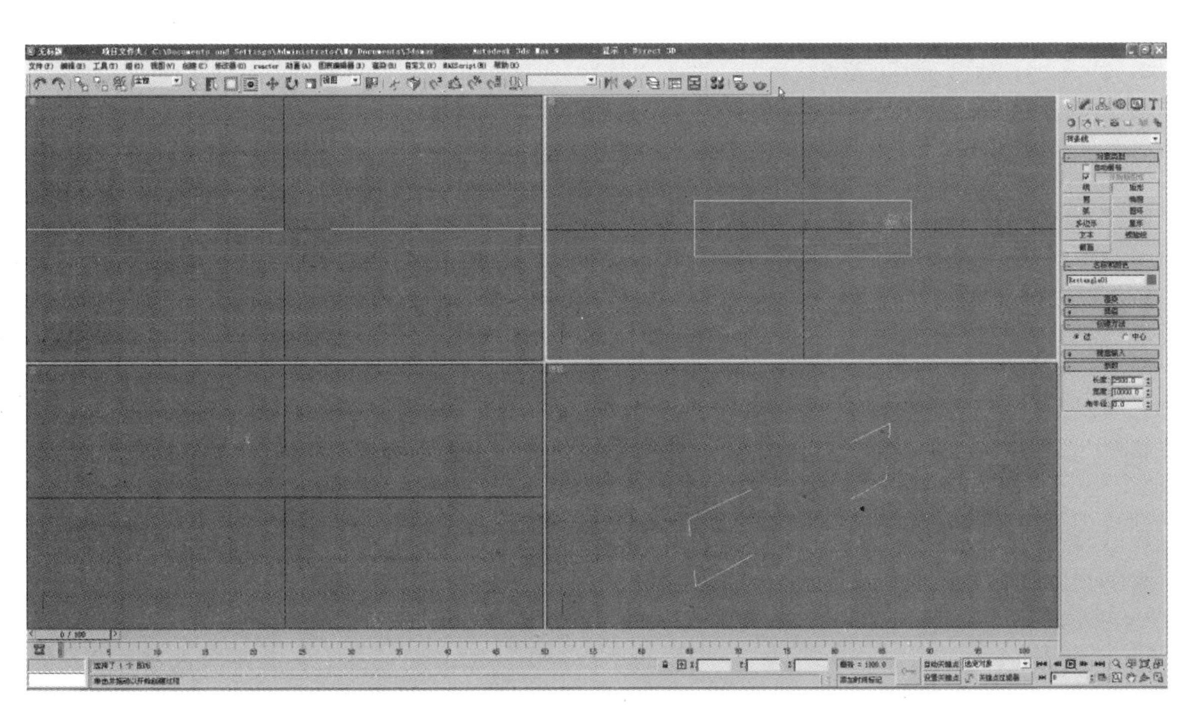

图 2.2.3

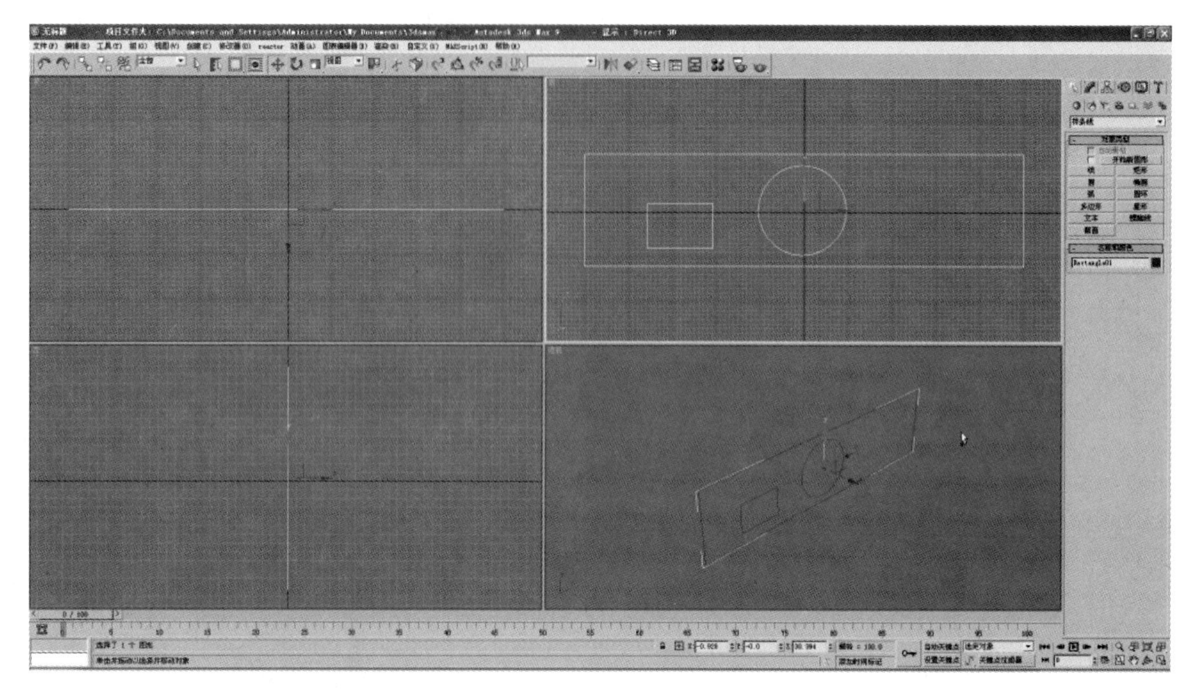

图 2.2.4

2.2.5 和图 2.2.6 所示，单击【样条线】，进入样条线子物体级。

注意：此时每条子物体有一个顶点项会成黄色高亮显示，如图 2.2.7 所示。

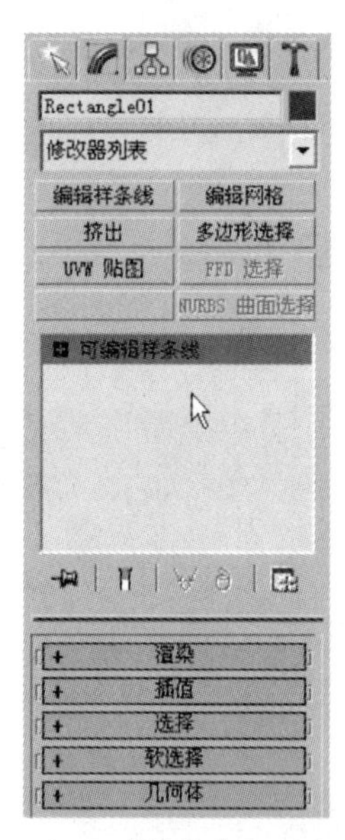

图 2.2.5

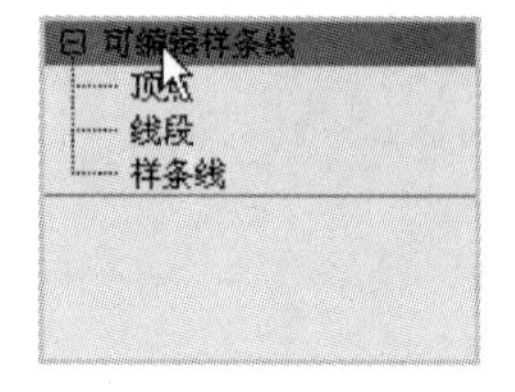

图 2.2.6

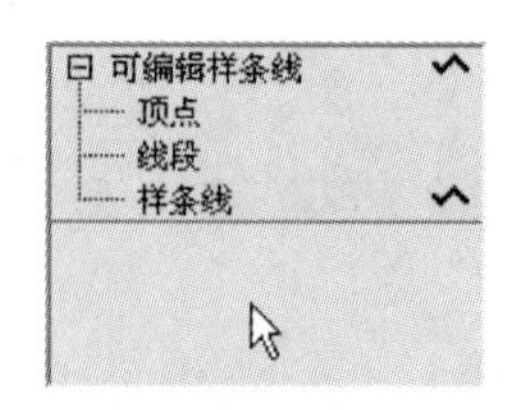

图 2.2.7

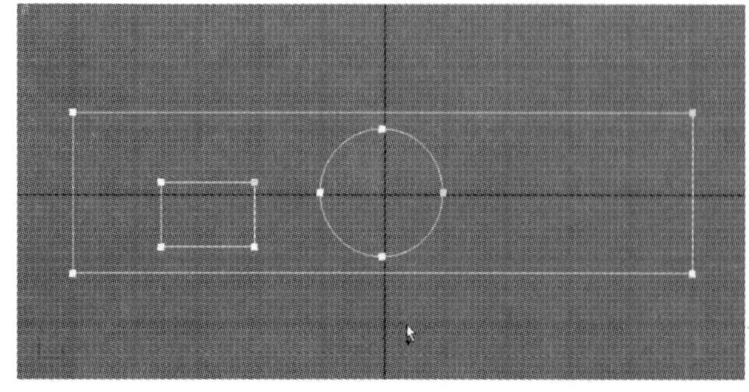

图 2.2.8

在前视图中单击选择小长方形。

注意：此时被选择的小长方形成红色高亮显示，如图 2.2.8 所示。

单击常用工具栏中【对齐】，将鼠标移至前视图中，单击大长方形，会跳出如图 2.2.9 对话框，勾选 Y 轴对齐，单击确定，将小长方形中心在 Y 轴方向与景墙底线对齐，确定小长方形仍被选择，右键单击常用工具栏中【移动】，跳出如图 2.2.10 所示的移动变换输入对话框，在偏移：屏幕对话框 Y 后的空格中输入 1500，回车，将小长方形向上移动 1500mm，如图 2.2.11 所示。

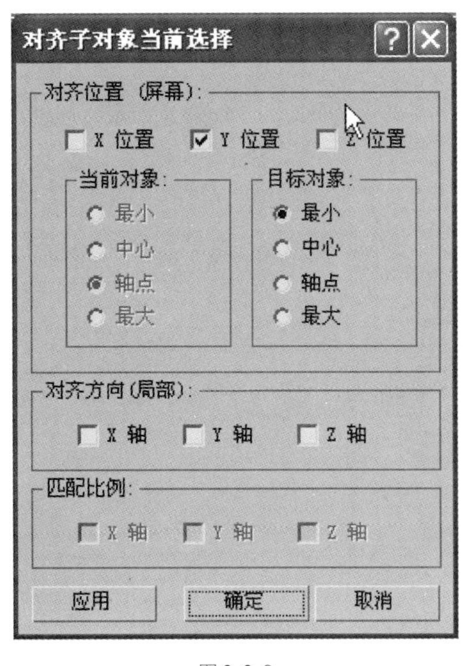

图 2.2.9

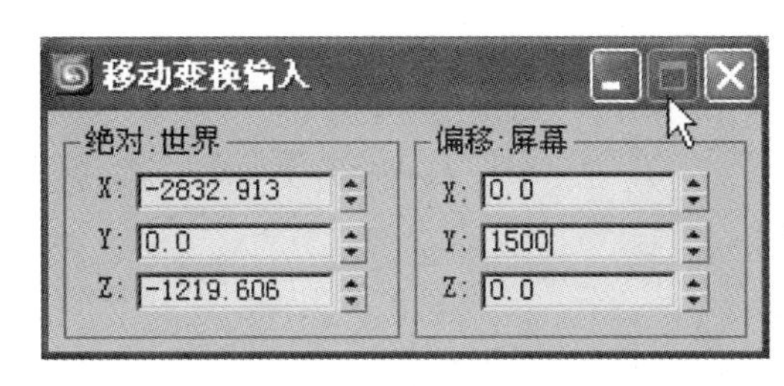

图 2.2.10

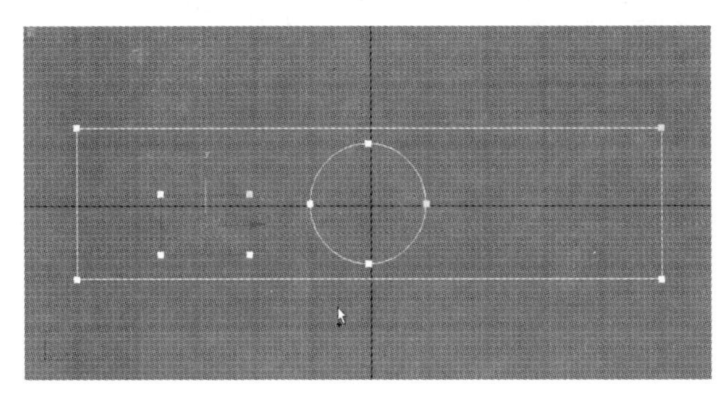

图 2.2.11

选择圆形门洞，单击常用工具栏中【对齐】，将鼠标移至前视图，单击大长方形，将圆形门洞中心与景墙底线对齐，右键单击常用工具栏中【移动】，跳出移动变换输入对话框，在偏移：屏幕对话框 Y 后的空格中输入 1050，回车，将圆形门洞形向上移动 1050mm，如图 2.2.12 ~ 图 2.2.14 所示。

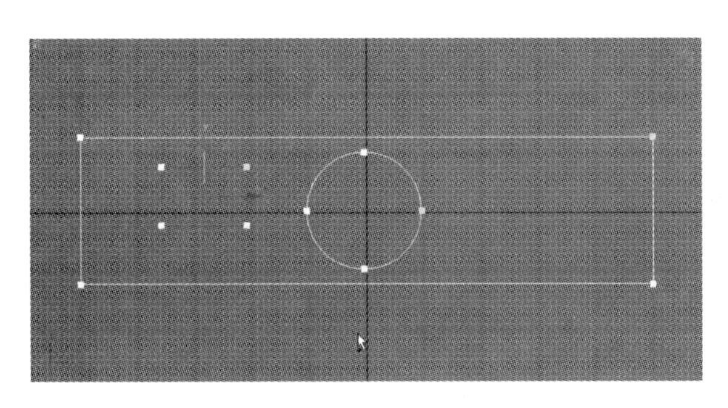

图 2.2.12

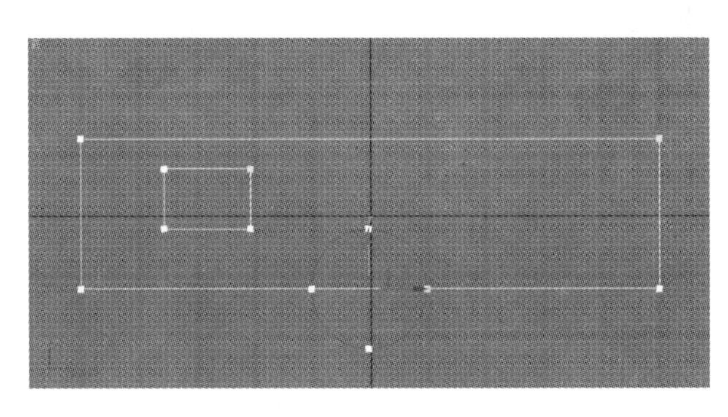

图 2.2.13

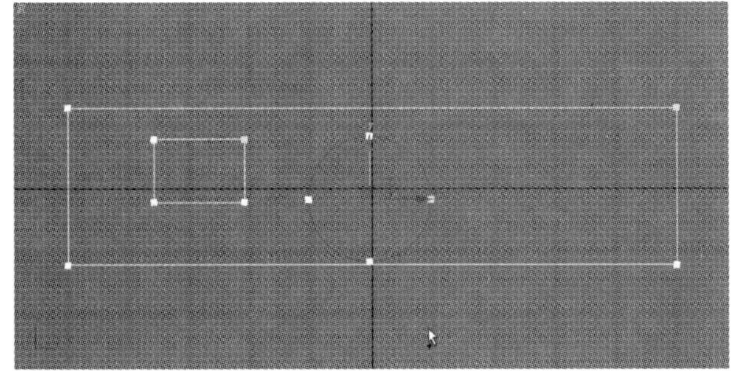

图 2.2.14

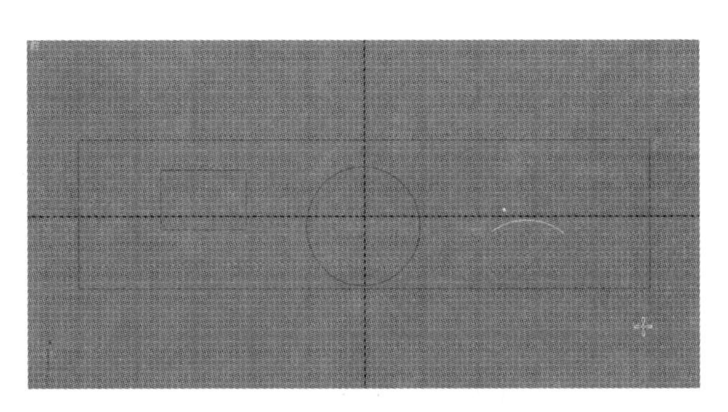

图 2.2.15

四、建立扇形窗洞线

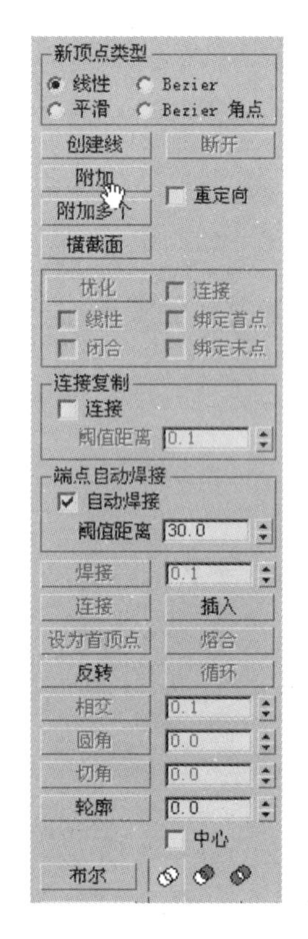
图 2.2.17　几何体卷展栏

（1）单击创建命令面板【图形】｜【弧线 弧 】，在前视图中创建如图 2.2.15 所示弧线。

（2）单击选择之前所建景墙，单击命令面板中【修改】，进入修改命令面板，单击修改器堆栈中，如图 2.2.16 所示样条线选项，进入样条线子物体级。

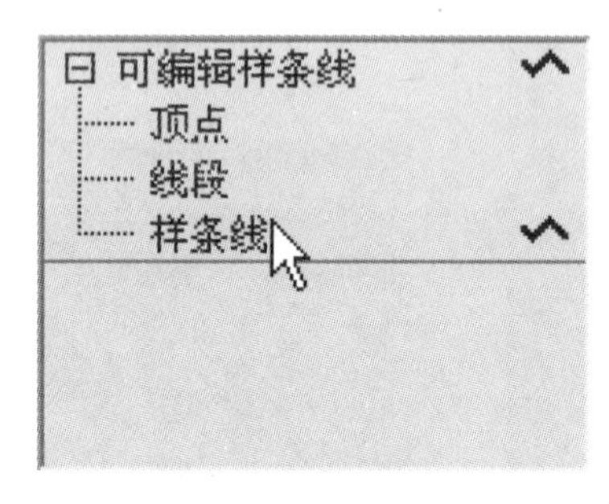

图 2.2.16　修改器堆栈

（3）单击修改命令面板中【几何体 几何体 】，打开几何体卷展栏如图 2.2.17 所示，单击几何体卷展栏中的【附加 附加 】，将鼠标移至前视图中，单击选择刚才所建的弧形，弧形就被合并到当前景墙物体中，如图 2.2.18 所示。

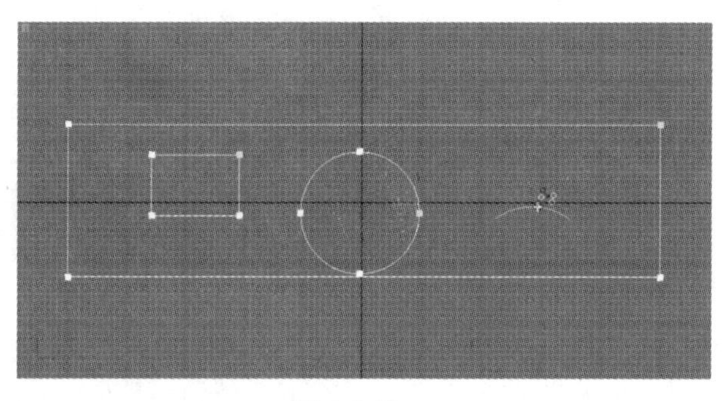
图 2.2.18

（4）在样条线子物体级下单击选择圆弧线子物体，单击修改命令面板下几何体卷展栏中的【轮廓 轮廓 】，将鼠标移到工作视图区中前视图，左键单击圆弧线，拖动鼠标，建立如图所示扇形窗轮廓，如图 2.2.19 所示。

五、挤出建立景墙主体

（1）单击修改命令面板中的【配置修改器】按钮，弹出选项菜单中单击【显示按钮】，显示常用命令按钮，再次单击【配置修改器】按钮，弹出选项菜单中单击【配置修改器集】，跳出【配置修改器集】对话框，将左侧【修改器】中的【挤出】、【编辑样条线】、【UVW 贴图】三个命令分别拖曳到右侧的三个按钮上，单击确定。

（2）单击修改命令面板下【挤出 挤出 】，在参数卷展栏（见图2.2.20）中的数量后的空格中输入240，回车，建立如图2.2.21所示景墙。

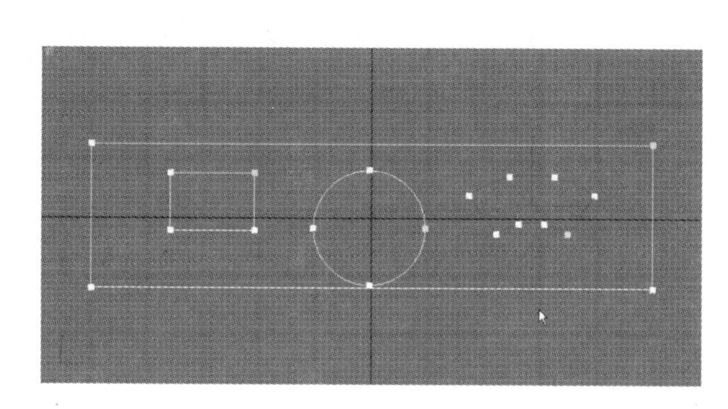

图2.2.19

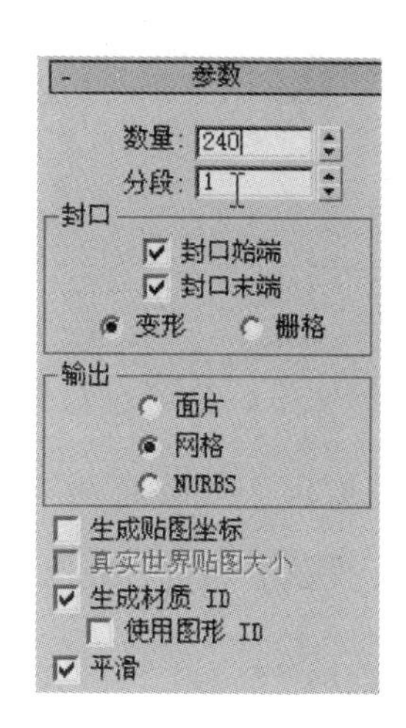

图2.2.20

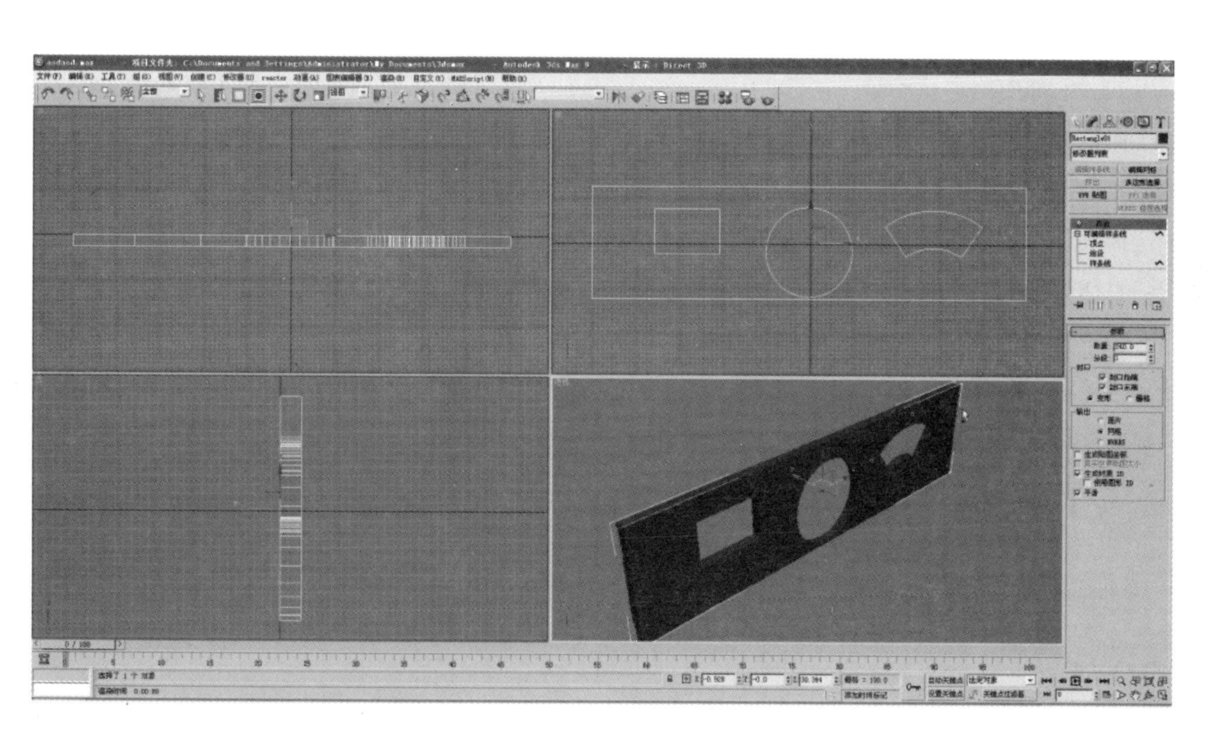

图2.2.21

六、设置景墙颜色

选择所建景墙，单击修改命令面板顶部物体名称对话框后的颜色小方框 ■，在跳出的对象颜色对话框中选择浅蓝色作为景墙颜色，单击【确定 确定 】，将景墙设置为浅蓝色，如图2.2.22和图2.2.23所示。

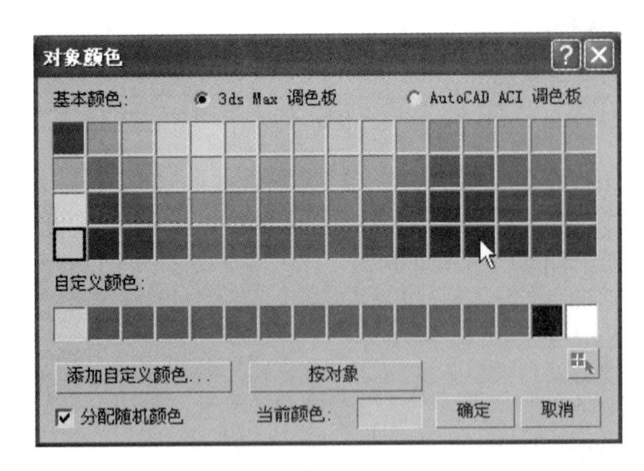

图 2.2.22

图 2.2.23

七、建立窗券、门券

激活屏幕上方常用工具栏中的【移动】，按住键盘上 Shift 键，鼠标左键单击所建景墙，跳出如图对话框，单击确定，复制一个景墙，如图 2.2.24 所示。

注意：此时两个景墙完全重合，视图区看起来仍是一个景墙。

单击选择其中一个景墙（不要框选，因为框选会将两个景墙都选择），在工作视图区右键单击鼠标在跳出的对话框中单击【隐藏当前选择】，（这样当前视图区只剩下一个景墙），单击选择剩下的景墙，在修改命令面板下，单击修改器堆栈中可编辑样条线下的样条线，进入样条线子物体级，在工作视图区选择景墙外框线，外框线成红色高亮显示，单击键盘上【Delete】键，删除外框线如图 2.2.25 所示，框选选择小长方形、圆形、扇形三条子曲线，在修改命令面板下几何体卷展栏中【轮廓 轮廓】按钮后的空格中输入 80，单击【轮廓 轮廓】按钮（图形变成如图 2.2.26 所示），单击修改命令面板中修改器堆栈中的挤出，将命令面板中【参数】卷展栏里【数量 数量:】后的数据改为 260，回车；建立如图 2.2.27 所示门券、窗券，单击修改命令面板上部的颜色方块，将门券、窗券设置成白色，在工作视图区单击鼠标右键，跳出对话框里左键单击【全部取消隐藏】。

八、调整窗券

仔细观察图 2.2.28 和图 2.2.29 扇形窗内材质有些混乱，这是由于扇形窗线是向外轮廓，导致窗框内缘线和墙壁重合造成的，这只要把扇形窗向内轮廓即可。

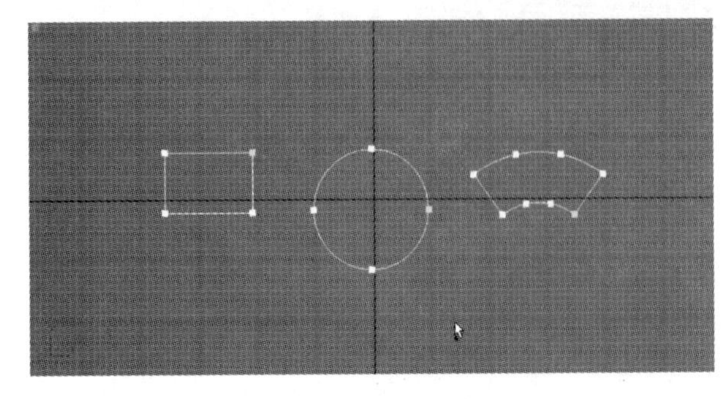

图 2.2.24

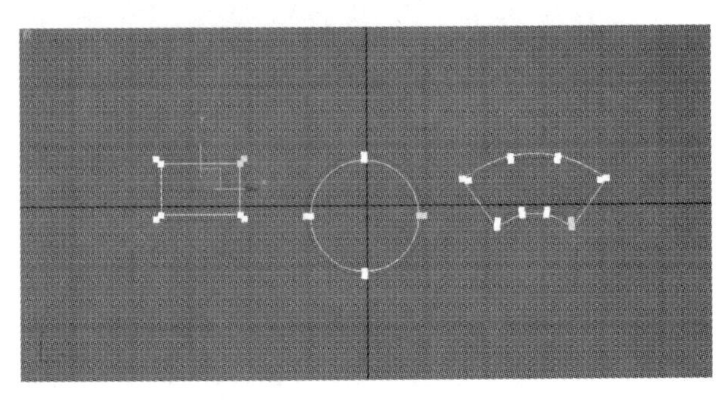

图 2.2.25

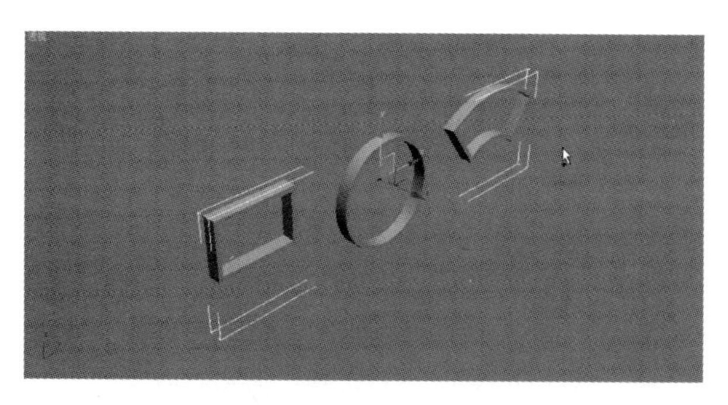

图 2. 2. 26

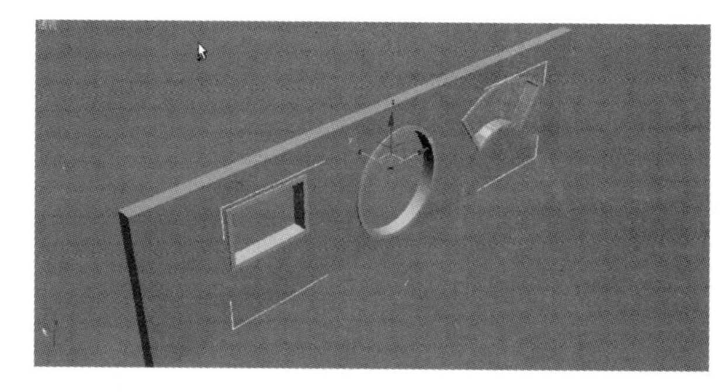

图 2. 2. 27

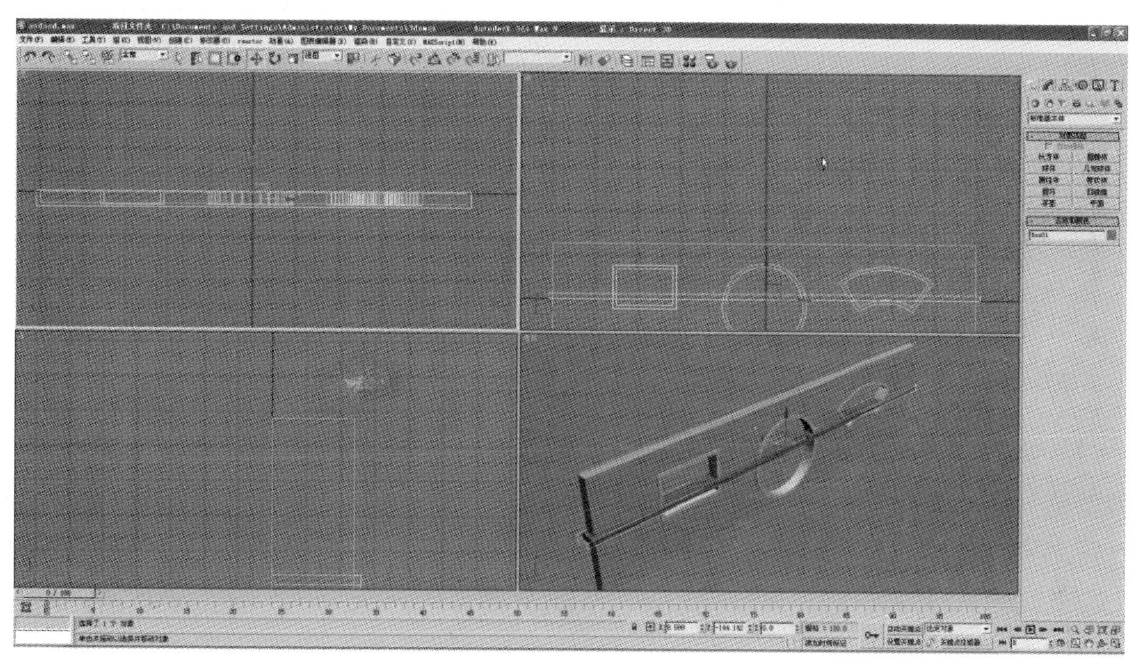

图 2. 2. 28

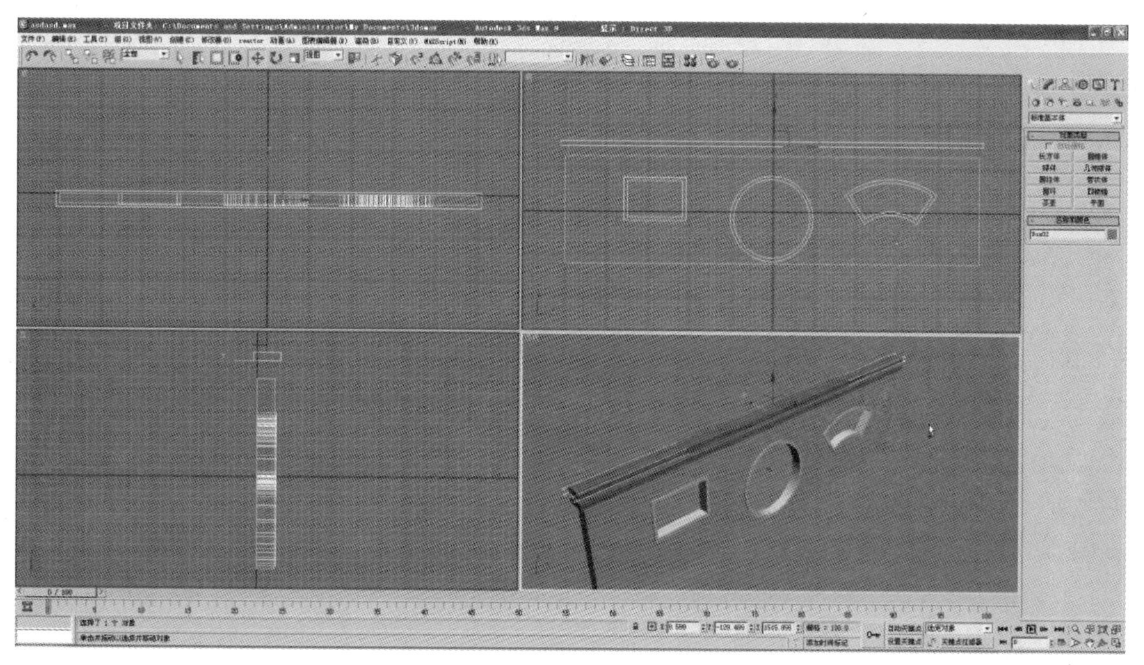

图 2. 2. 29

九、制作墙头

在平面图中建立一个长360宽10200高120的长方体（如图2.2.30所示），利用常用工具栏中【移动】命令将其移至墙的上部，按住键盘的【Shift】键，用移动命令在前视图中向上移动所建长方体，跳出如图2.2.31所示克隆选项对话框，单击【确定】复制一个，如图2.2.32所示。

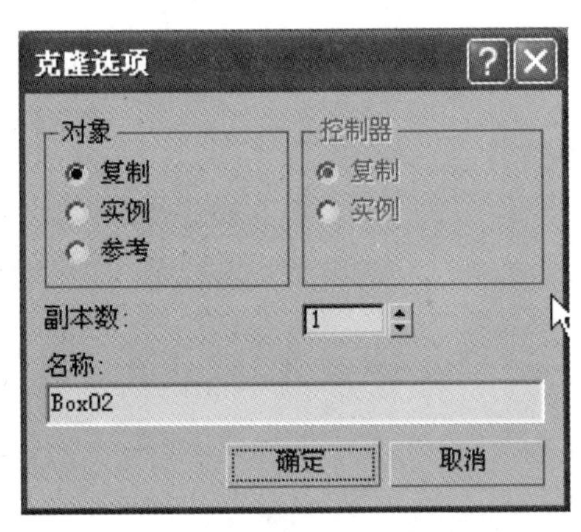

图2.2.30

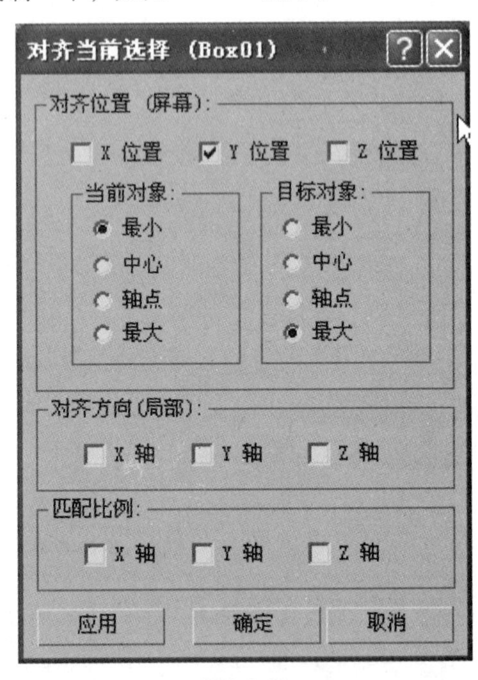

图2.2.31

选择上面的长方体，单击常用工具栏中【对齐】命令，在前视图中单击下面的长方体，在跳出的【对齐当前选择】对话框中勾选如图2.2.31所示选项，单击【确定】将上面的长方体对齐放置在下面的长方体上，如图2.2.32所示。

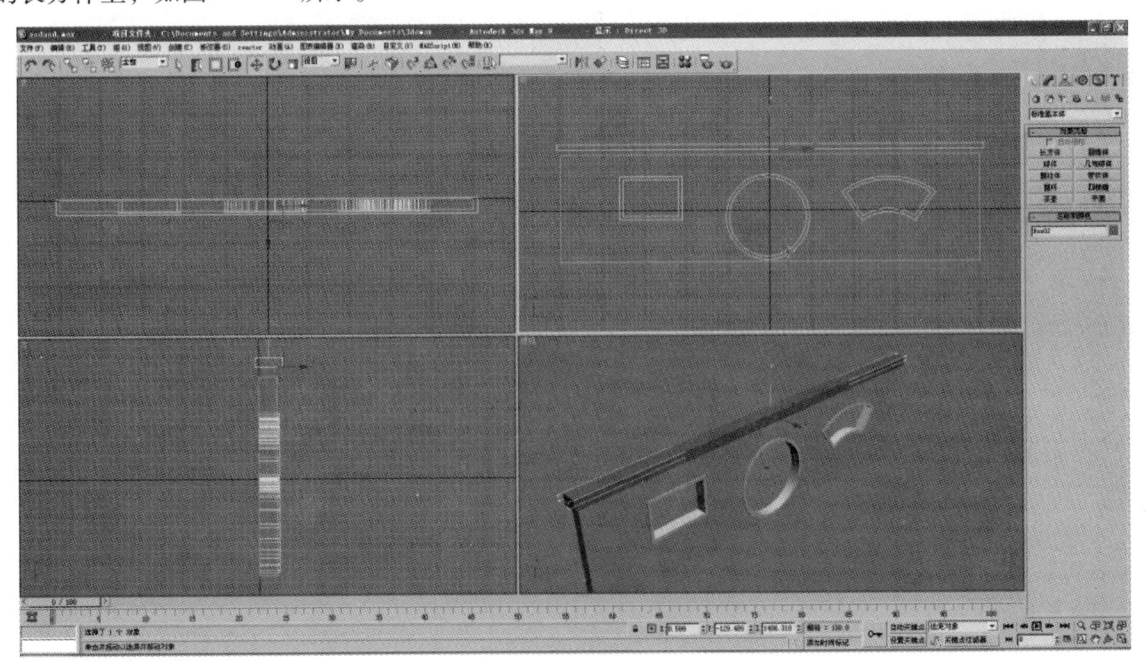

图2.2.32

选择上面的长方体，在修改命令面板中参数栏将其高度调整为150，长度调整为480，宽度调整为10320，如图2.2.33所示。

选择下面的长方体，将其高度调整为360，得到如图2.2.34所示。

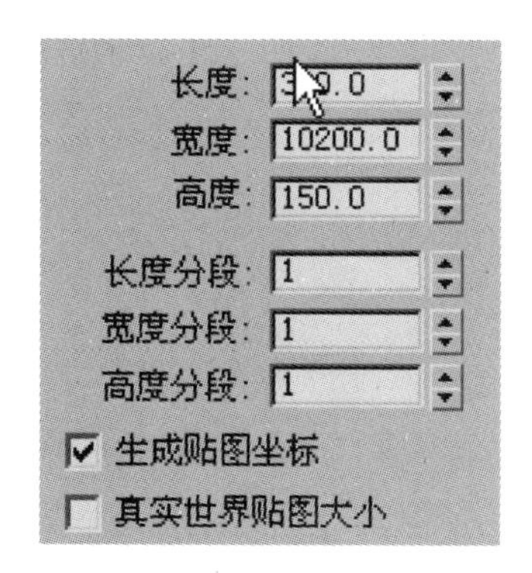

图2.2.33

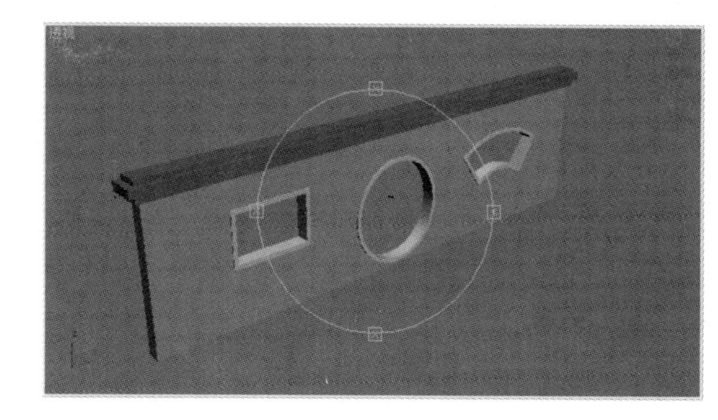

图2.2.34

菜单中选择【文件】|【保存】，以文件名“景墙”保存文件。

实训作业

根据如图2.2.25所给的景墙立面图，创建景墙效果图。（景墙立面图从光盘模块二项目二中查看）。

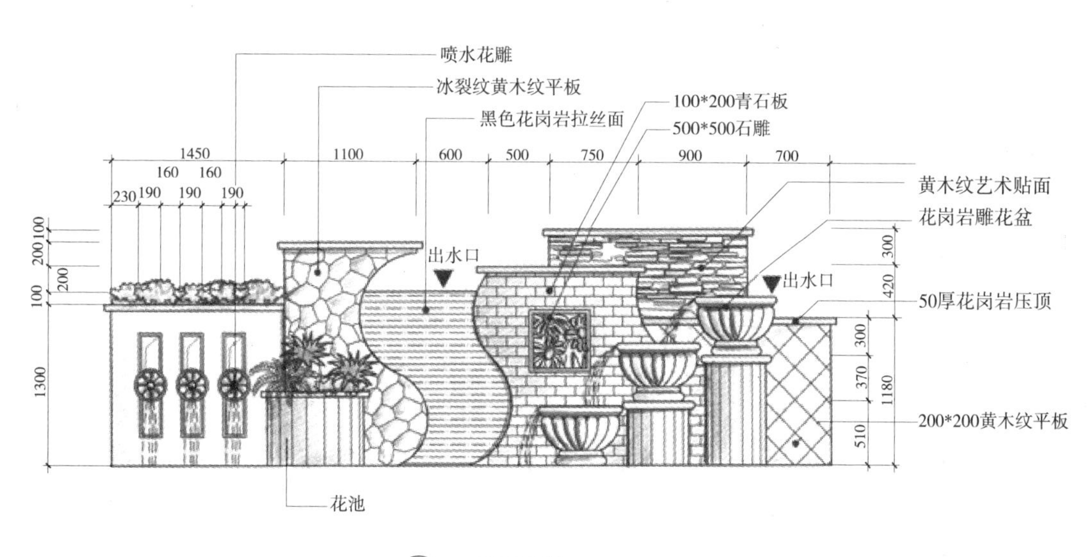

图2.2.35 景墙立面图

项目三

花架廊的制作

花架是用刚性材料构成一定形状的格架供攀缘植物攀附的园林设施，又称为棚架、绿廊。花架可作遮荫休息之用，并可点缀园景。花架设计要了解所配置植物的原产地和生长习性，以创造适宜于植物生长的条件和造型的要求。现在的花架有两方面作用：①供人歇足休息、欣赏风景；②创造攀援植物生长的条件。因此可以说花架是最接近于自然的园林小品了，亭是园林中常见的园林小品，从风格上有中式、西式、古典、现代等不同的风格类型。

花架的形式有：廊式花架、片式花架、独立式花架。常用的建筑材料有：①竹木材：朴实、自然、价廉、易于加工，但耐久性差。竹材限于强度及断面尺寸，梁柱间距不宜过大；②钢筋混凝土：可根据设计要求浇灌成各种形状，也可作成预制构件，现场安装，灵活多样，经久耐用，使用最为广泛；③石材：厚实耐用，但运输不便，常用块料作花架柱；④金属材料：轻巧易制，构件断面及自重均小，采用时要注意使用地区和选择攀缘植物种类，以免炙伤嫩枝叶，并应经常油漆养护，以防脱漆腐蚀。

这里以一个现代式廊式花架为例，给大家介绍花架模型及效果图的制作过程和制作方法。

一、制作花架廊基台及柱子

打开材料所附可下载素材中的小游园 . dwg 文件，如图 2. 3. 1 所示的红色部分为一个花架廊，其断面尺寸如图 2. 3. 2 所示。在 CAD 中将图形其余部分删除，只保留花架廊，如图 2. 3. 3 所示；将文件另存为小游园花架廊 . dwg。

继续删减图形直至只剩下基台外轮廓，保存文件，如图 2. 3. 4 所示。

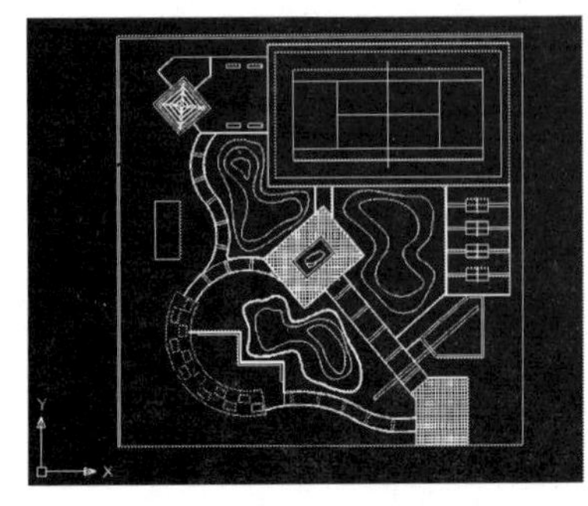

图 2. 3. 1

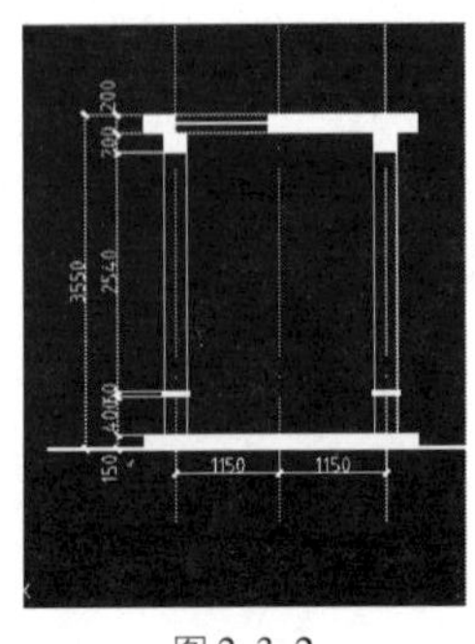

图 2. 3. 2

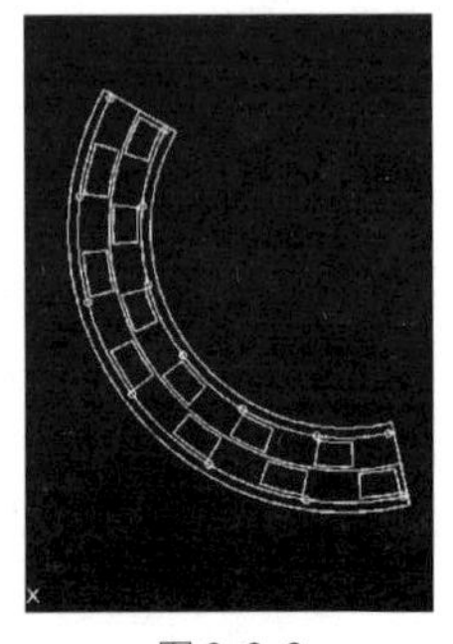

图 2. 3. 3

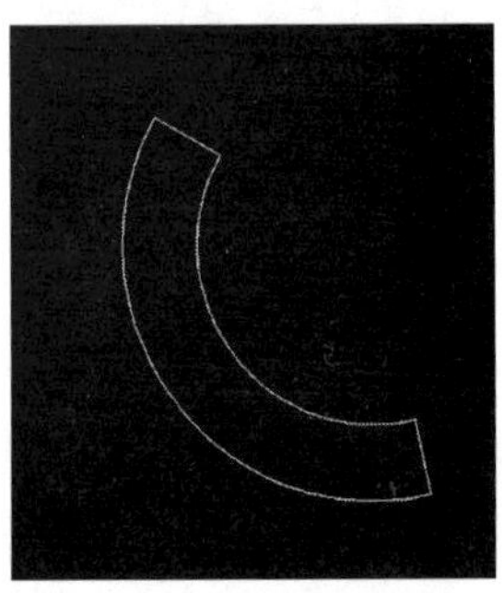

图 2. 3. 4

打开3dsMax，菜单栏中执行【文件】/【导入】，跳出如图2.3.5所示文件导入对话框。选择小游园花架廊.dwg文件，单击【确定】，跳出图2.3.6所示导入选项对话框，单击【确定】将文件导入3dsMax，如图2.3.7所示。选择导入的轮廓线，在3dsMax修改命令面板中单击【挤出】挤出，命令面板中【数量】后的参数框中输入150，回车建立一个150后的基台，如图2.3.8所示。

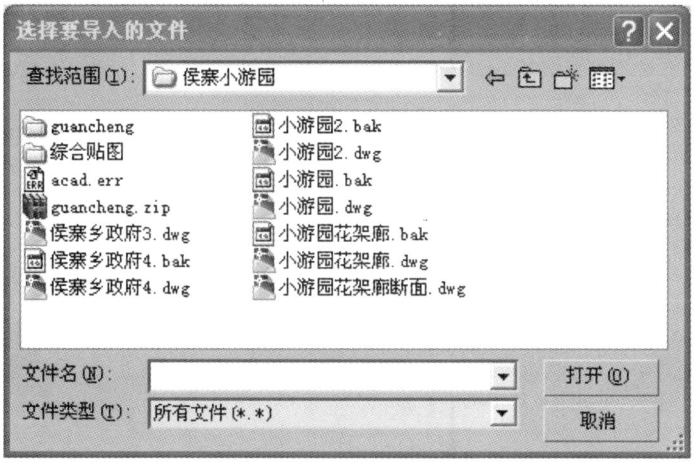

图2.3.5

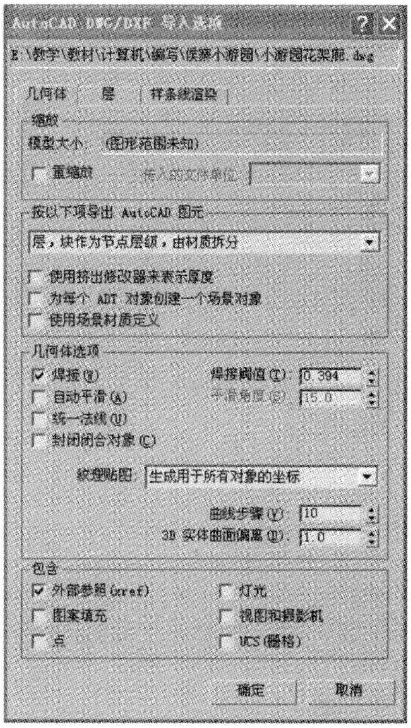

图2.3.6

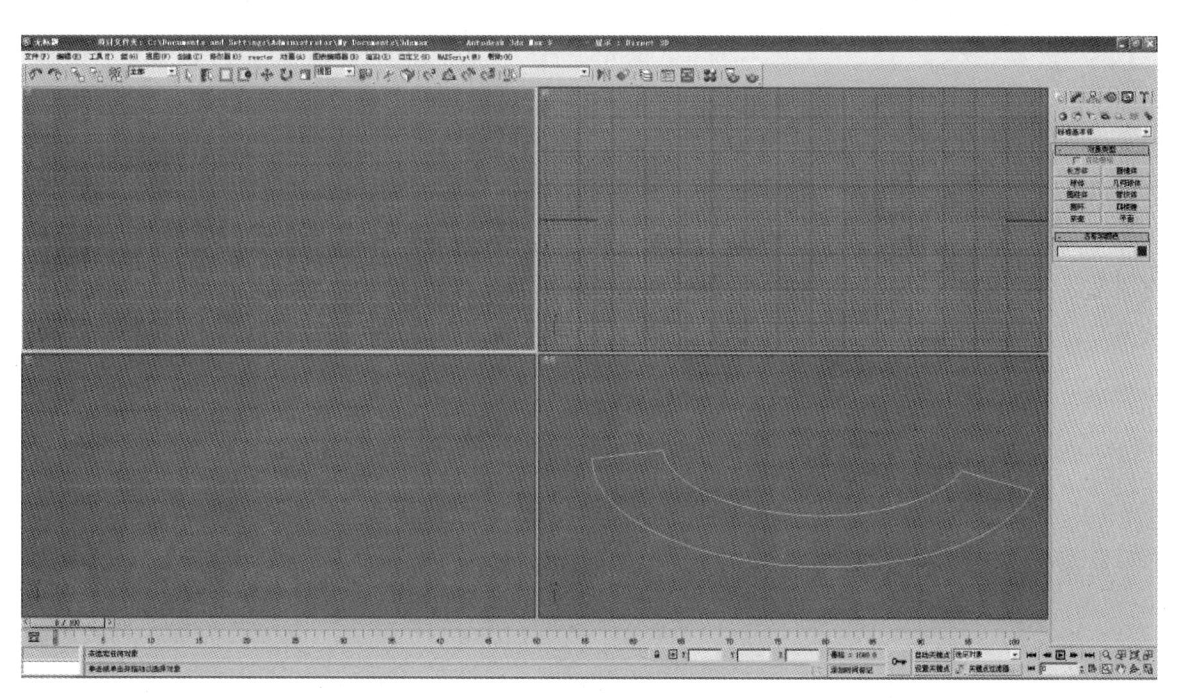

图2.3.7

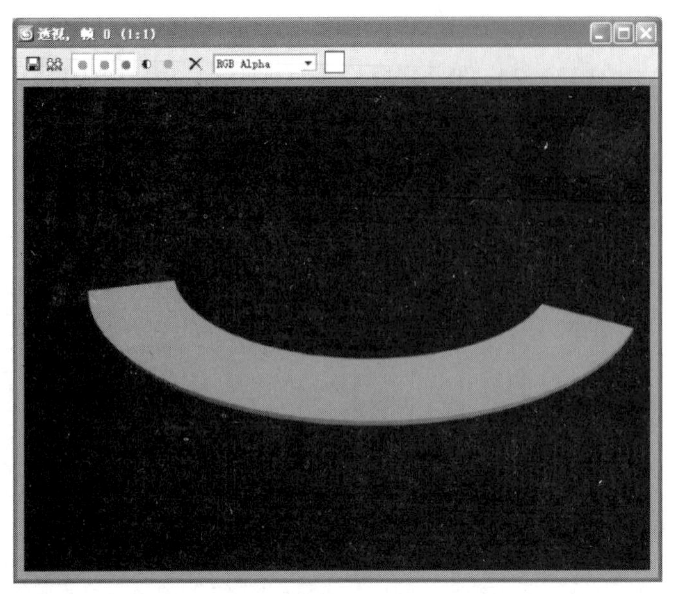

图 2. 3. 8

图 2. 3. 9

接下来建立柱子，在 CAD 中连续单击【撤销】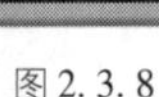，返回到完整的花架廊平面状态，删除其余线条，只保留柱子，保存文件，如图 2. 3. 9 所示。

3dsMax，菜单栏中执行【文件】/【导入】，跳出【文件导入对话框】。选择小游园花架廊 . dwg 文件，单击【确定】，跳出【导入选项对话框】，单击【确定】将文件导入 3dsMax，如图 2. 3. 10 所示。选择导入的柱子轮廓线，在 3dsMax 修改命令面板中单击【挤出】 挤出 ，命令面板中【数量】后的参数框中输入 3350（由花架断面可计算出柱子高的为 3350），回车建立柱子，如图 2. 3. 11 所示。

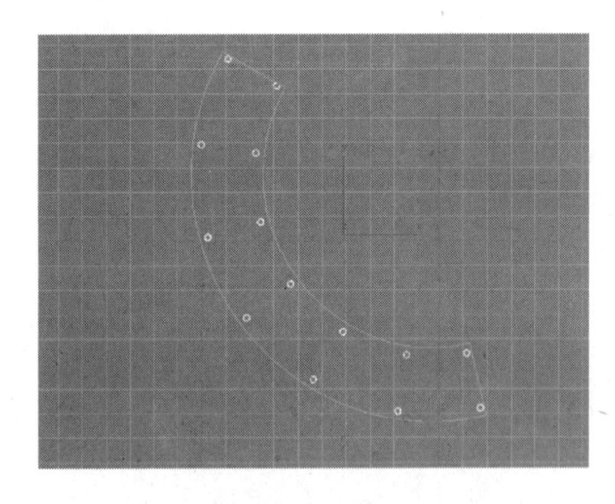

图 2. 3. 10

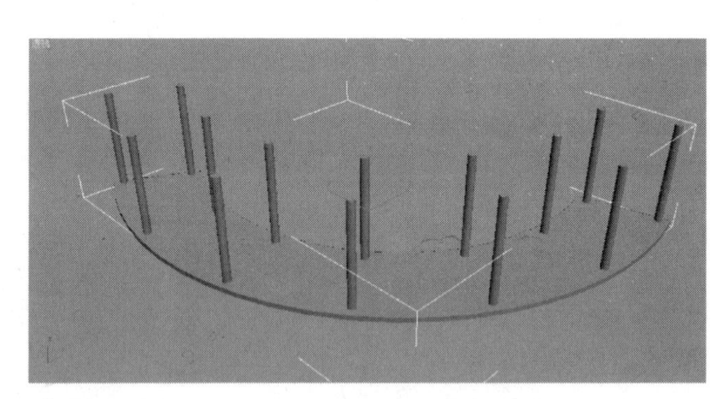

图 2. 3. 11

二、制作花架廊梁及坐凳

建立坐凳，在 CAD 中连续单击【撤销】，返回到完整的花架廊平面状态，利用【偏移】、【修剪】、【删除】等命令在 CAD 中制作完整的坐凳平面，保存文件，如图 2. 3. 12 所示。

3dsMax，菜单栏中执行【文件】/【导入】，跳出【文件导入对话框】。选择小游园花架廊 . dwg 文件，单击【确定】，跳出【导入选项对话框】，单击【确定】将文件导入 3dsMax，如图 2. 3. 13 所示。选择导入的坐凳轮廓线，在 3dsMax 修改命令面板中单击【挤出】 挤出 ，命令面板中【数量】

后的参数框中输入60，回车（由花架断面可看出坐凳厚度为60mm），如图2.3.14所示。

注意：此时坐凳放在地面上，被基台所覆盖，在3dsMax透视视口还看不见坐凳，将鼠标移至透视视口左上角，单击鼠标右键，在跳出的选项中选择【线框】模式，如图2.3.15所示，这样比较便于观察。

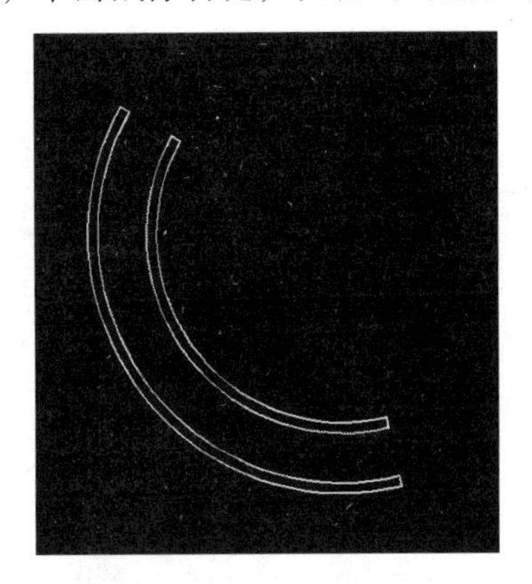

图2.3.12

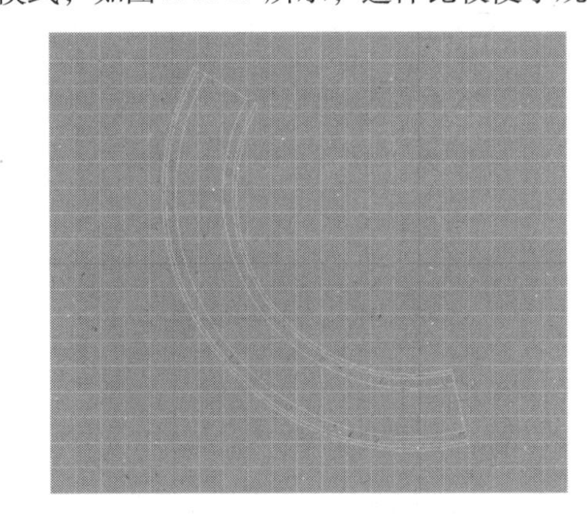

图2.3.13

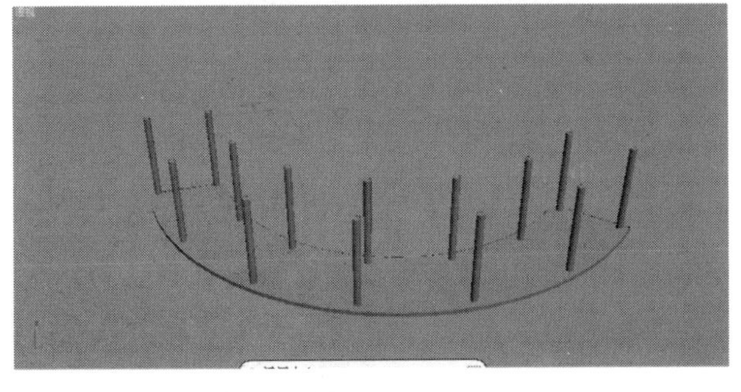

图2.3.14

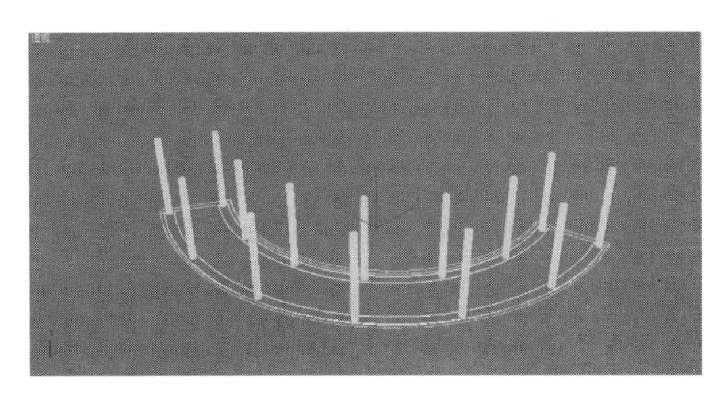

图2.3.15

透视视图中选择坐凳，将鼠标移到常用工具栏【移动】按钮上，右键单击，跳出如图2.3.16所示移动变换对话框，在对话框【偏移：世界】栏，Z后的参数框中输入550，回车，将花架廊向上移动500mm，渲染如图2.3.17所示。

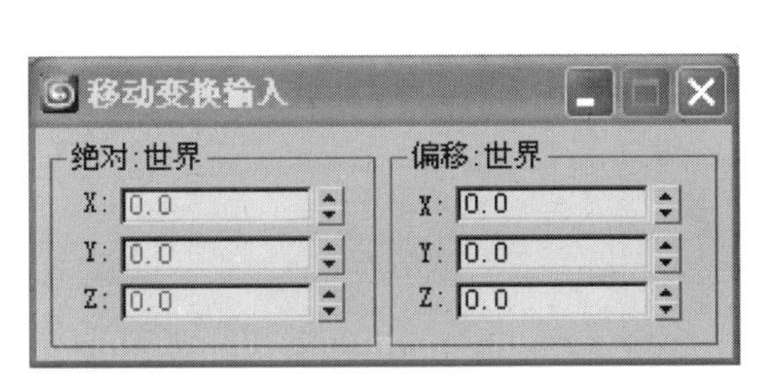

图2.3.16　移动变换对话框

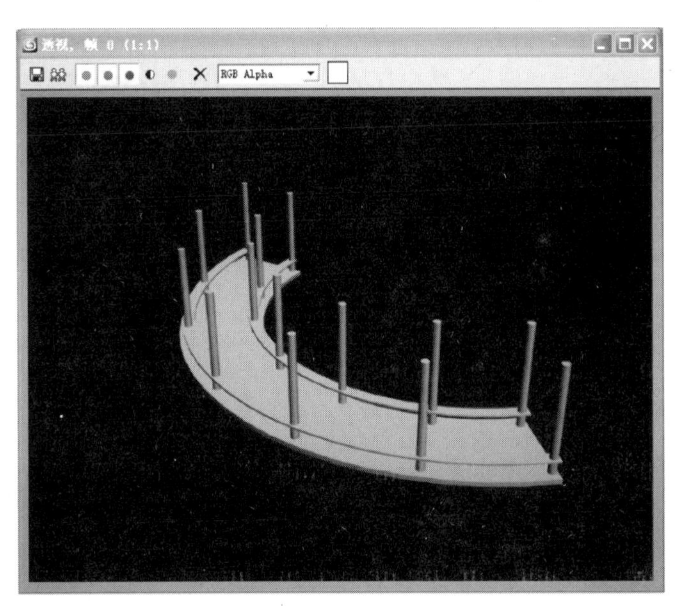

图2.3.17

下面利用坐凳复制品来编辑制作廊的梁架。选择坐凳，单击【移动】命令，按住键盘的【Shift】键，用移动命令在前视图中向上移动坐凳，跳出如图2.3.18所示克隆选项对话框，单击【确定】复制作为梁架，如图2.3.19所示。

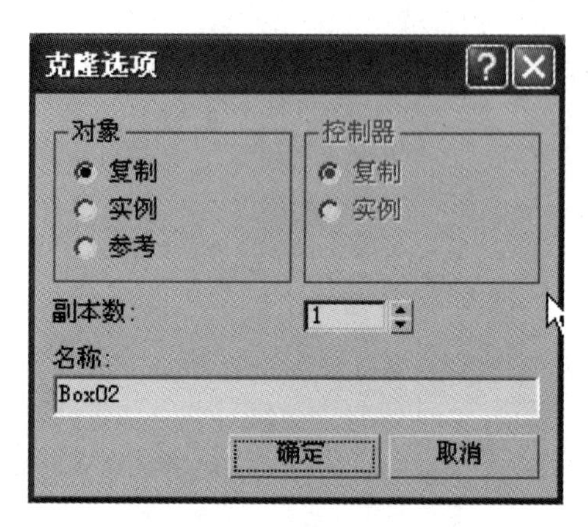

图2.3.18

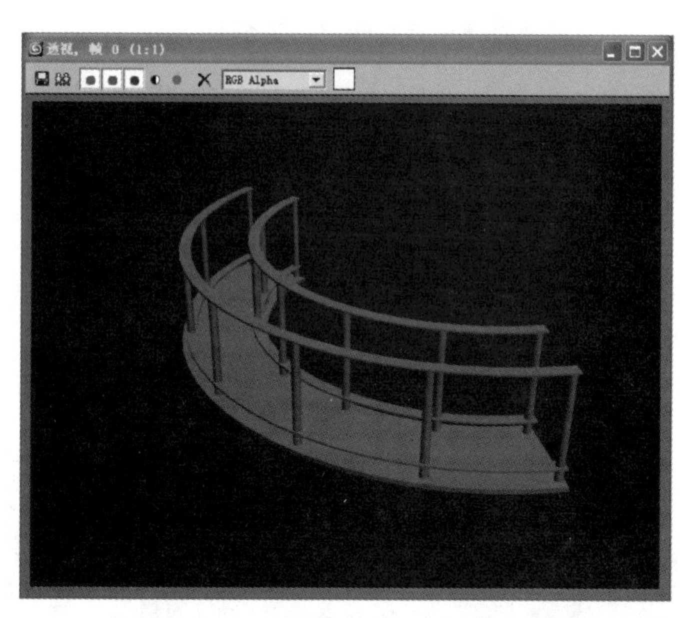

图2.3.19

修改梁的宽度：选择梁架，在修改命令面板中【修改器堆栈】中单击样条线，进入样条线子物体级，选择梁架样条线，在【轮廓】轮廓按钮后的参数框中输入50，回车（注：如果不是向内轮廓，可输入-50）。此时每根横梁有两根样条线，将外侧的样条线删除，这样就将梁的宽度由400变为300，单击【修改器堆栈】中的【挤出】，返回到总物体级，如图2.3.20所示。

修改梁的厚度：将修改命令面板中【数量】后的参数框中的60调整为200，回车。渲染如图2.3.21所示。

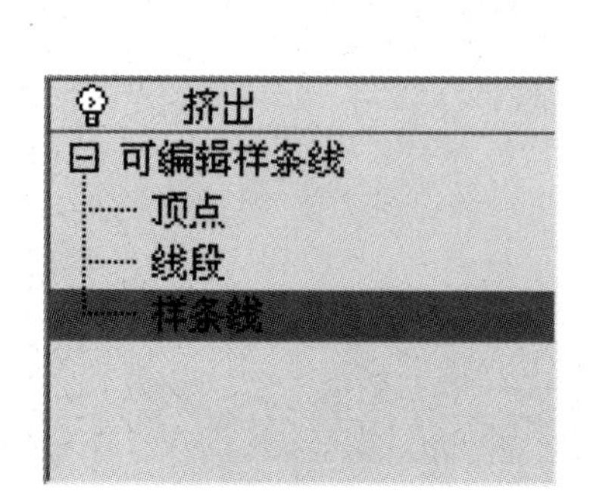

图2.3.20　修改器堆栈

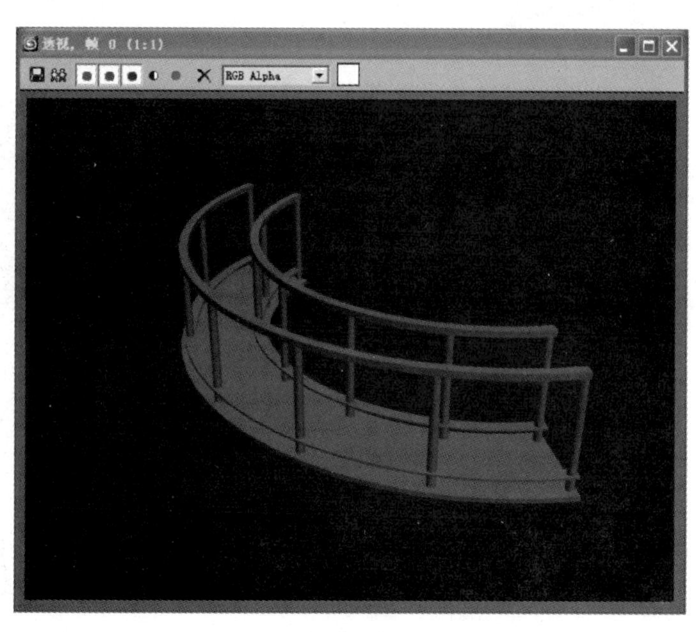

图2.3.21

对齐梁的位置：前视图中选择梁架，单击屏幕上方的常用工具栏中的【对齐】，前视图中单击柱子，跳出如图2.3.22【对齐对话框】，勾选如图2.3.22 所示选项，单击【确定】，将梁和柱子顶端对齐，渲染如图2.3.23 所示。

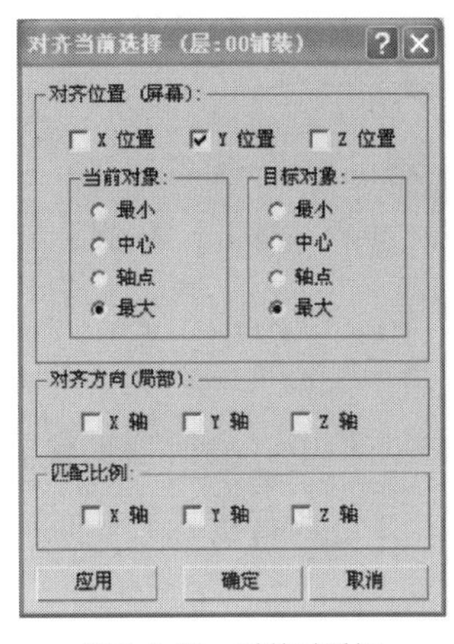

图2.3.22　对其对话框

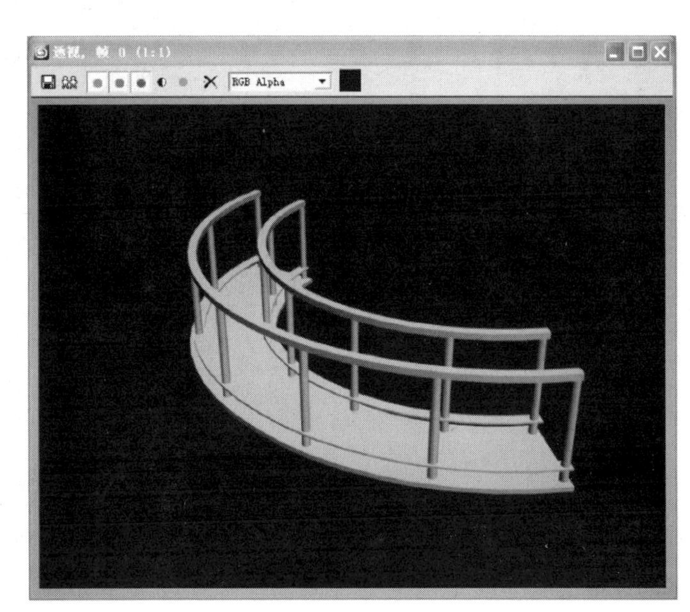

图2.3.23

三、制作花架廊顶板

在 CAD 中连续单击【撤销】，返回到完整的花架廊平面状态，利用【偏移】、【修剪】、【删除】等命令在 CAD 中制作完整的顶板平面，保存文件，如图2.3.24 所示。

3dsMax，菜单栏中执行【文件】/【导入】，跳出【文件导入对话框】。选择小游园花架廊.dwg 文件，单击【确定】，跳出【导入选项对话框】，单击【确定】将文件导入 3dsMax，如图2.3.25 所示。

图2.3.24

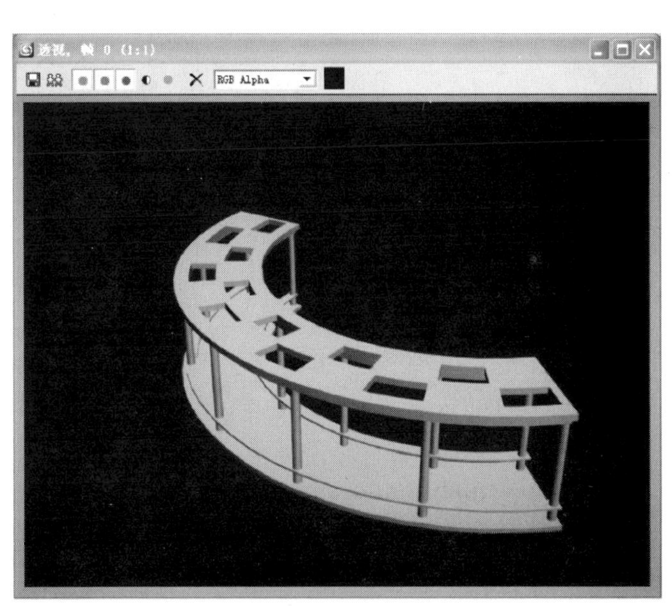

图2.3.25

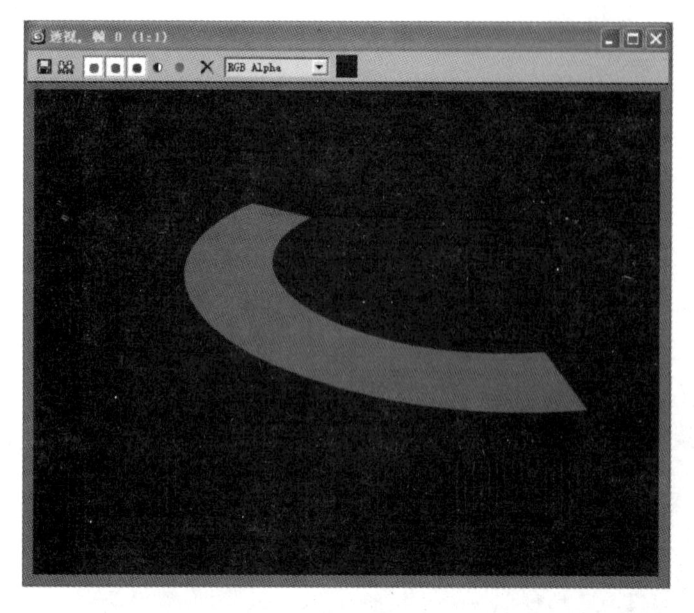

图 2.3.26

选择导入的坐凳轮廓线，在 3dsMax 修改命令面板中单击【挤出】挤出，命令面板中【数量】后的参数框中输入 200，回车（由花架断面可看出顶板厚度为 200mm）。

对齐顶板的位置：前视图中选择顶板，单击屏幕上方的常用工具栏中的【对齐】，前视图中单击梁架，将顶板放置于梁的上面，渲染如图 2.3.26 所示。

利用顶板复制品制作透明玻璃：单击【移动】，按住键盘的【Shift】键单击顶板，复制一个，选择其中一个顶板，在物体上单击右键，跳出选项中隐藏未选定对象，以便观察，在修改命令面板中【修改器堆栈】中单击样条线，进入样条线子物体级，只留顶板外轮廓线，其余删除，单击【修改器堆栈】中的【挤出】，返回到总物体级。

修改玻璃厚度：将修改命令面板中【数量】后的参数框中的 200 调整为 10，回车。渲染如图 2.3.27 所示。

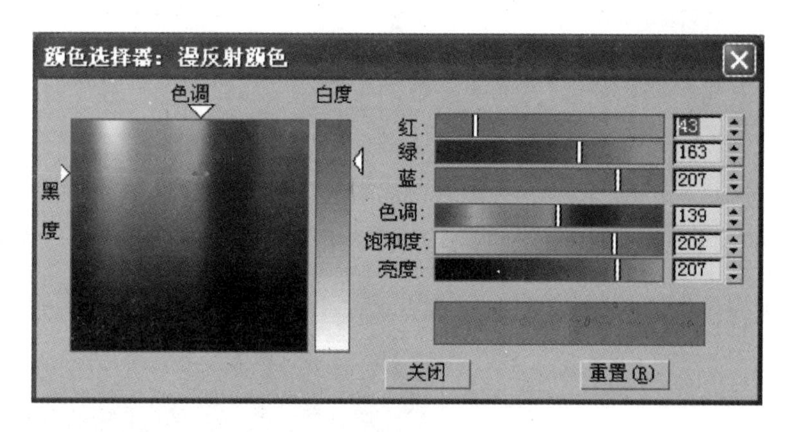

图 2.3.27

调整玻璃材质：选择玻璃，单击常用工具栏中【材质】按钮，弹出如图 2.3.28 所示【材质编辑器】对话框，材质编辑器可以编辑各种材质，对话框主要包括四个部分：样本球区、垂直工具栏、水平工具栏和参数卷展栏。

在样本球区单击选择一个样本球，单击【Blinn 基本参数栏】中【漫反射】后的颜色框，跳出如图 2.3.29 所示【颜色选择器】，拾取一个玻璃蓝色，确定，在【不透明度】按钮后的参数框中输入 60，单击【水平工具栏】中【将材质指定给选定对象】按钮，即给玻璃一个透明材质。

屏幕上单击鼠标右键，跳出选项框中单击【全部取消隐藏】，渲染如图 2.3.30 所示。

至此廊架已经建好，保存文件。

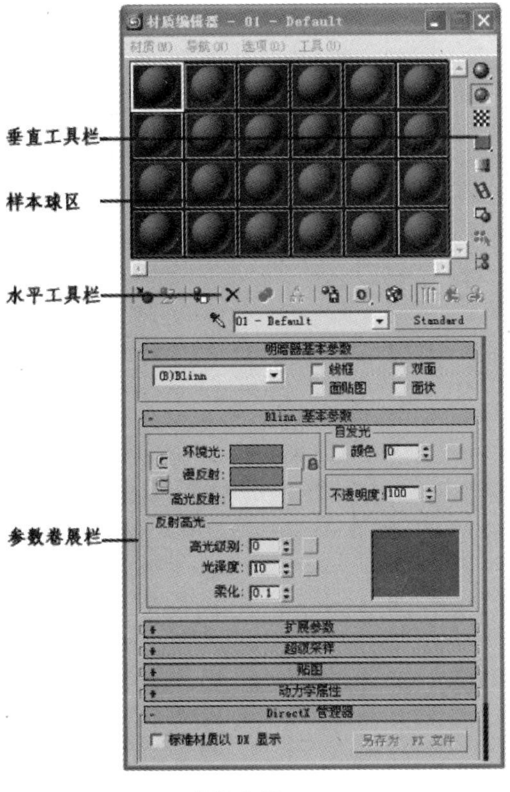

图 2.3.28

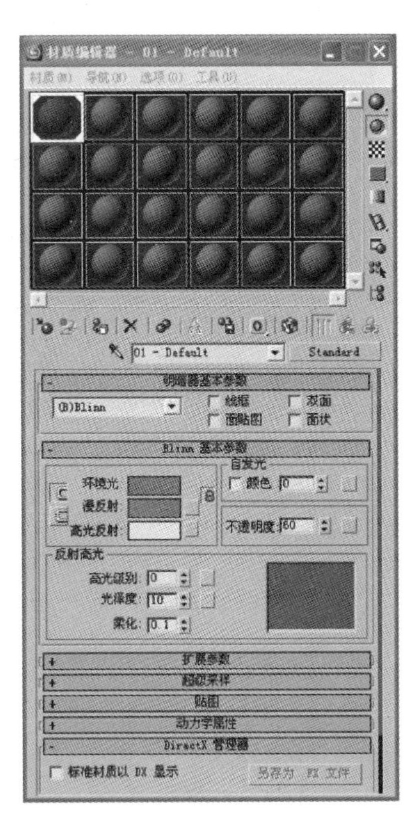

图 2.3.29

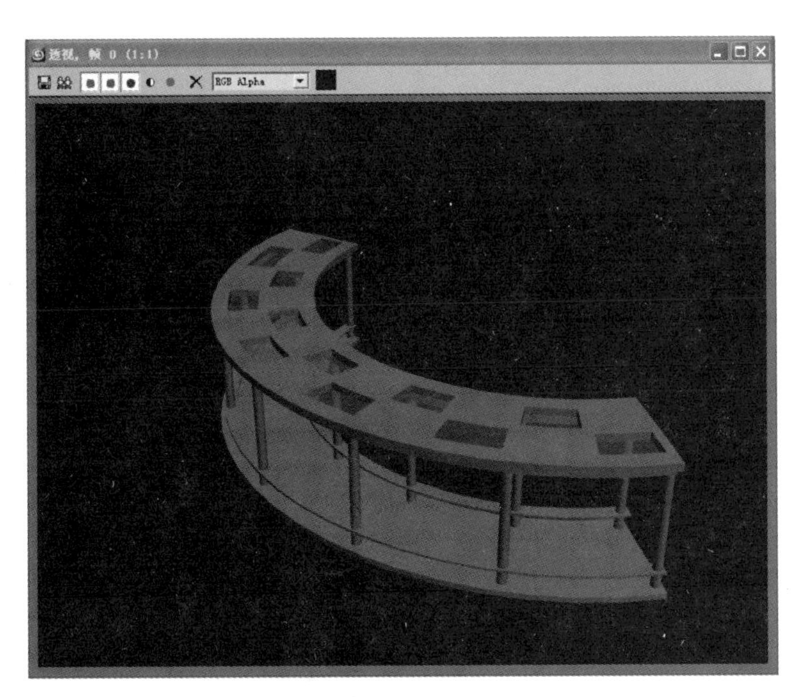

图 2.3.30

实训作业：创建如图 2. 3. 31 所示的花架。

图 2. 3. 31

项目四

四角亭、六角亭的制作

任务 制作四角亭、六角亭

任务目标

学会3dsMax多种建模方式的应用。

任务解析

通过四角亭、六角亭的制作，要求学生掌握各种园林建筑模型的制作。

亭是园林中常见的园林小品，从风格上有中式、西式和古典、现代等不同的风格类型。亭（凉亭）是一种中国传统建筑，多建于路旁，供行人休息、乘凉或观景用。亭一般为开敞性结构，没有围墙，顶部可分为六角、八角、圆形等多种形状。亭在古时候是供行人休息的地方。“亭者，停也。人所停集也。”（《释名》）园中之亭，应当是自然山水或村镇路边之亭的“再现”。水乡山村，道旁多设亭，供行人歇脚，有半山亭、路亭、半江亭等，由于园林作为艺术是仿自然的，所以许多园林都设亭。但正是由于园林是艺术，所以园中之亭是很讲究艺术形式的。亭在园景中往往是个“亮点”，起到画龙点睛的作用。《园冶》中说，亭“造式无定，自三角、四角、五角、梅花、六角、横圭、八角到十字，随意合宜则制，惟地图可略式也。”这许多形式的亭，以因地制宜为原则，只要平面确定，其形式便基本确定了。这里以一个现代式四角亭为例，给大家介绍园林建筑的制作方法。

一、制作亭基台及柱子

打开3dsMax，在创建命令面板下单击【几何体】，进入三维几何体建立界面，单击对象类型中的【长方体】长方体按钮，在顶视图中拖曳鼠标，建立一个长方体基台，其参数如图2.4.1所示，再建立一个长250、宽250、高3000的长方体柱子，渲染如图2.4.2所示。

选择柱子，单击常用工具栏中的【对齐】，鼠标移至顶视图中，单击基台边线，跳出对齐对话

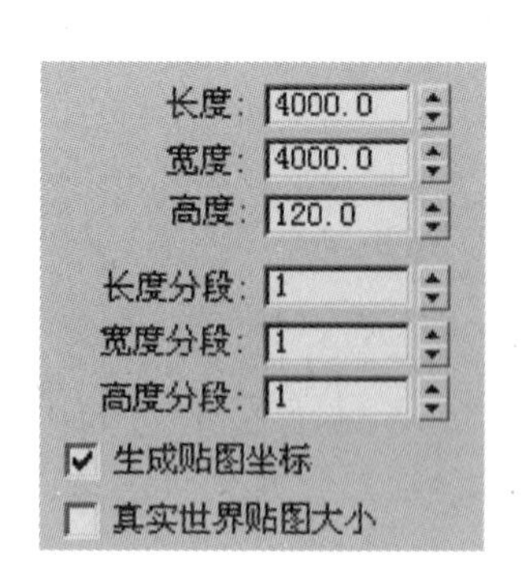

图 2.4.1

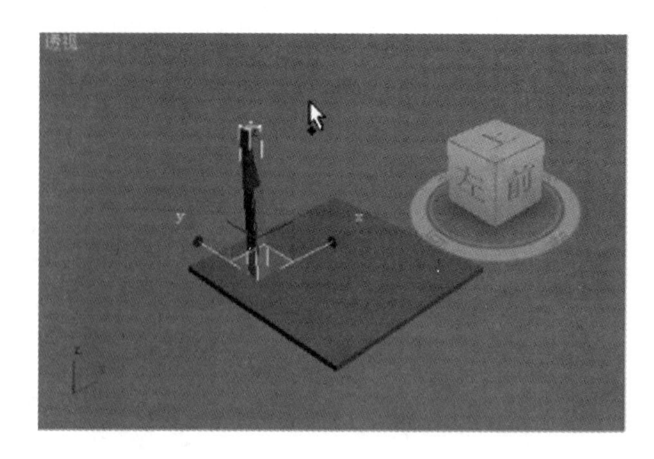

图 2.4.2

框，勾选如图 2.4.3 所示参数项，单击【确定】，将两个长方体左下角对齐，单击【移动】，选择柱子，鼠标移到常用工具栏【移动】按钮上，单击鼠标右键，跳出【移动变换输入】对话框，在对话框中【偏移：屏幕】选项下的 X 后的参数框中输入 375，回车，将柱子中心移到距离基台左下角 500mm 处，再在 Y 后的参数框中输入 375，回车，向上移动至距基台下边 500mm 处。

鼠标移到顶视图中柱子上，单击鼠标右键，在跳出的选项栏中单击【克隆 C】，跳出【克隆选项】对话框，勾选【参考】选项，确定，复制一个（注：此时两个柱子重合）。

单击选择其中一个柱子，鼠标移到常用工具栏【移动】按钮上，单击鼠标右键，跳出【移动变换输入】对话框，在对话框中【偏移：屏幕】选项下的 X 后的参数框中输入 3000，回车，将柱子右移 3000mm，如图 2.4.4 所示，按下 Ctrl 键，单击选择另外一根柱子（此时两个柱子均被选择），单击鼠标右键，在跳出的选项栏中单击【克隆 C】，跳出【克隆选项】对话框（见图 2.4.5），勾选【参考】选项，确定，再复制两个柱子（注：此时四个柱子两两重合），如图 2.4.6 所示。

鼠标移到常用工具栏【移动】按钮上，单击鼠标右键，跳出【移动变换输入】对话框，再在【移动变换输入】对话框 Y 后的参数框中输入 3000，即建好如图四根柱子，如图 2.4.7 所示。

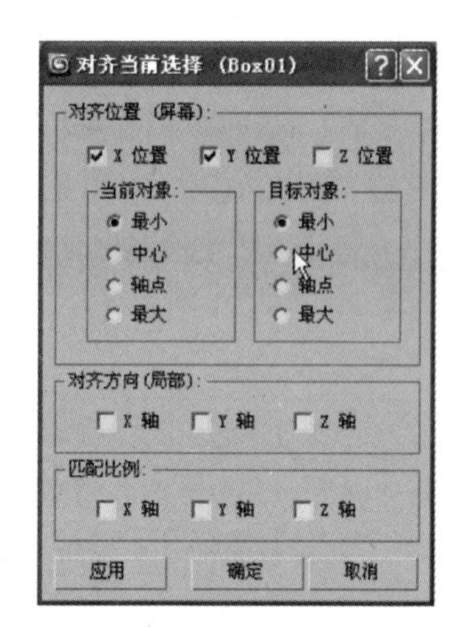

图 2.4.3

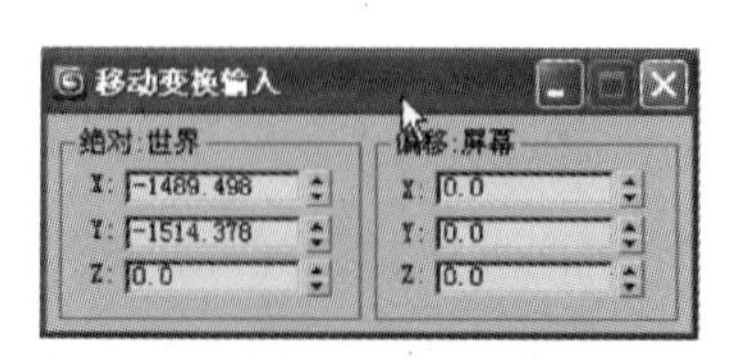

图 2.4.4

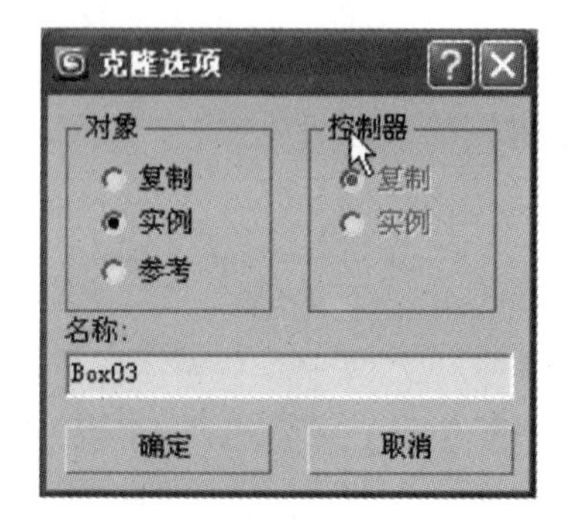

图 2.4.5

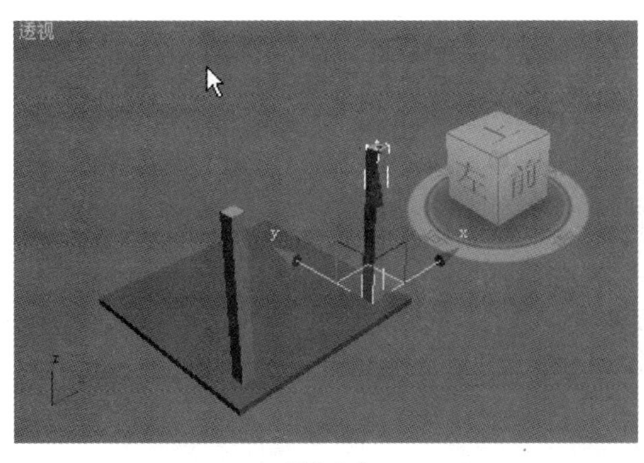

图 2.4.6

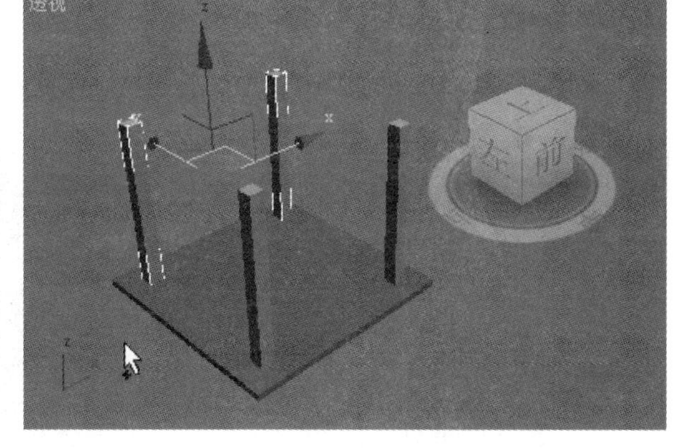

图 2.4.7

二、制作檩架

单击激活顶视图，单击右下角视图控制区中的【视图最大化切换】按钮，最大化顶视图，单击创建命令面板中的【图形】按钮，进入二维图形创建面板，单击【矩形】按钮 矩形 ，鼠标移至屏幕中，拖曳鼠标，建立一个矩形，参数为长 4000、宽 4000。

选择矩形，单击常用工具栏中的【对齐】，在顶视图单击长方体基台，跳出跳出对齐对话框，勾选如图 2.4.8 所示参数项，单击【确定】，将矩形与长方体基台对齐。

单击右下角视图控制区中的【视图最大化切换】按钮，还原视口，右键单击前视图，激活前视图使之成为当前工作视口（注：当前视口四周成黄色高亮显示）。

确认长方形仍被选择，鼠标移到常用工具栏【移动】按钮上，单击鼠标右键，跳出【移动变换输入】对话框，在对话框中【偏移：屏幕】选项下的 Z 后的参数框中输入 3000，回车，将矩形放置在柱子顶部。

右键单击顶视图，激活顶视视口，单击修改命令面板下【编辑样条线】 编辑样条线 ，单击命令面板中【选择】/按钮，进入样条线子物体级，顶视图中选择矩形样条线（注：选中的子样条线成红色高亮显示），在命令面板【几何体】/【轮廓】按钮后的参数框中输入 120，回车。

单击 挤出 ，【参数】/【数量】后的参数框中输入 100，回车即建好亭顶的一根檩架，如图 2.4.9 所示。

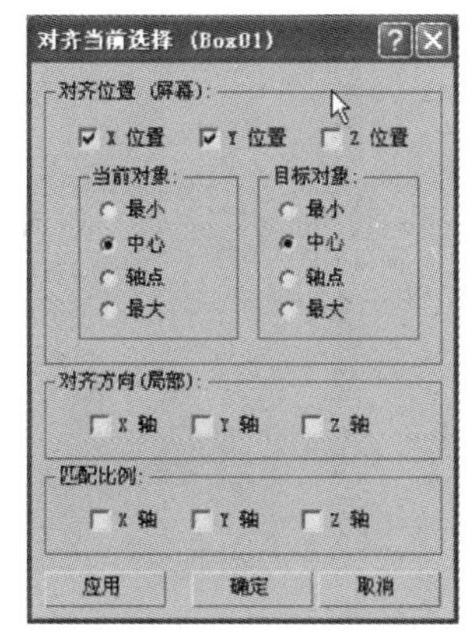

图 2.4.8

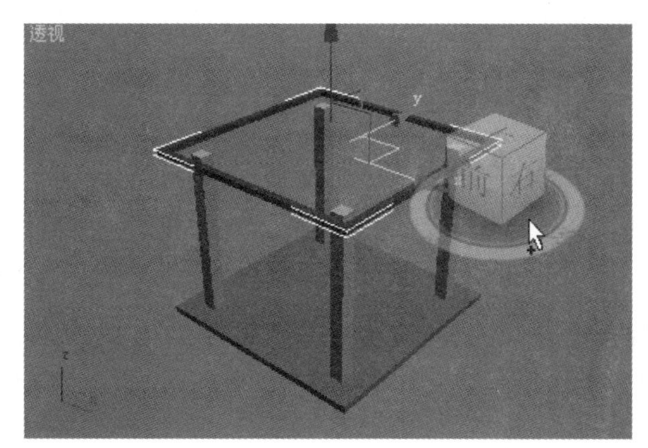

图 2.4.9

选择檩架，进入样条线子物体级，选择檩架的两根样条线，在命令面板【修改】/【轮廓】按钮 轮廓 后的参数框中输入300，回车。在修改器堆栈中单击【挤出】返回到总物体级（见图2.4.10），效果如图2.4.11所示。

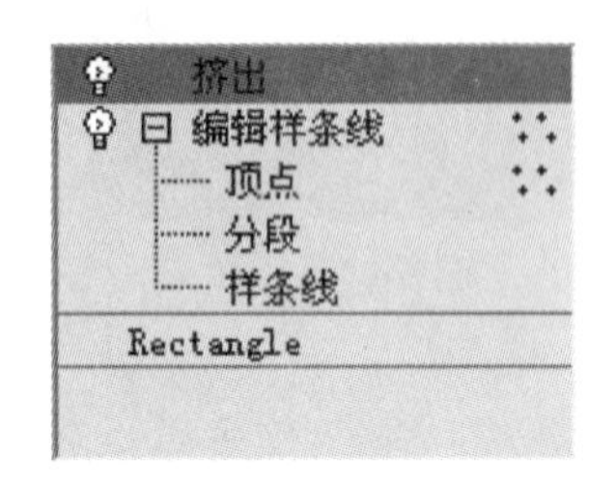

图2.4.10

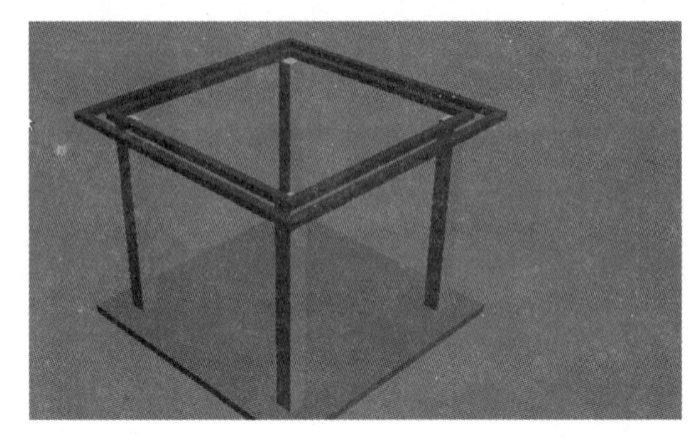

图2.4.11

再次选择檩架，进入样条线子物体级，选择檩架的4根样条线，在命令面板【修改】/【轮廓】按钮 轮廓 后的参数框中输入600，回车，如图2.4.12所示。选择内部的四根样条线，在命令面板【修改】/【轮廓】按钮 轮廓 后的参数框中再次输入600，回车，如图2.4.13所示。再次选择内侧最内侧两根样条线，在命令面板【修改】/【轮廓】按钮 轮廓 后的参数框中再次输入300，回车，如图2.4.14所示。在修改器堆栈中单击【挤出】返回到总物体级，效果如图2.4.15所示。

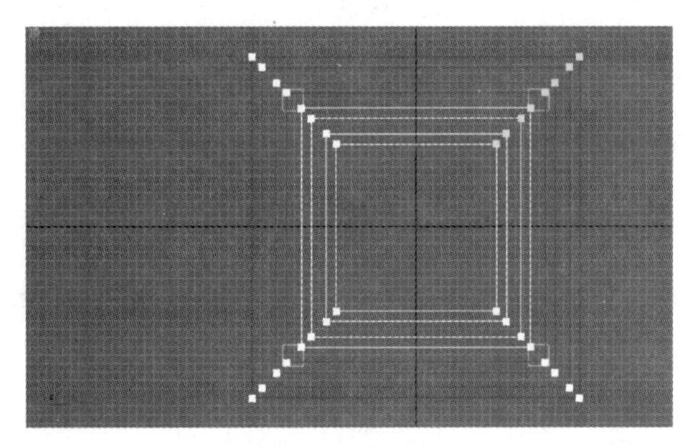

图2.4.12

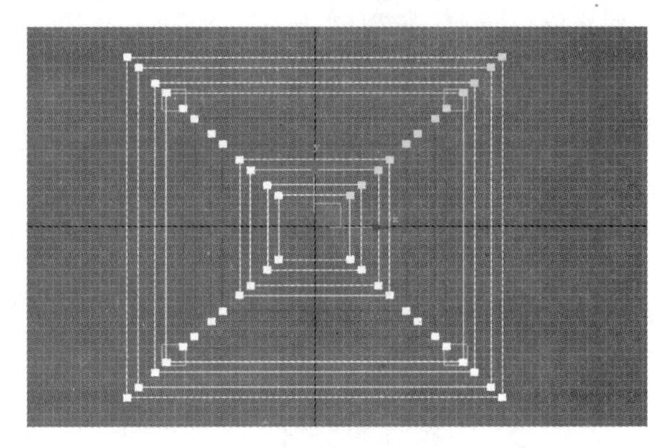

图2.4.13

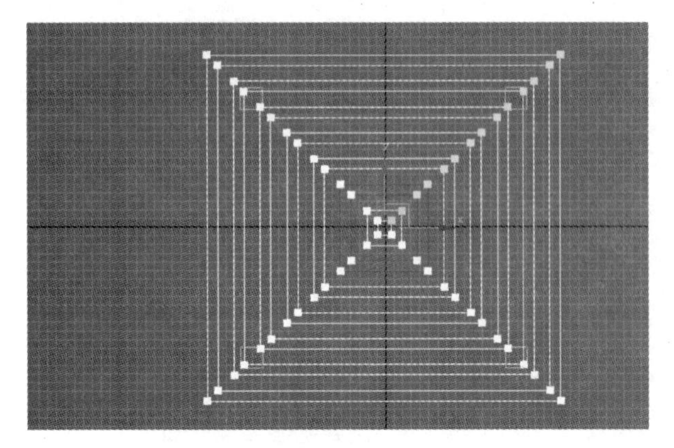

图2.4.14

图2.4.15

激活透视视图，再次选择檩架，进入样条线子物体级，选择外侧第三和第四根样条线，将鼠标移到常用工具栏【移动】按钮上，右键单击，跳出如图 2.4.16 所示移动变换对话框，在对话框【偏移：世界】栏，Z 后的参数框中输入 200，回车，效果如图 2.4.17 所示。

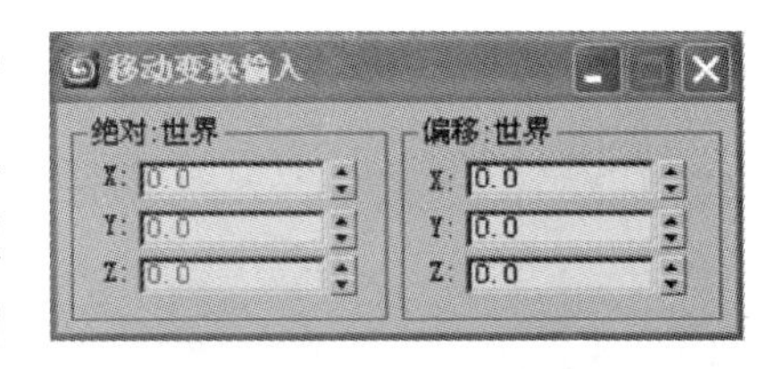

图 2.4.16　移动变换对话框

选择外侧第五和第六根样条线，在对话框【偏移：世界】栏，Z 后的参数框中输入 400，回车。

选择外侧第七和第八根样条线，在对话框【偏移：世界】栏，Z 后的参数框中输入 600，回车。

选择外侧第九和第十根样条线，在对话框【偏移：世界】栏，Z 后的参数框中输入 800，回车。

选择外侧第十一和第十二根样条线，在对话框【偏移：世界】栏，Z 后的参数框中输入 1000，回车。

选择外侧第十三和第十四根样条线，在对话框【偏移：世界】栏，Z 后的参数框中输入 1200，回车。在修改器堆栈中单击【挤出】返回到总物体级，效果如图 2.4.18 所示。

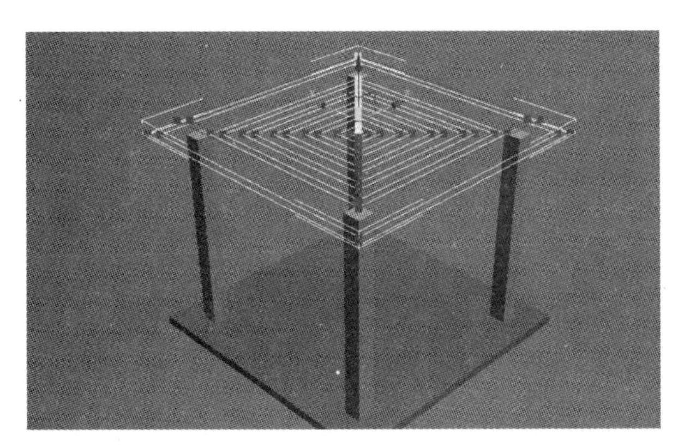

图 2.4.17

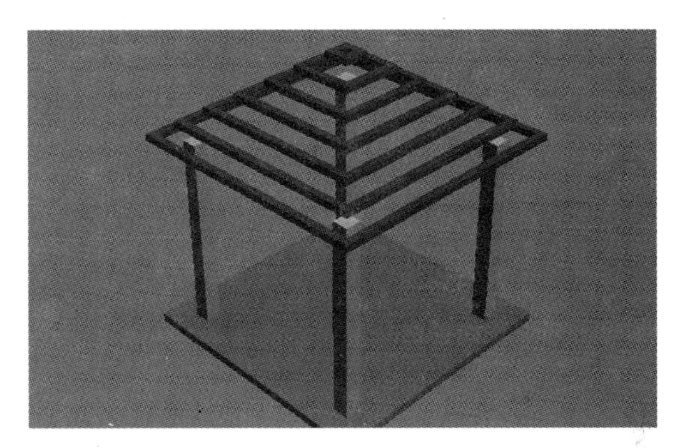

图 2.4.18

三、制作宝顶

再次选择檩架，进入样条线子物体级，选择最内侧两根样条线，修改命令面板中单击 分离 按钮，跳出如图 2.4.19 所示分离对话框，单击确定，将最内侧两根曲线分离成另一个物体，用来制作宝顶。返回总物体级，选择刚分出来的内部两条曲线，进入样条线子物体级，选择内部的小正方形，单击键盘【Delete】键删除。返回总物体级，单击 挤出 ，【参数】/【数量】后的参数框中输入 600，回车即建立如图 2.4.20 所示亭宝顶。

图 2.4.19

选择宝顶，在修改命令面板中修改器列表下拉菜单中单击【锥化】，在数量参数栏中输入 1.0，椎化后的宝顶显得很大，如图 2.4.21 所示，可用缩放工具将其调整，鼠标移至常用工具栏【缩放】按钮上，按住左键不要松开，跳出的下拉按钮中选择【非均匀缩放】按钮。顶视图中单击选择宝顶，此时被选择物体坐标箭头状态如图 2.4.22 所示 。将鼠标移至坐标箭头双斜线外侧的斜线上，按下左键拖曳鼠标，缩放至合适大小即可，如图 2.4.23 所示。

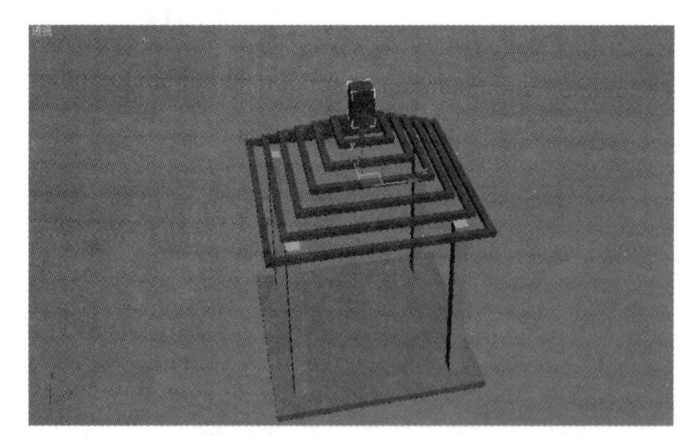

图 2. 4. 20

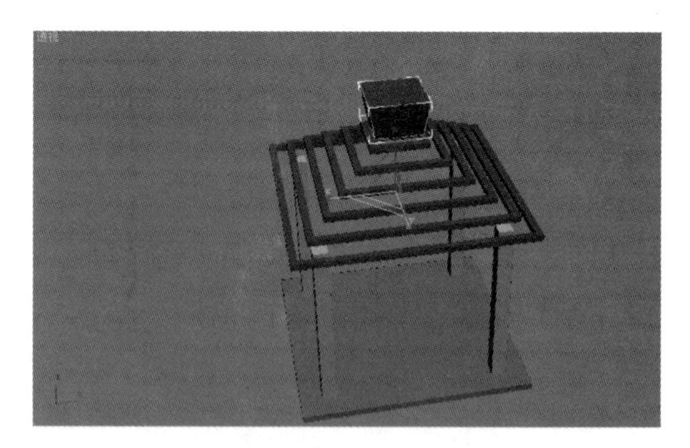

图 2. 4. 21

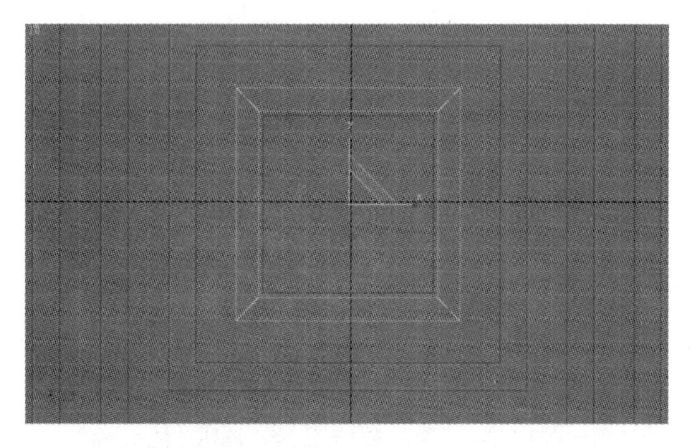

图 2. 4. 22

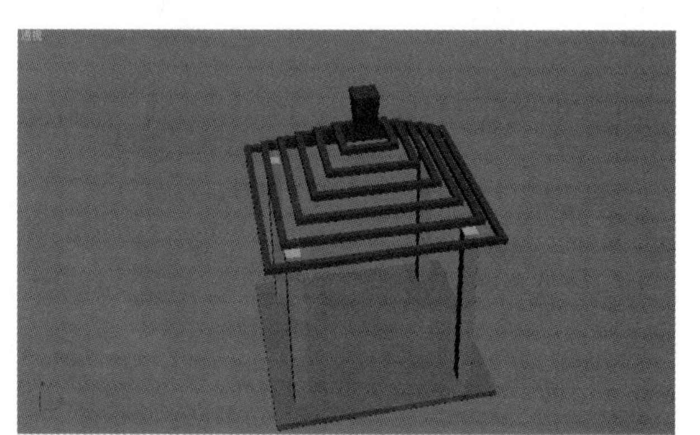

图 2. 4. 23

四、制作支撑斜梁

常用工具栏中，按住【捕捉开关】，跳出下拉选项，选择，右键单击，跳出捕捉设置对话框，勾选如图 2. 4. 24 所示，新建命令面板中执行【图形】/【线】，顶视图中建立如图一根斜对角线。

选择对角线，【修改命令面板】/【修改器堆栈】/【样条线】，进入样条线子物体级，修改命令面板【轮廓】后的参数栏输入 300，回车。

【修改命令面板】/【修改器堆栈】/【顶点】，进入顶点子物体级，修改命令面板中单击【优化】优化，鼠标移至顶视图，在斜梁矩两形长边中点各单击一下鼠标，追加两个点。单击，取消捕捉状态，执行【修改命令面板】/【修改器堆栈】/【line】返回总物体级，如图 2. 4. 25 所示。

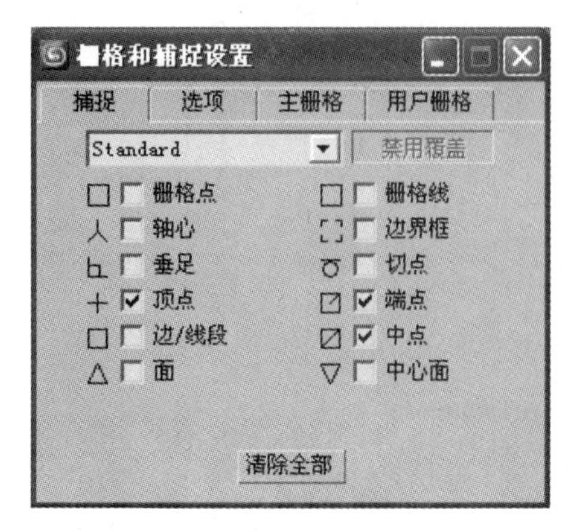

图 2. 4. 24

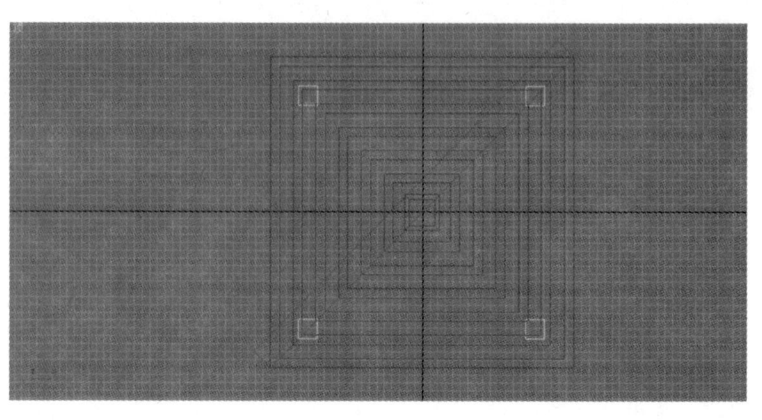

图 2. 4. 25

确定斜梁被选择，单击常用工具栏【对齐】，鼠标移至顶视图，选择宝顶，跳出如图对齐对话框，勾选如图 2.4.26 所示，单击【确定】，对齐斜梁到中心位置。常用工具栏中单击【角度捕捉】，进入角度捕捉状态，单击常用工具栏【选择并旋转】，鼠标移至顶视图斜梁处，按住 Shift 键，左键拖曳鼠标旋转 90°，跳出旋转复制对话框，确定，复制一个。

利用对齐命令，将斜梁副本也对齐到中部，如图 2.4.27 所示。选择任一根斜梁，进入样条线子物体级，单击【修改命令面板】/【附加】 附加 ，顶视图中选择另外一根斜梁，即将两根斜梁合并为一个物体。选择其中一根斜梁字样条线，单击修改命令面板下的【布尔运算】 布尔 （注意：确定布尔运算按钮后被摁下），顶视图中单击选择另一根斜梁，两条子曲线即合并成一条闭合子曲线。返回到总物体级，前视图中利用对齐工具将斜梁与檩架底部对齐，对齐选项如图 2.4.27 所示。

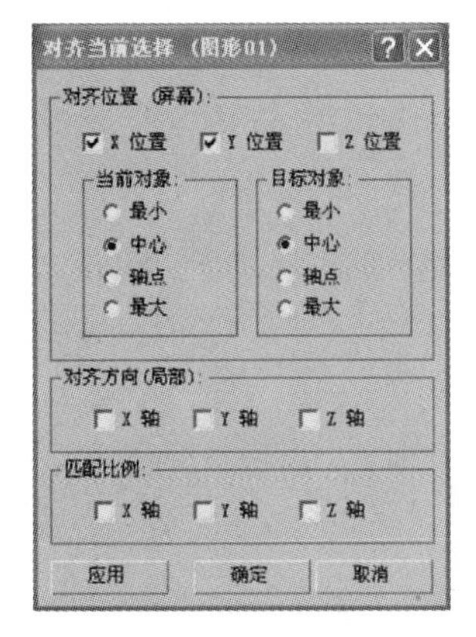

图 2.4.26

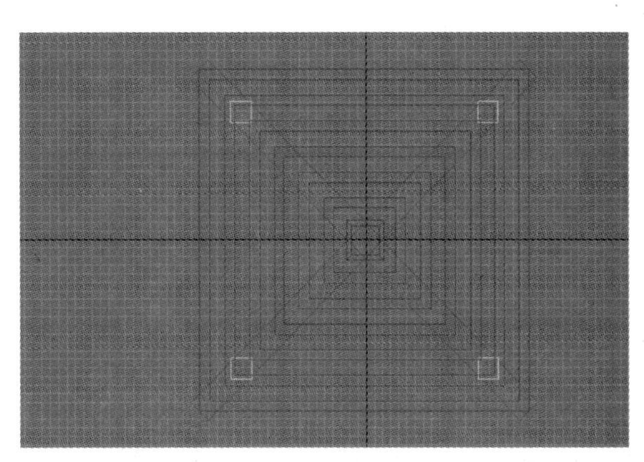

图 2.4.27

单击【修改命令面板】/【修改器堆栈】/【顶点】，进入顶点子物体级，顶视图中选择全部顶点（注：被选择的顶点变成红色高亮显示），单击鼠标右键，在跳出的工具 1 选项框中选择【角点】，将顶点设置成角点模式，如图 2.4.28 和图 2.4.29 所示。选择中部四个顶点，前视图中将四个顶点移至如图 2.4.30 所示位置。

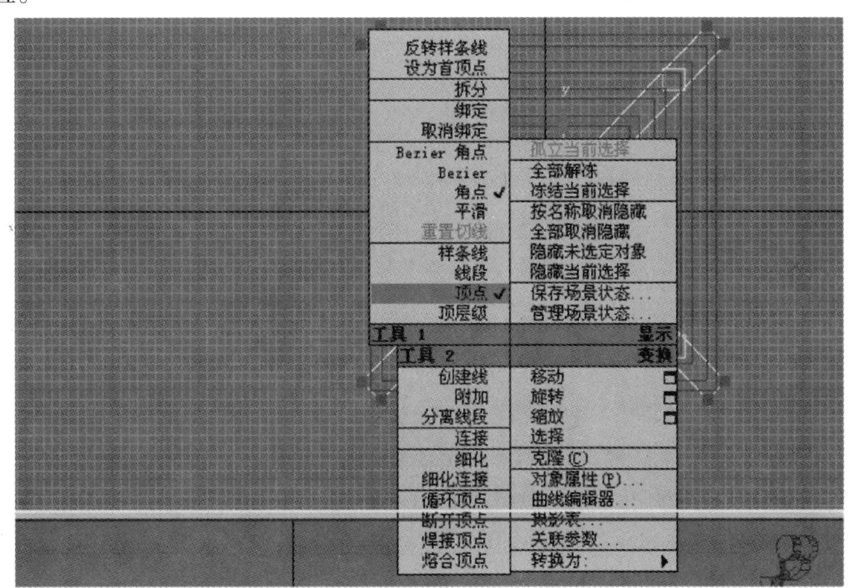

图 2.4.28

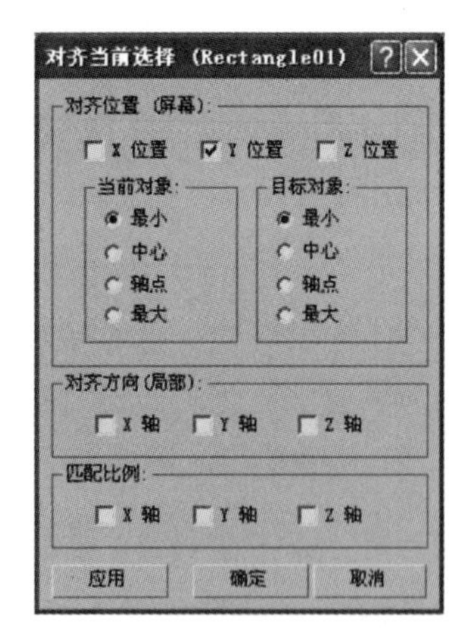

图 2.4.29

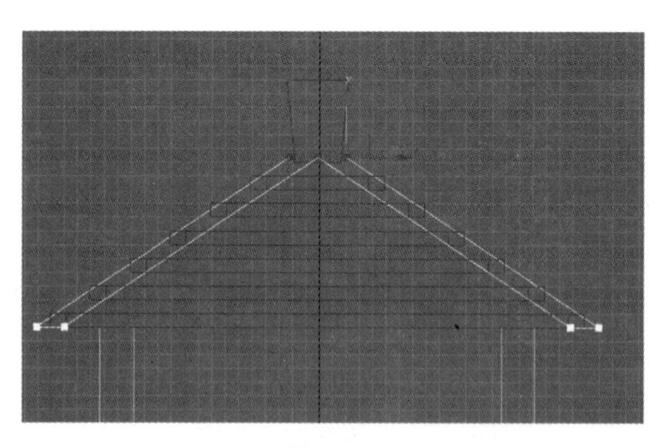

图 2.4.30

执行【修改命令面板】/【挤出】

，挤出高度 200，如图 2.4.31 所示。将四根柱子高度调整为 3250，使梁与柱子接上。

选择全部构件，菜单栏【组】｜【成组】，将亭子各部分组成一个组团备用，亭子即建立完毕。渲染如图 2.4.32 所示 。

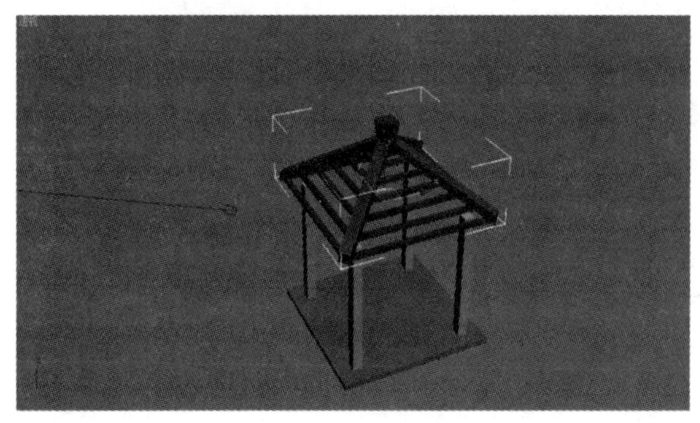

图 2.4.31

图 2.4.32

实训作业

制作休闲广场中的花架，如图 2.4.33 所示。

图 2.4.33

项目五

别墅效果图的制作

任务 制作别墅效果图

任务目标

学会3dsMax中多种建模方式的应用。

任务解析

通过别墅效果图模型的制作，要求学生掌握建筑模型的制作。

一、墙体的制作

墙体的制作步骤如下。

（1）启动进入3dsMax界面，设置系统单位为mm。

（2）执行菜单栏中的【文件】|【导入】命令，将本书配套可下载素材模块二项目五文件夹的“别墅平面图.dwg”文件导入场景中，如图2.5.1所示。

（3）将导入的“别墅平面图.dwg”全部选中，执行菜单栏中的【组】|【成组】命令，在弹出的对话框中，将组群命名为“平面图”。

（4）设置捕捉方式为定点捕捉，单击按钮，从顶视图中捕捉导入平面图纸上的点，绘制线性，如图2.5.2所示。

（5）单击Line01，在“修改”命令面板中单击“样条线”按钮，输入“轮廓”的参数，如图2.5.3所示，修改结果如图2.5.4所示。

（6）选择“修改编辑器”下的“挤出”命令，“数量”设置为500，如图2.5.5所示，颜色设置为“绿色”，更名为“圈梁1”，冻结“平面图”，结果如图2.5.6所示。

（7）复制“圈梁1”，设定“副本数”为1，更名为“1层墙体”，沿Z轴向上移动500，修改“挤出”参数为3700，改变颜色为白色。

（8）复制“圈梁1”，设定“副本数”为1，更名为“圈梁2”，沿Z轴向上移动4200，修改“挤出”参数为300，结果如图2.5.7所示。

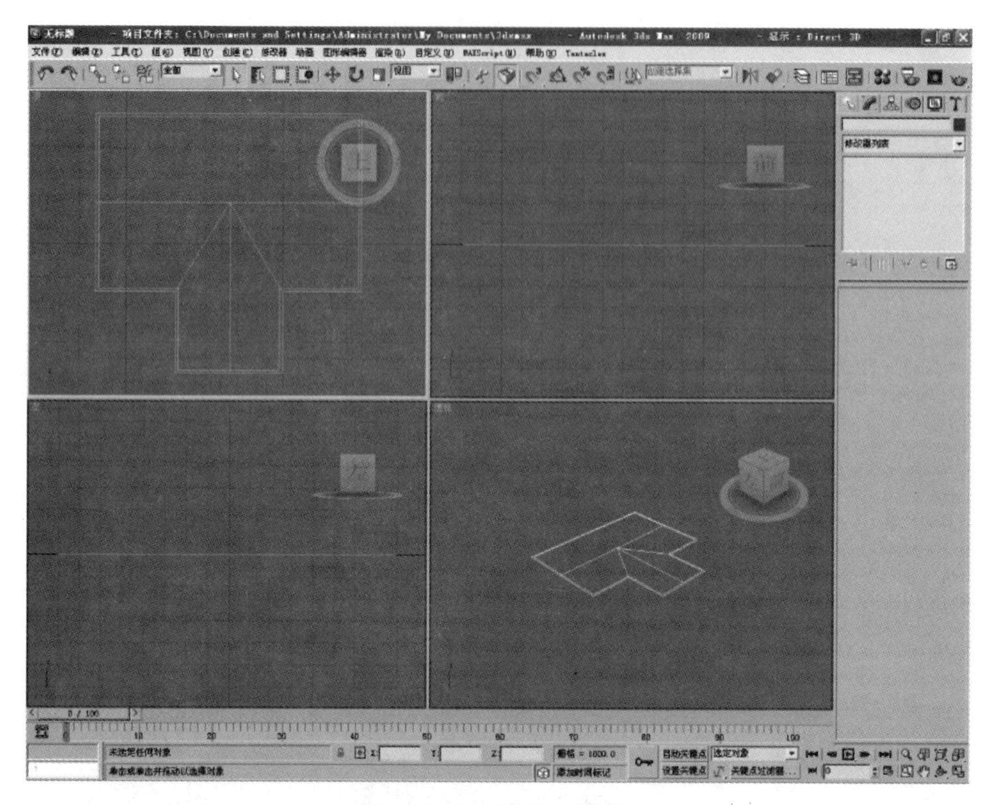

图2.5.1　导入的CAD平面图

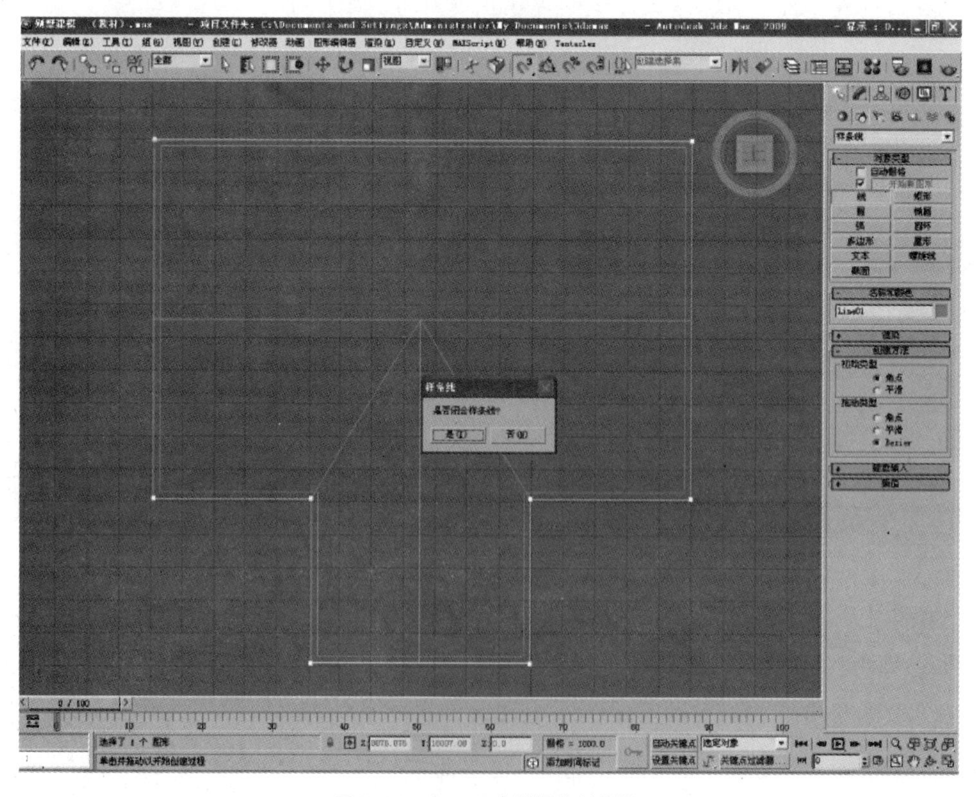

图2.5.2　打开顶点捕捉绘制线性

图2.5.3 轮廓参数

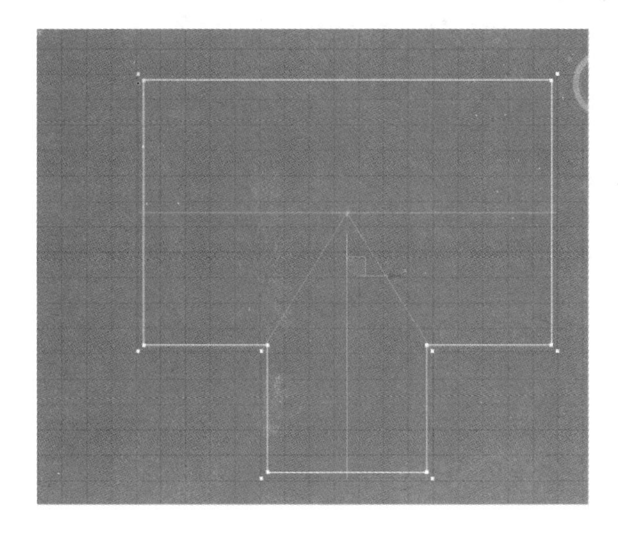

图2.5.4 轮廓后效果

图2.5.5 挤出参数

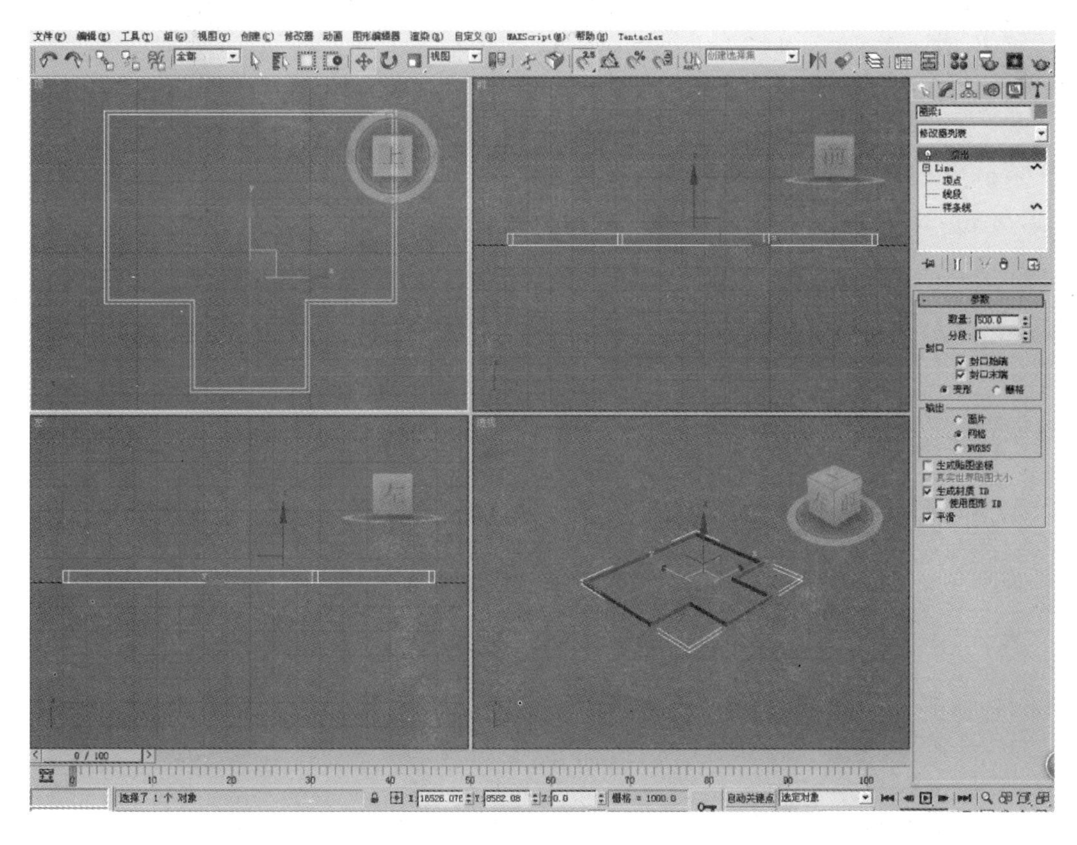

图2.5.6 圈梁1效果

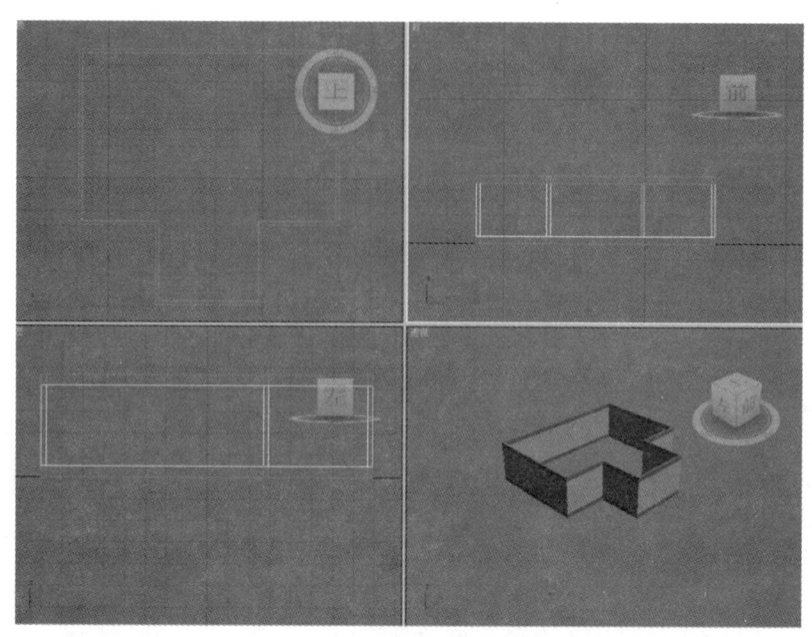

图 2.5.7　1 层墙体及圈梁 2 效果图

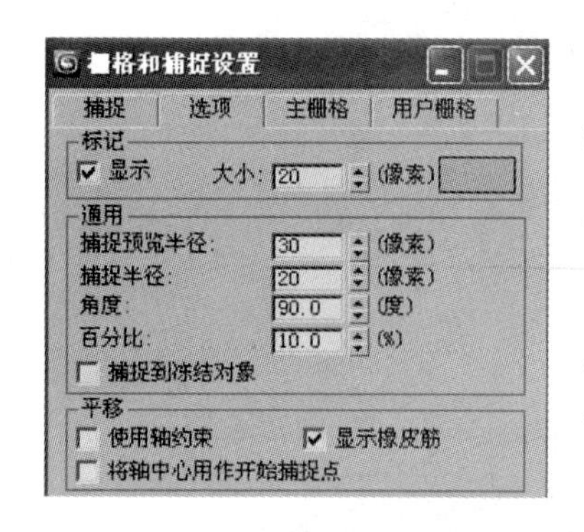

图 2.5.8　设置 90°角

（9）执行菜单栏中的【文件】|【导入】命令，将本书配套可下载素材文件夹中的“别墅正立面图.dwg”和“别墅侧立面图.dwg”导入场景中。

（10）将平面图选中，单击按钮，再右键单击此按钮，设置角度为 90°，如图 2.5.8 所示，选择，分别从左视图、前视图旋转 90°，调整位置后如图 2.5.9 所示。

1）设置捕捉方式为顶点捕捉，单击按钮，在前视图和左视图中捕捉 CAD 图形上窗的点绘制制作窗洞的线型。绘制好线条，并命名为窗洞，然后选择窗洞线条在原位置复制，复制数量为 3，分别命名为窗框、外框、玻璃。

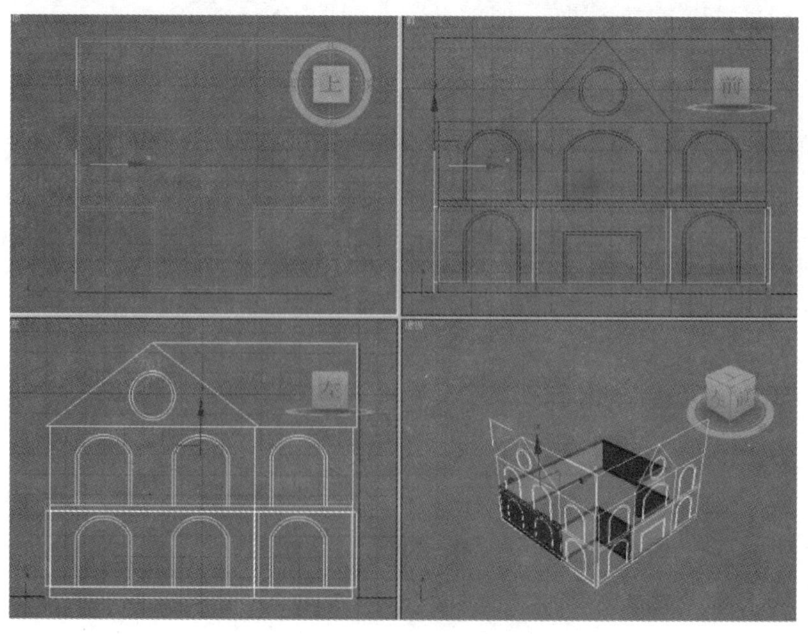

图 2.5.9　调整导入的正立面图和侧立面图

2）选中窗洞线条，单击“修改编辑器”，在“修改器列表”中选择”挤出工具，并将“数量”设置为1000，分别命名为“窗洞”。

3）参照立面图中一层的门数量和位置，复制并移动“窗洞”模型，使所有“窗洞”均与“墙体1”相交；再参照侧立面图中一层的窗户数量和位置，复制并移动“窗洞”模型，使所有“窗洞”均与“1层墙体”相交，如图2.5.10所示。

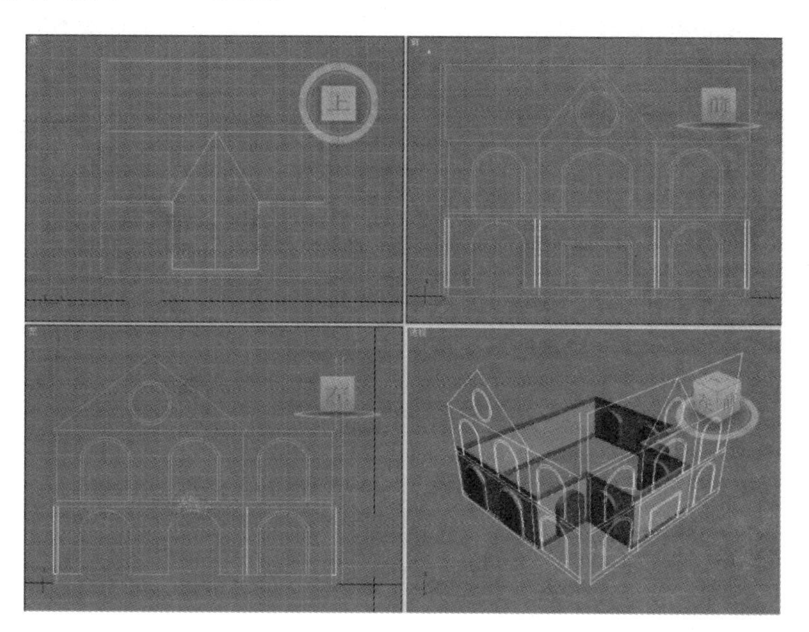

图2.5.10 窗洞模型

（11）选择“1层墙体”对象，单击“创建”命令面板中的“几何体”按钮，从“标准基本体”下拉列表框中选择“复合对象”，单击“布尔”按钮，在“参数”卷展栏的“操作”框中选择“差集（A—B）”选项，在“拾取布尔”卷展栏中单击“拾取操作对象B”按钮，然后选择“窗洞”对象，得到开出门窗洞的一楼墙体，效果如图2.5.11所示。

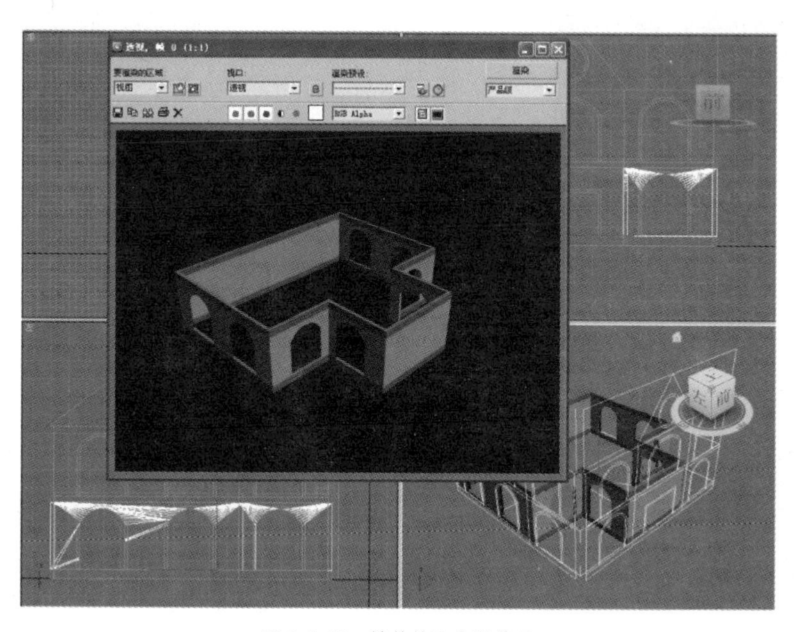

图2.5.11 墙体挖取窗洞效果

二、门窗的制作

门窗的制作步骤如下。

（1）导入“窗户.dwg”图形，选中窗户，从前视图中，把窗户移动到完全与模型中的1层墙体的左窗户的位置一致，再从左视图中利用前面的方法旋转90°。单击按钮，选择外框，从可编辑样条线下一层级中单击线段按钮，再单击外框图形最下方的线段，然后单击样条线按钮，进行轮廓，轮廓的数量为150，再从右面的修改器列表中找到挤出，挤出的数量为260，效果如图2.5.12所示。

图2.5.12　外框效果

（2）选择“窗框”对象，从“修改”命令面板中的“修改编辑器”列表框中选择“编辑样条线”选项，在“几何体”卷展栏中设置“轮廓”值为70，再打开按钮，利用直线命令绘制创建窗户施工图中的线条，（双线条只绘制其中一条）然后隐藏导入的窗户图，如图2.5.13所示。选择窗框可编辑样条层级中样条线，单击附加按钮，如图2.5.14所示。附加刚刚创建的窗框框梁的所有线条。然后单击样条线按钮，选择一条线，进行轮廓，轮廓的数量为70，依次轮廓完所有附加的线条，效果如图2.5.15所示，再从右面的修改器列表中找到挤出，挤出的数量为60，效果如图2.5.16所示。

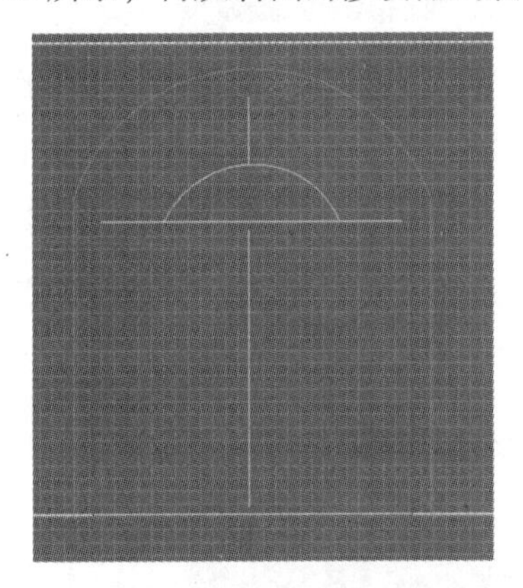

图2.5.13　创建的窗框线条效果

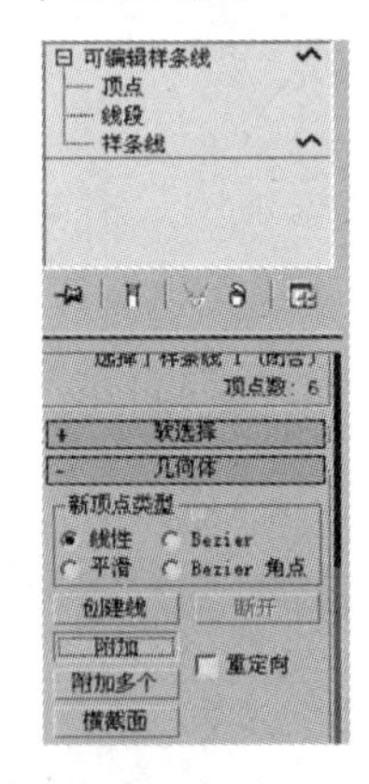

图2.5.14　附加参数

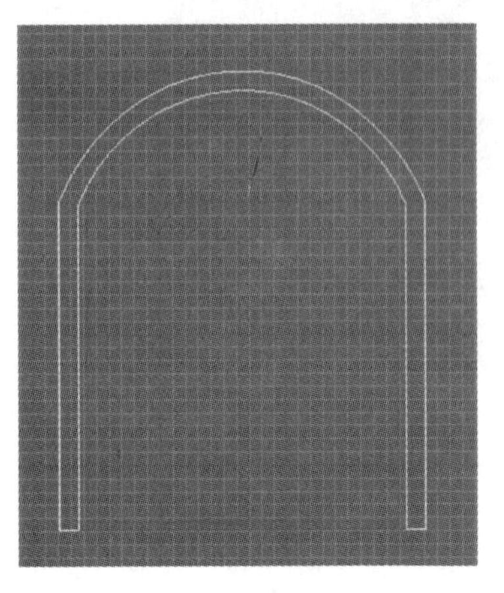

图2.5.15　轮廓后的窗框图

图2.5.16　窗户效果图

选择玻璃图形，直接挤出2。

三、门窗材质的制作

（1）为窗框制作材质。按M键打开“材质编辑器”，选择一个空白材质球，命名为“窗框”，在“明暗器”基本参数“中选择“金属”选项，金属基本参数按图2.5.17设置（其中“环境光”颜色设置数值为226，226，226，“自发光”颜色设置数值为210，210，210），贴图中的漫反射80，将材质赋予门窗边。

（2）制作门窗玻璃材质：按M键打开“材质编辑器”，选择一个空白材质球，命名为“玻璃”，各向异性，基本参数按图2.5.18设置（其中“环境光与漫反射”颜色设置数值为56，212，126），贴图中漫反射为100，不透明度64，反射为63，将材质赋予门窗玻璃。

（3）为外墙装饰线和门窗框制作材质。按M键打开“材质编辑器”，选择一个空白材质球，命名为“装饰线”，单击●按钮，打开“材质/贴图浏览器”，选择“建筑”材质，对“模板”和“物理性质”面板按图2.5.18所示进行设置，漫反射贴图选择平铺。有关参数按图2.5.19所示。

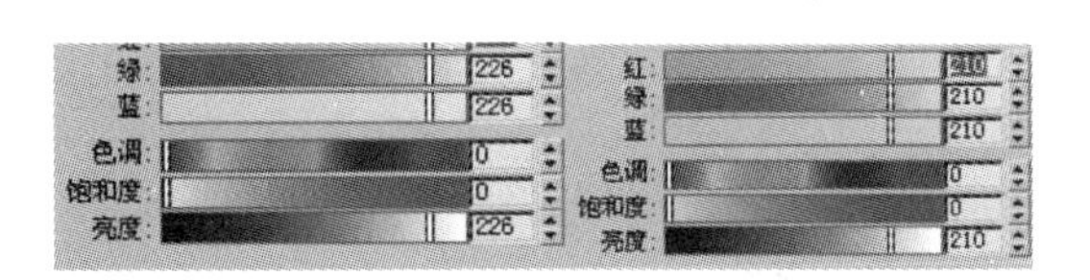

图2.5.17 明暗器参数

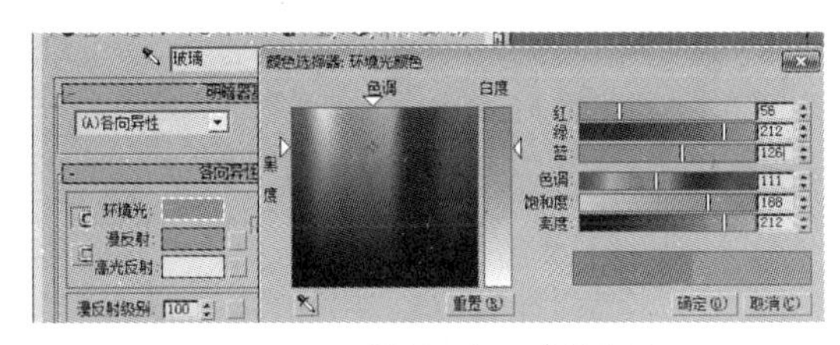

图2.5.18 模板、物理属性参数

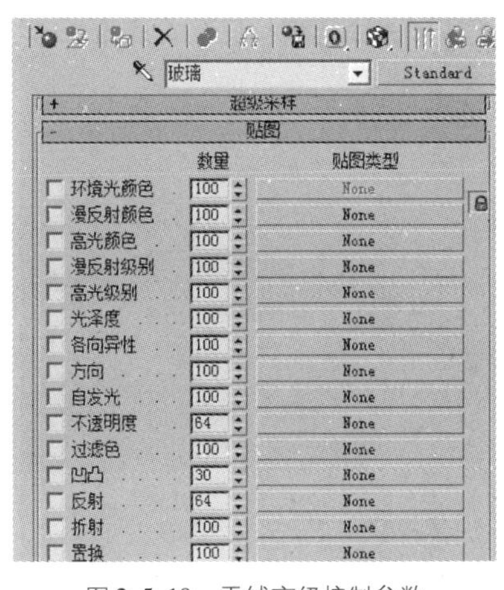

图2.5.19 平铺高级控制参数

（4）给外框、窗框、玻璃分别附上材质，再选择外框、窗框、玻璃成组为“窗户”。再从前视图中复制窗户如图，继续复制窗户，通过旋转、移动，按窗户数量复“窗户”调整位置，结果如图2.5.20所示。

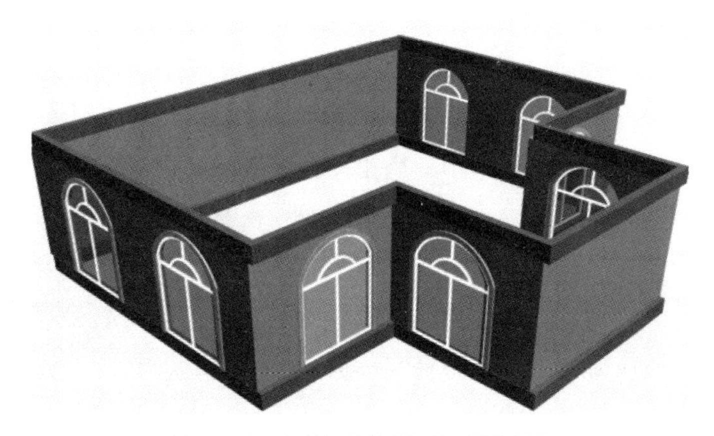

图2.5.20 复制好“窗户”的1层效果图

(5) 成组1层墙体和所有窗户为"1层"组，从前视图向上复制6350，命名2层，如图2.5.21所示。

(6) 复制"圈梁2"，设定"副本数"为1，默认名"圈梁3"，沿Z轴向上移动8200，修改"挤出"参数为200。打开隐藏的所有对象，以导入的CAD底图为参照，挖取门窗洞，如图2.5.22所示。制作1、2层其他的"窗户"（方法同步骤同前，所有窗的"轮廓值"为70、"挤出"值为60，门的"轮廓值"100、"挤出"值为80），结果如图25.23所示。

创建其余墙面，以及三角墙面上的圆形窗户，全部成组。完成效果如图2.5.24所示。

图2.5.21 复制2层效果图

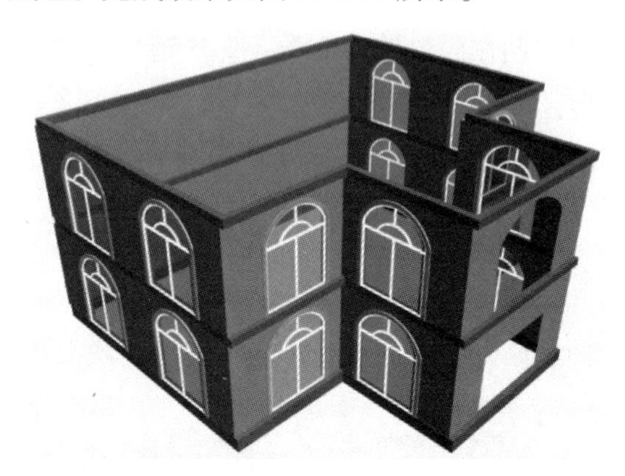

图2.5.22

图2.5.23

图2.5.24

四、屋顶等的制作

(1) 利用捕捉，在"别墅色立面图"中勾画出屋顶轮廓线，从"修改"命名面板"修改编辑器"列表中选择"挤出"命令，设置"参数"卷展栏中"数量"分别为17000、17600，利用同样的方法制作屋顶离两边的装饰边框，如图2.5.24所示。

(2) 为屋顶制作材质。按M键打开"材质编辑器"，选择一个空白材质球，命名为"屋顶瓦"，单击 Standard 按钮，打开"材质/贴图浏览器"，选择"建筑"材质，对"模板""物理属

图2.5.25 屋顶效果

性”按图 2. 5. 25 进行设置，漫反射贴图选择模块二项目五中的素材瓦，调整贴图坐标如图 2. 5. 26 所示，效果如图 2. 5. 27 所示。

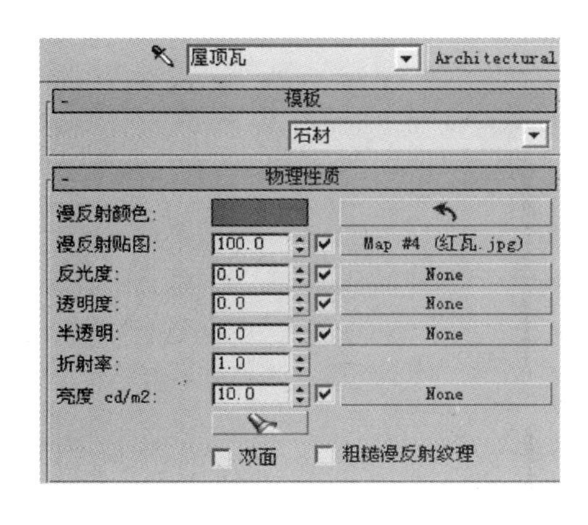

图 2. 5. 26　瓦参数

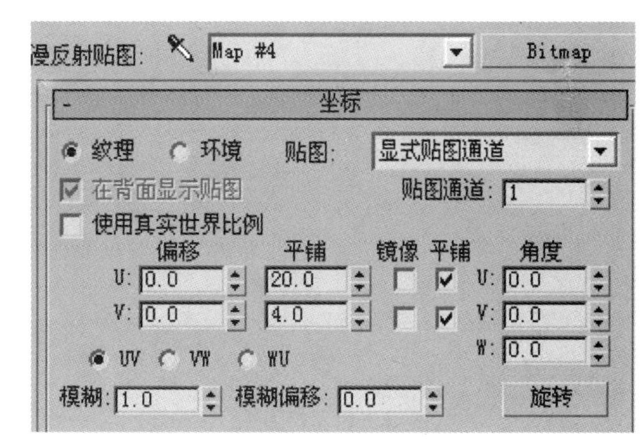

图 2. 5. 27　瓦贴图参数

五、门庭等其他设施的制作

利用捕捉，在“别墅平面图”中勾画轮廓线，制作“地面”及“门庭等”，结果如图 2. 5. 28 和图 2. 2. 29 所示。

图 2. 5. 28　创建好屋顶效果

图 2. 5. 29　创建好门庭效果

六、别墅效果图的后期处理

别墅效果图的后期操作步骤如下。

（1）在场景中设置泛光灯 3 盏，在场景中设置平行光光灯 1 盏。

（2）在场景设置目标摄影机一架，镜头参数为：焦距 45mm，视野 43°，结果如图 2. 5. 30 所示。

（3）执行菜单栏中的【渲染】|【环境】命令，在弹出“环境效果”对话框中，设置环境贴图为光盘中模块二项目五中的背景，输出结果如图 2. 5. 31 所示。

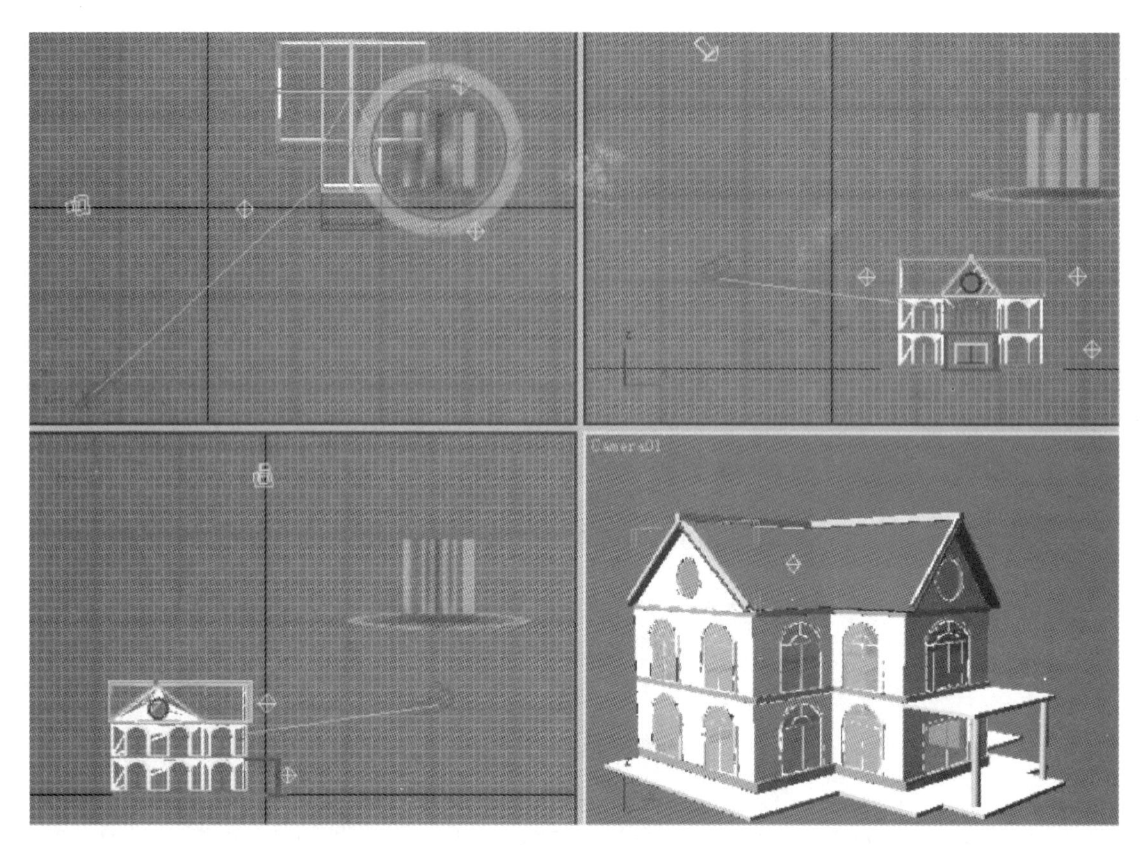

图 2. 5. 30　创建灯光、摄像机效果

图 2. 5. 31

实训作业

完成别墅效果图的制作，如图 2. 5. 32 所示。

图 2. 5. 32

项目六

小游园效果图的制作

任务　制作小游园效果图

任务目标

3dsMax 多种建模方式在园林专用绿地效果图制作中的灵活应用。

任务解析

通过小游园各种园林要素模型的制作，要求学生掌握园林效果图模型的制作。

小游园是常见的园林形式，这种园林类型的效果图制作程序和其他大型园林是一样的，作为园林效果图制作案例典型而实用，如图 2.6.1 所示为某健身游园 CAD 平面图，其北侧与西侧为围墙，南侧和东侧为栅栏，内部有景墙、花架及木亭等园林设施及篮球场、乒乓球场地。

一、制作方法

在效果图制作之前，先整理 CAD 方案，再将 CAD 数据导入 3dsMax，依据 CAD 图纸的矢量数据制作效果图，这样就避免了在 3dsMax 重新制作各个部分的麻烦，使整个制图过程方便快捷。

二、制作程序

对于园林效果图的制作，其程序一般是先整体，后局部，先框架后节点，以便于节点的定位和对制作过程的更好的把握。

1. 导入 CAD 园路曲线

将 CAD 文件【小游园 1】另存为“小游园 2”备用，如图 2.6.2 所示，(注：避免修改过程中原文件丢失)，在 CAD 中将文件中园路的轮廓线修剪好，整理到同一个图层中，如图 2.6.3 所示，其他部分删除干净，保存文件。

注意：一定要将所有隐藏图层都打开，避免将隐藏图层中的数据导入 3dsMax 中造成麻烦。

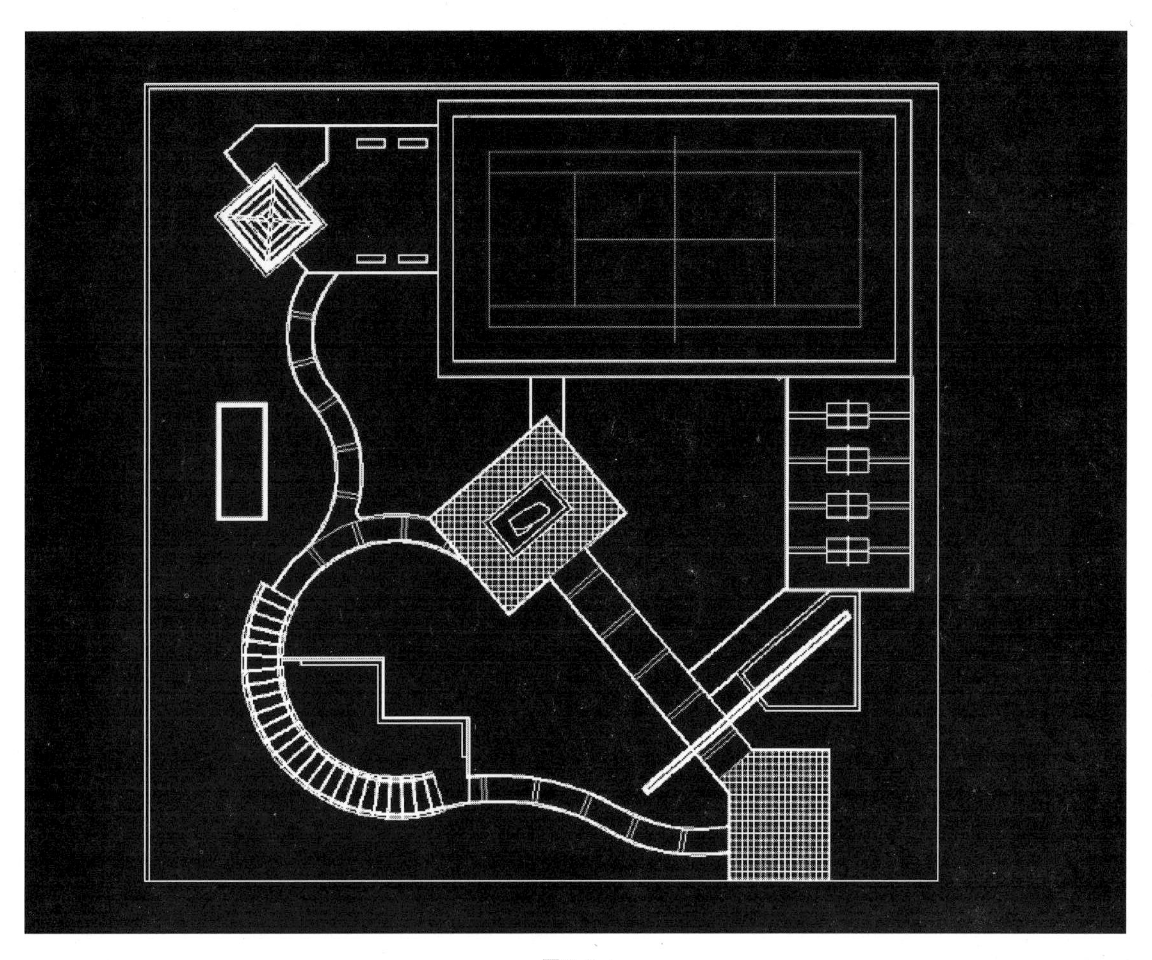

图2.6.1

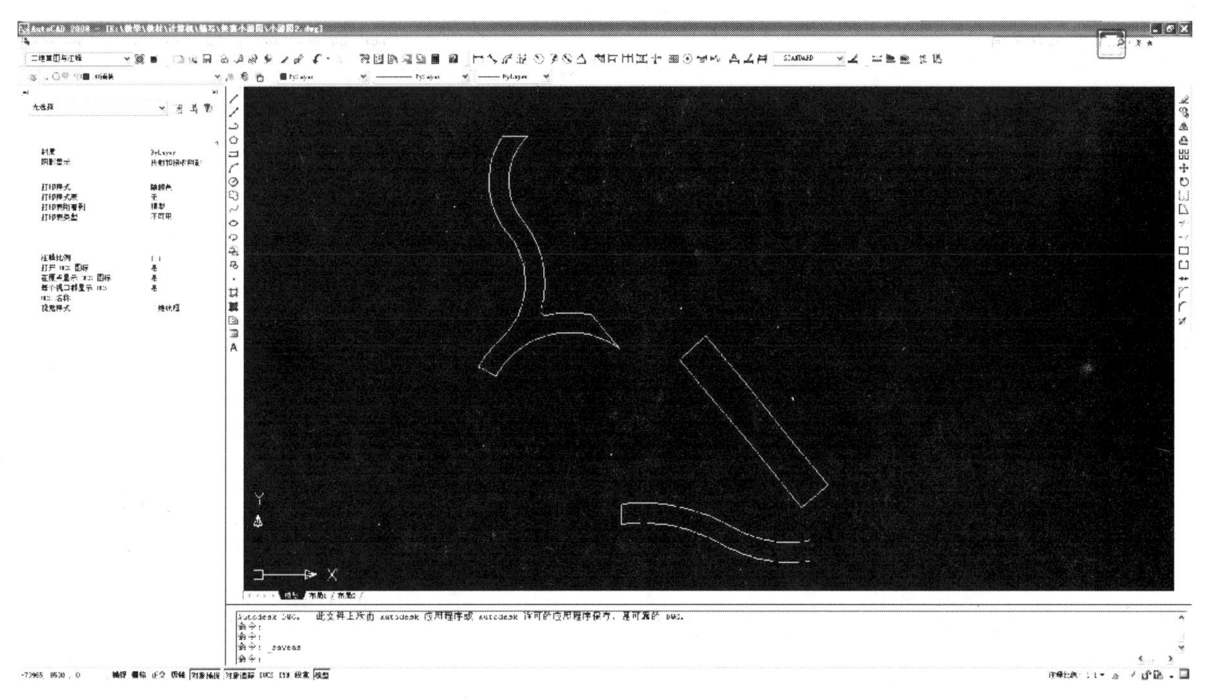

图2.6.2

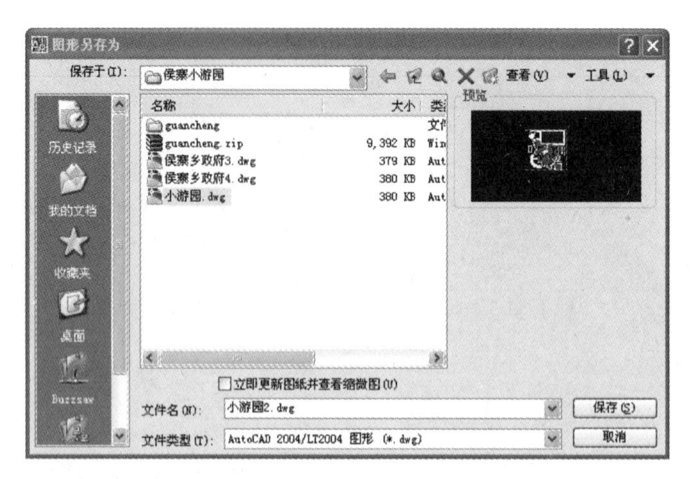

图 2.6.3

打开 3dsMax，首先在文件菜单中选择【文件】|【导入】，弹出如图 2.6.4 所示的【导入对话框】；在对话框中文件类型处选择“所有文件”文件，选择“小游园 2.dwg”，然后单击导入【导入对话框】中【打开】按钮，弹出如图 2.6.5 所示的【AutoCAD DWG/DXF 导入选项】对话框，在对话框“几何体”选项中勾选“焊接”项，“焊接阈值”设置为 10，单击【确定】，如图 2.6.6 所示。

2. 编辑导入的 CAD 曲线

选择导入的线条，单击【修改命令面板】中 修改器列表 右端的箭头，在随后弹出的下拉菜单中单击【挤出】，【挤出】数量值设为 100，如图 2.6.7 所示，将导入的二维曲线挤出成为高 100 毫米的园路实体。

3. 制作入口广场和中部广场

在 CAD 中连续按〈Ctrl + Z〉，撤销操作至初始文件状态（见图 2.6.1），保留入口广场和中部广场轮廓线，整理到同一个图层中，将其余线条修剪删除，保存文件，如图 2.6.8 所示。

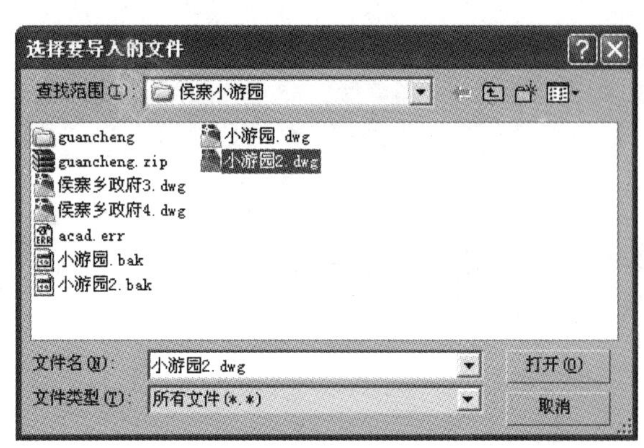

图 2.6.4

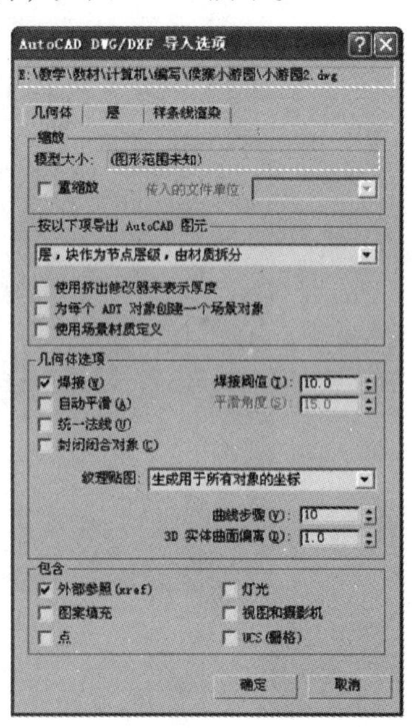

图 2.6.5

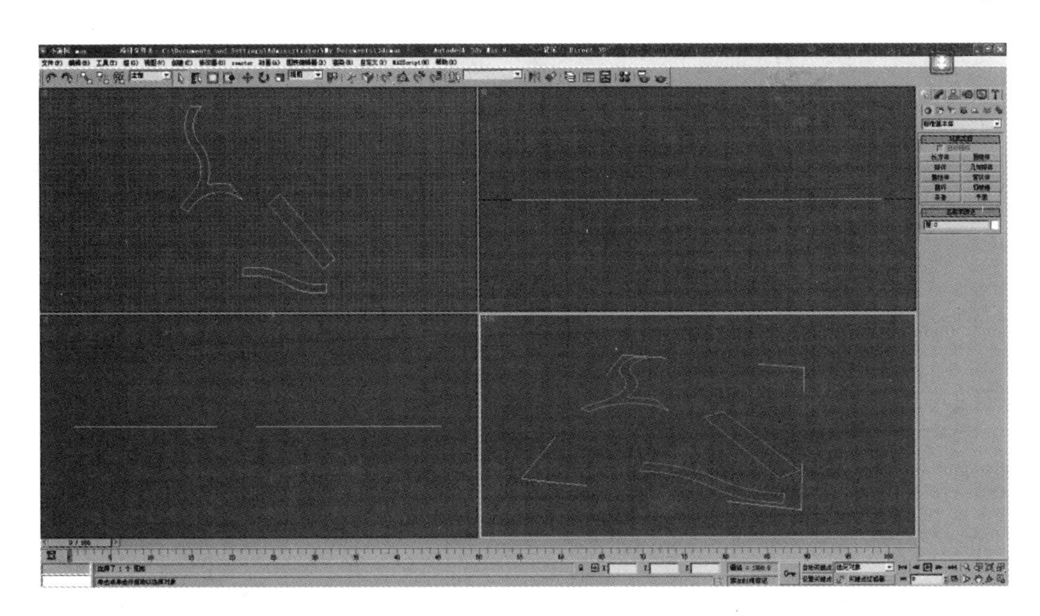

图2.6.6

图2.6.7

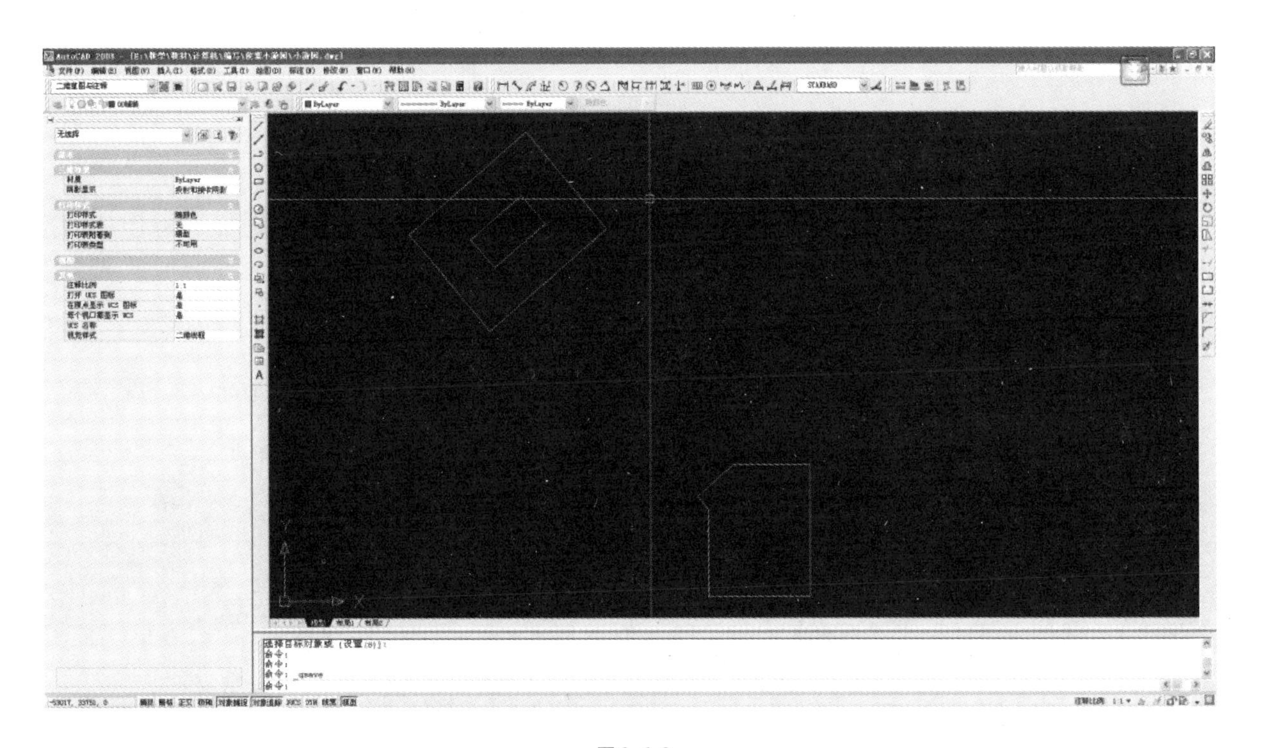

图2.6.8

返回3dsMax界面，在文件菜单中选择【文件】｜【导入】，弹出的【导入对话框】，在对话框中文件类型处选择“AutoCAD图形”文件，选择“小游园2.dwg，然后单击导入【导入】对话框中【打开】按钮，弹出【AutoCAD DWG/DXF导入选项】对话框，在对话框中“几何体”选项中勾选“焊接”项，“焊接阈值”依然设置为10，单击【确定】，此时3dsMax界面，如图2.6.9所示。

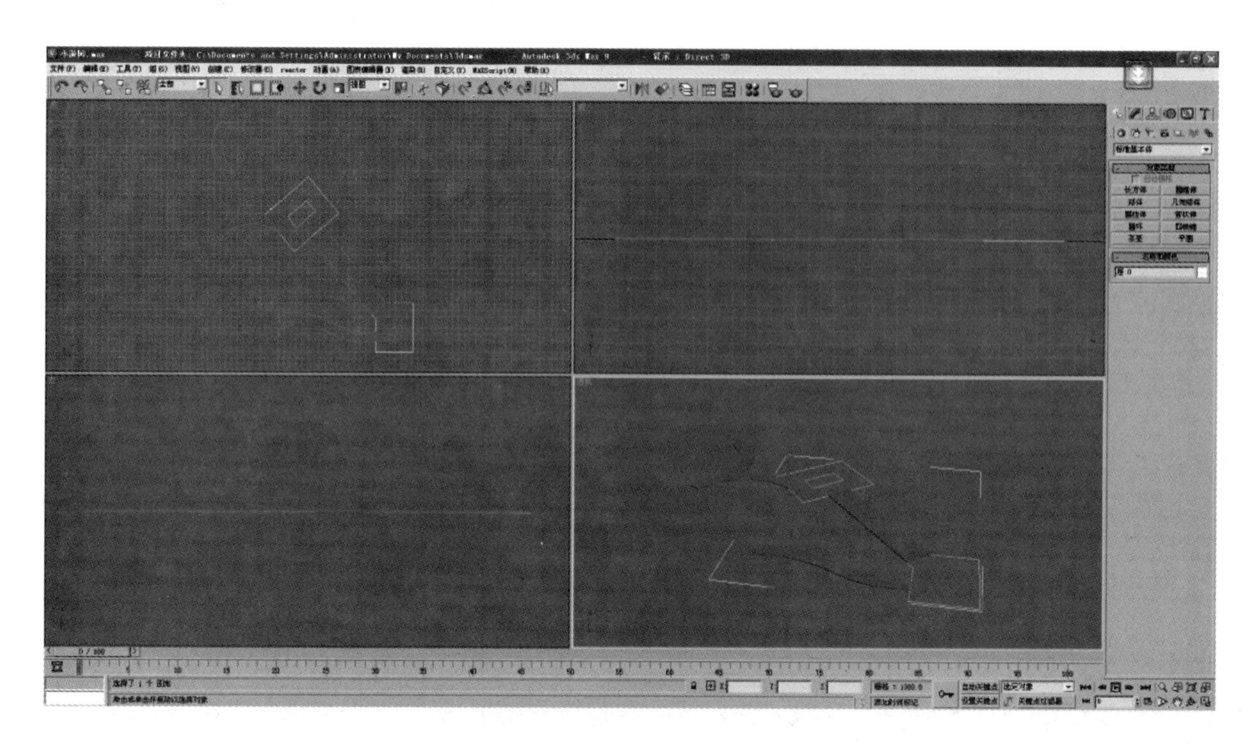

图 2.6.9

选择导入的广场轮廓线条，单击【修改命令面板】中修改器列表右端的箭头，在随后弹出的下拉菜单中单击【挤出】，【挤出】数量值设为 100，将导入的二维曲线挤出成为高 100mm 的广场实体，如图 2.6.10 所示。单击常用工具栏中【快速渲染】，渲染后效果如图 2.6.11 所示。

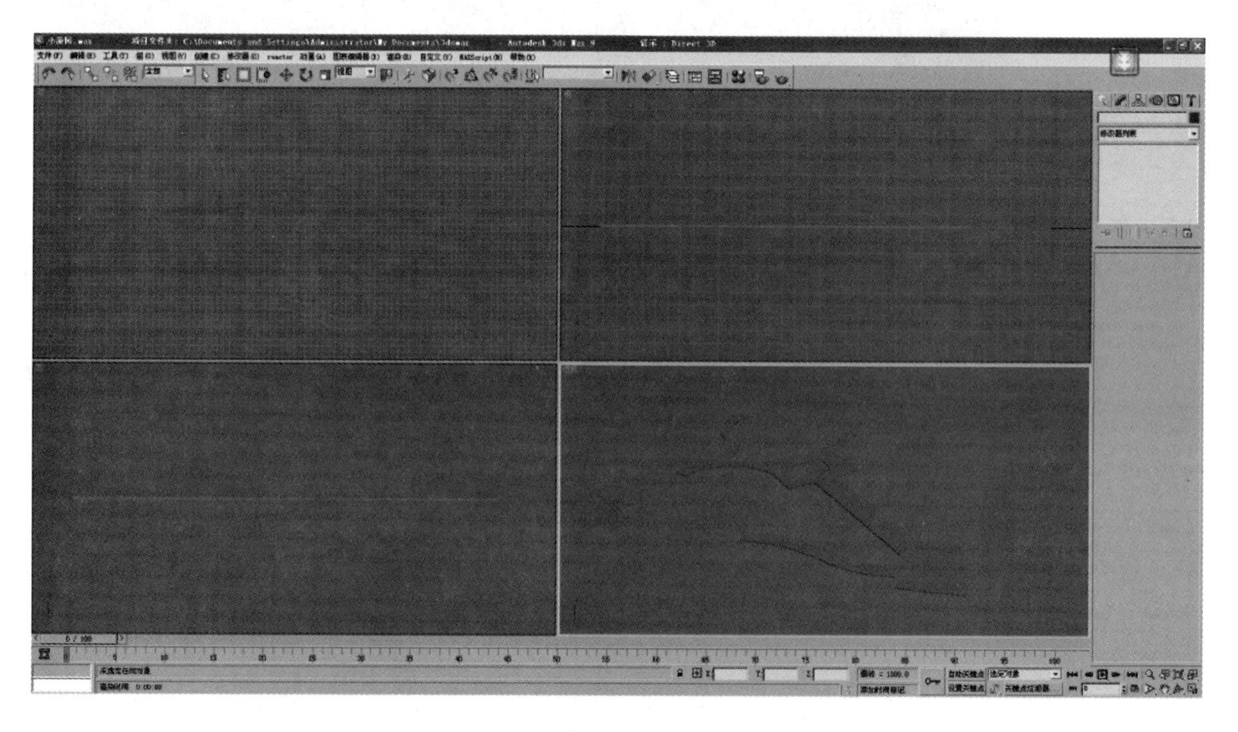

图 2.6.10

4. 用同样的方法将其余场地依次导入并挤出

（1）导入并挤出花架处广场，渲染后效果如图2.6.12所示。

（2）导入并挤出篮球场及乒乓球球场地，渲染后效果如图2.6.13所示。

（3）导入并挤出篮球场西侧小广场，渲染后效果如图2.6.14所示。

（4）导入并挤出入口主路到篮球场及到乒乓球场的支路，渲染后效果如图2.6.15所示。

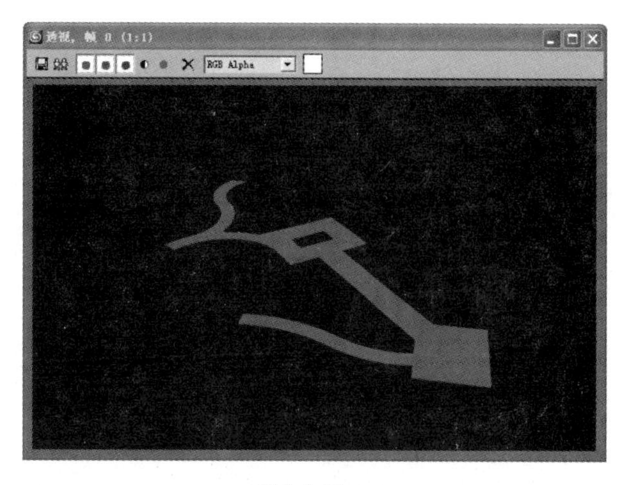

图2.6.11

图2.6.12

图2.6.13

图2.6.14

图2.6.15

5. 给已导入的场地附材质

选择入口广场，单击常用工具栏中【材质】按钮，弹出如图2.6.16所示的【材质编辑器】对话框，材质编辑器可以编辑各种材质，对话框主要包括4个部分：样本球区、垂直工具栏、水平工具栏和参数卷展栏。

在样本球区单击选择一个样本球，单击打开卷展栏中【贴图】卷展栏，如图 2.6.17 所示，单击【漫反射颜色】选项后的 None 按钮，跳出如图 2.6.18 所示的【材质/贴图浏览器】，双击浏览器中【位图】模式，跳出如图 2.6.19 所示的【选择位图图像文件】对话框，在对话【框查找范围】栏找到教材所附可下载素材文件中“综合贴图”文件夹内“pppddd1. jpg”贴图文件，单击【打开】按钮，即给第一个材质球附上文件“pppddd1. jpg”所携带的贴图纹理，如图 2.6.20 所示。

在工作绘图区选择入口广场，在材质编辑器中选择第一个材质球，单击材质编辑器水平工具栏中【将材质赋予物体】按钮；单击工作视图区透视试图的空白处，激活透视视图，单击材质编辑器水平工具栏中【在视口中显示标准贴图】，此时透视视口如图 2.6.21 所示，单击常用工具栏中快速渲染按钮，渲染如图 2.6.22 所示。

同样的方法，分别给第二及第三个材质球添加不同的材质，并将它们分别赋予其他场地，如图 2.6.23 所示。

6. 调整材质密度

选择入口广场，单击【修改命令面板】中【修改器列表】下拉菜单中单击【UVW 贴图】命令，在【修改命令面板】参数栏中勾选【长方体】模式，长度、宽度、高度均设为 2500，如图 2.6.24 所示；单击常用工具栏中快速渲染按钮，渲染如图 2.6.25 所示。同样的方法调整其他广场及园路的材质密度，渲染出图，如图 2.6.26 所示。

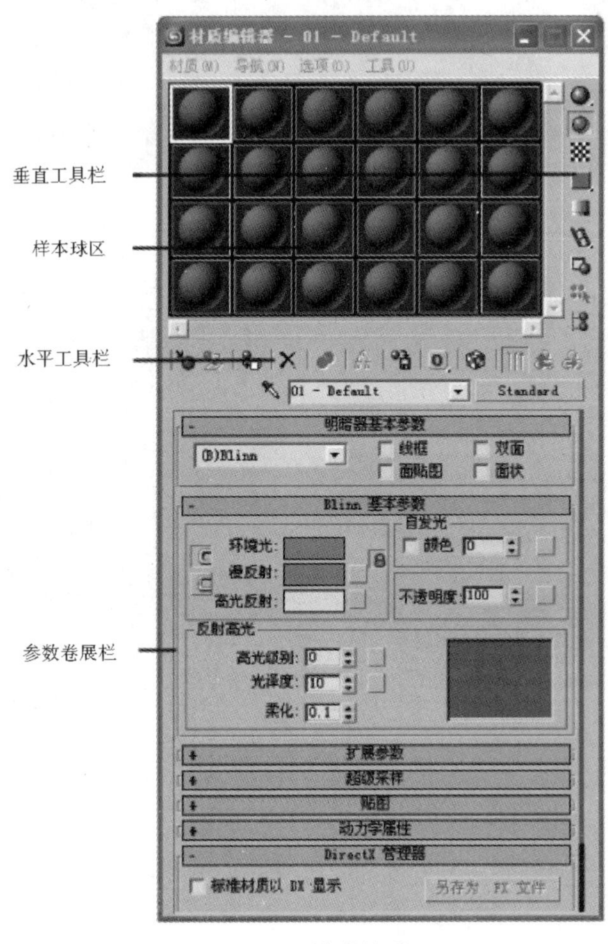

图 2.6.16　材质编辑器

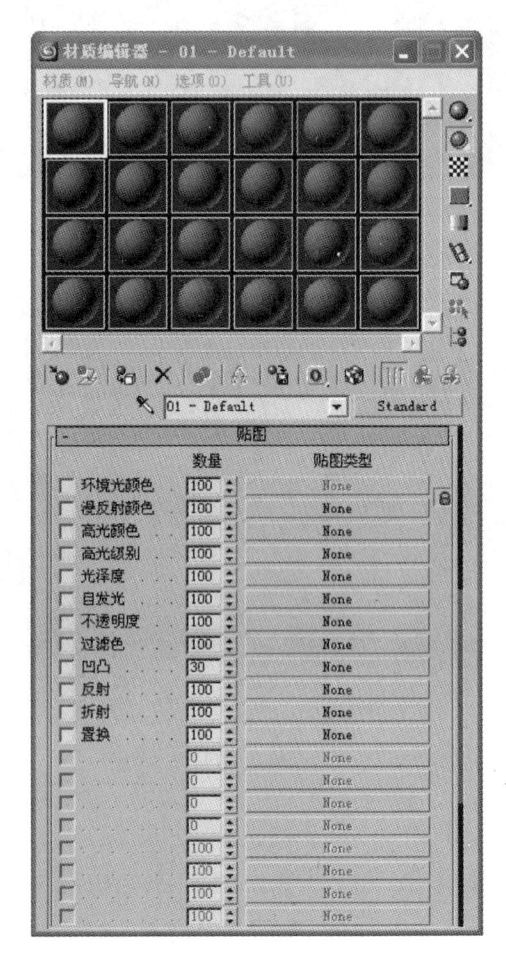

图 2.6.17

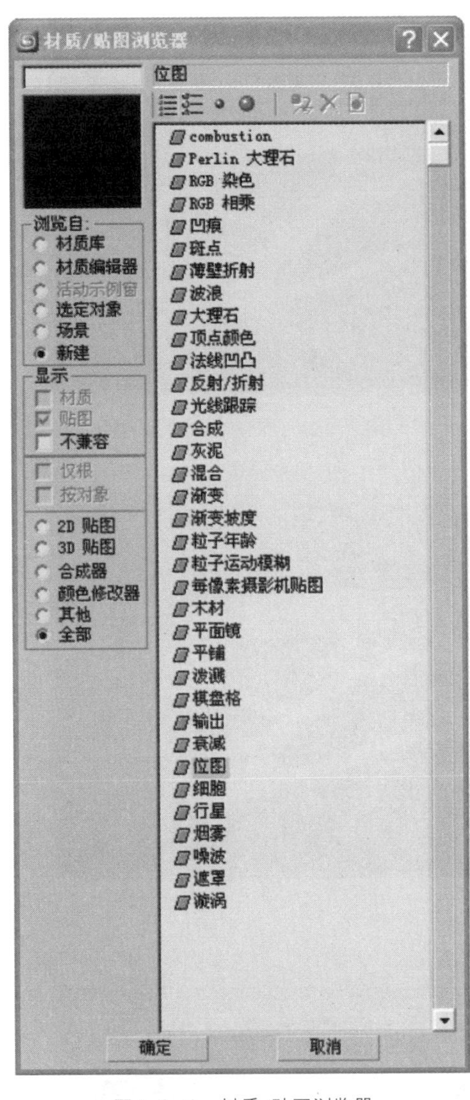

图 2.6.18　材质/贴图浏览器

图 2.6.19　选择位图图像文件对话框

图 2.6.20　材质样本球

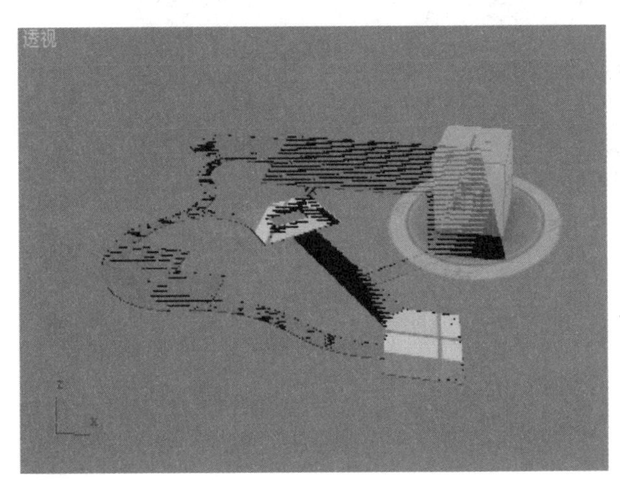

图 2.6.21

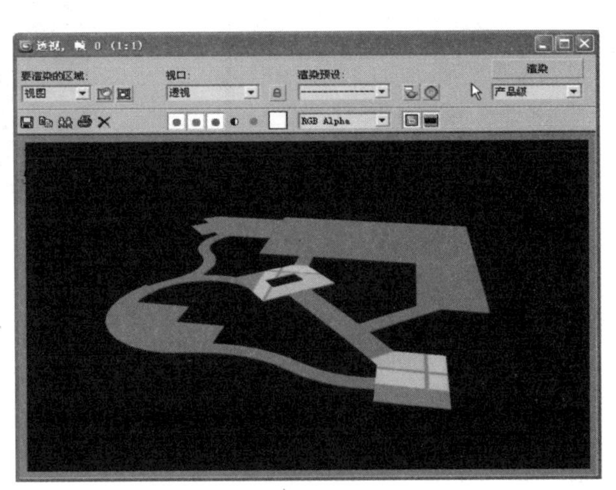

图 2.6.22

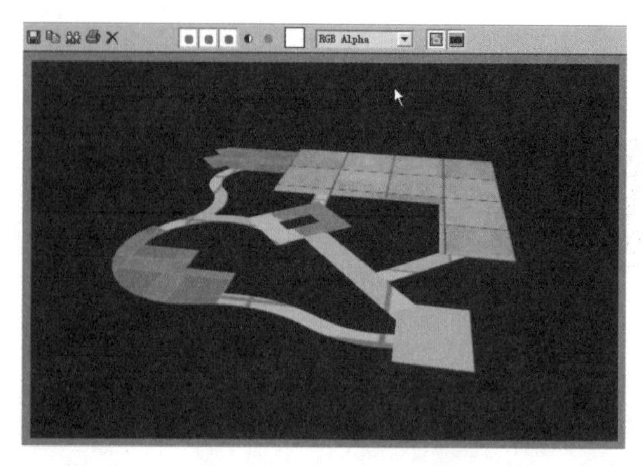

图 2. 6. 23

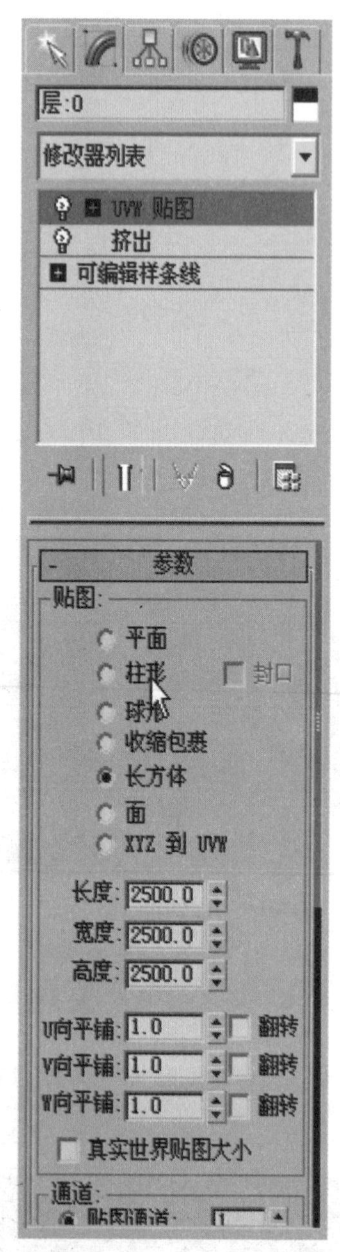

图 2. 6. 24

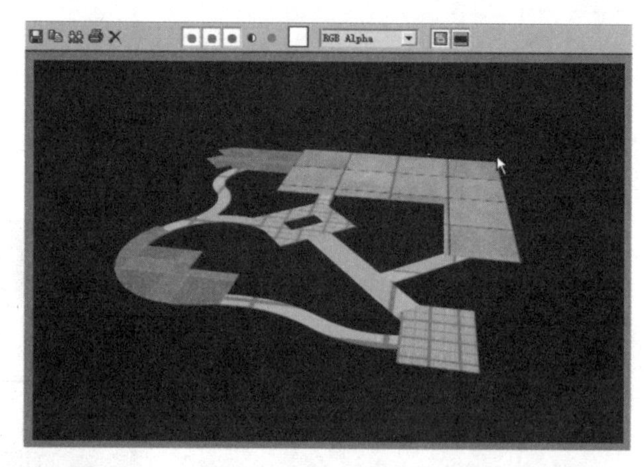

图 2. 6. 25

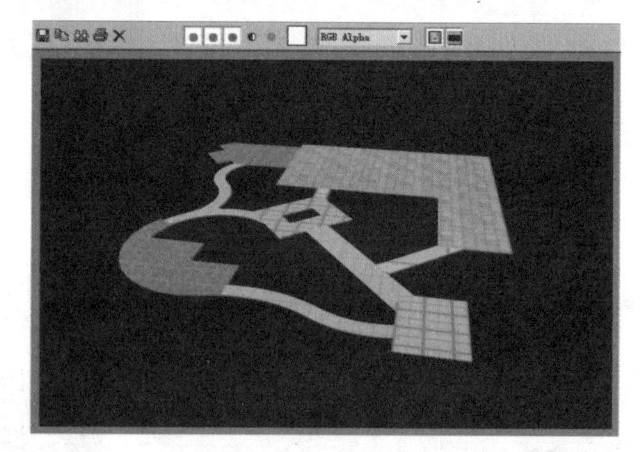

图 2. 6. 26

7. 制作草地

执行创建命令面板的【平面】命令，建立一个长方形平面，单击创建命令面板中【名称与颜色】卷展栏后的颜色方框■，跳出如图 2. 6. 27 所示【对象颜色】对话框，将长方形颜色设置成浅绿的草地颜色，渲染如图 2. 6. 28 所示。

8. 制作围墙

在 CAD 中保留围墙线，将其他线删除，如图 2. 6. 29 所示，保存文件。回到 3dsMax，导入 CAD 文件小游园2，如图2.6.30所示。选择导入的围墙线，单击鼠标右键，弹出的【工具1】、【工具2】、【显示】、【变换】四个工具箱，如图2.6.31所示，单击【显示】工具箱中【隐藏未选定对象】，将除围墙以外的物体隐藏。

选择围墙线，在编辑命令面板，【修改器堆栈】中单击样条线，进入样条线子物体级，如图2.6.32所示，选择围墙线子物体（此时围墙线成红色显示），在修改命令面板下的【几何体】卷展栏中【轮廓】 轮廓 按钮后的参数框中输入240，回车。

单击修改器列表中的【挤出】，挤出数量2500。

激活【移动复制】键，按下shift键，单击（或移动）围墙，跳出克隆选项对话框，单击对话框中按钮确定，复制一个围墙；选择其中一个围墙，工作视图区单击鼠标右键，隐藏未选定物体，在修改命令面板中进入样条线子物体级，选择围墙线，在修改命令面板下的【几何体】卷展栏中【轮廓】 轮廓 按钮后的参数框中输入-60，回车；此时在围墙线的外围60mm处生成另一个子样条线，在【修改器堆栈】中单击挤出，返回到挤出后的状态，将修改命令面板下【参数】卷展栏中的【数量】值调整为500。

工作视图区单击鼠标右键，在跳出的【显示】对话框单击【全部取消隐藏】，渲染如图2.6.33所示。

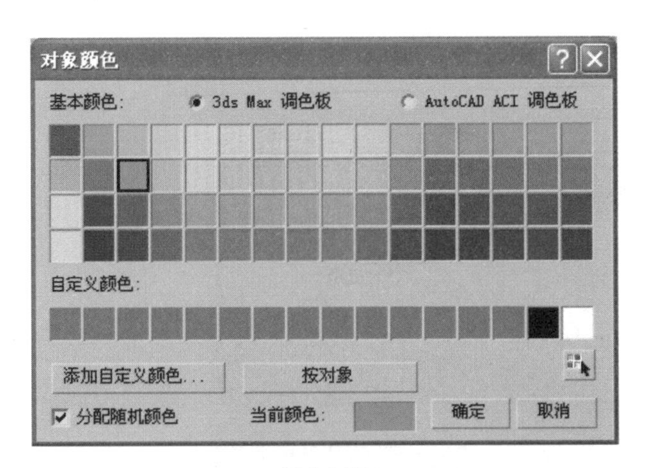

图2.6.27

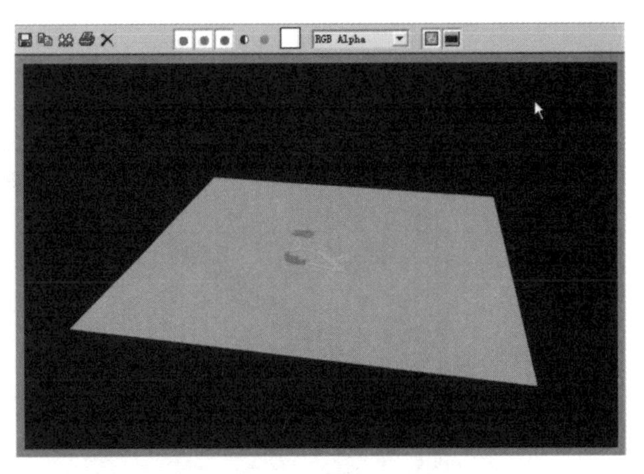

图2.6.28

图2.6.29

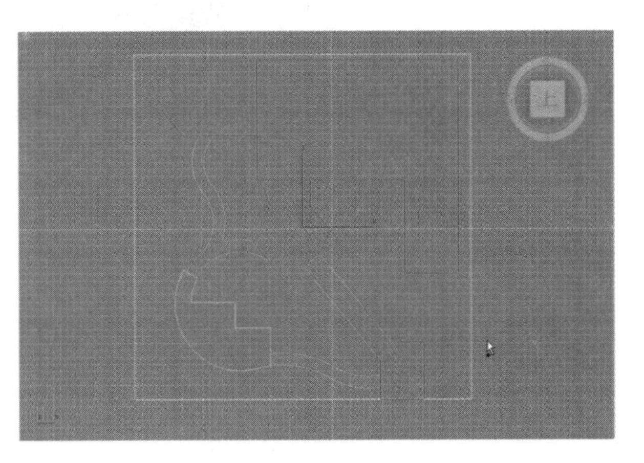

图2.6.30

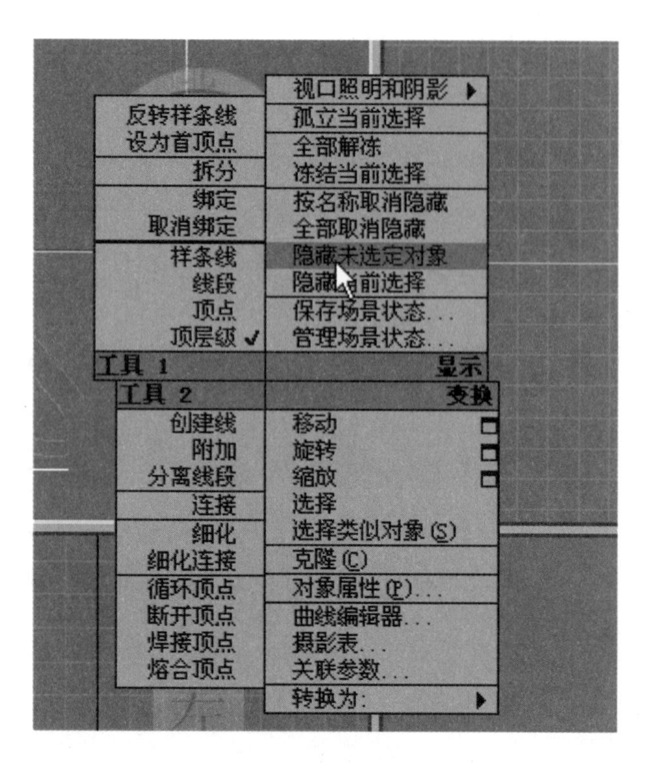

图 2.6.31

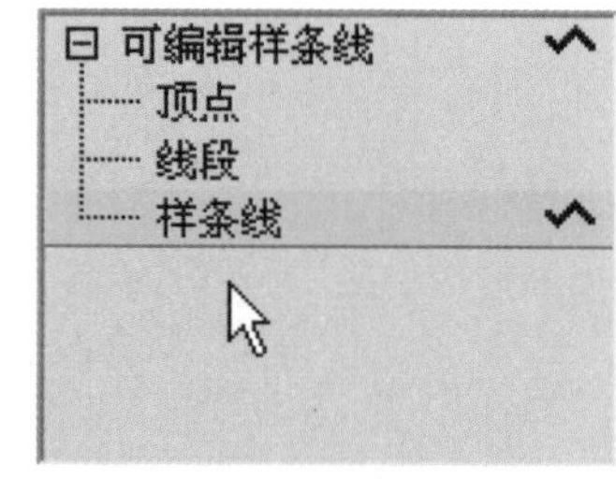

图 2.6.32　修改器堆栈

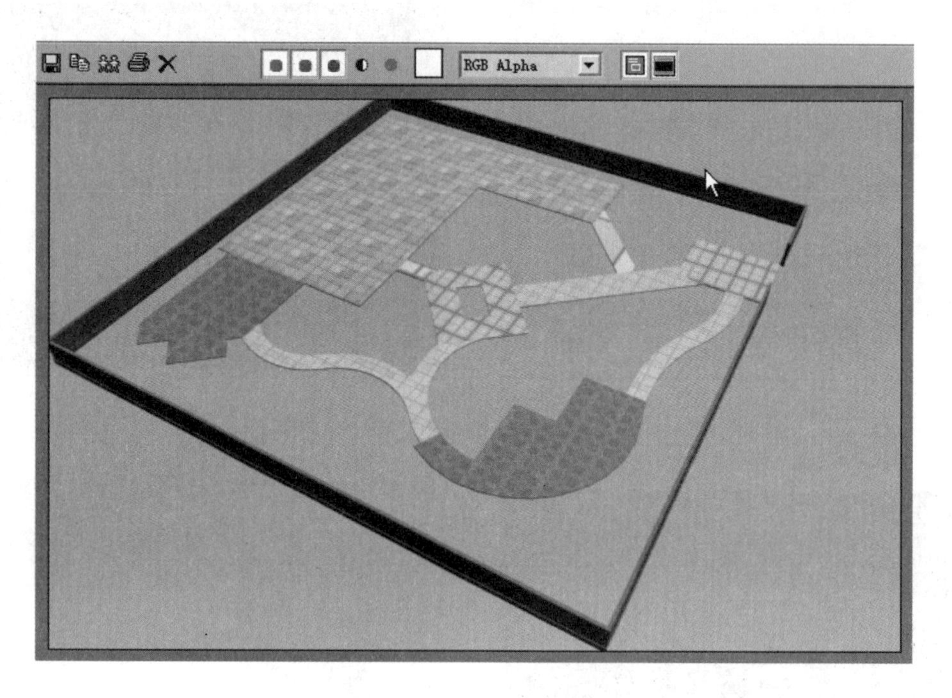

图 2.6.33

9. 合并建筑

3dsMax 除了可以导入 CAD 格式的矢量图形，同样也可以将 3dsMax 格式的现成模型合并进来，这样可以大大节省作图时间，提高效率。

（1）在开始菜单中选择【文件】｜【合并】，跳出如图 2.6.34 所示的【文件合并】对话框，选择以前做过的亭子模型文件；单击【打开】按钮，跳出【合并】对话框，对话框中选择组团1（在建亭子时已经将其设置成一个组团），单击【确定】按钮。屏幕中就出现了亭子的模型，如图2.6.35所示。

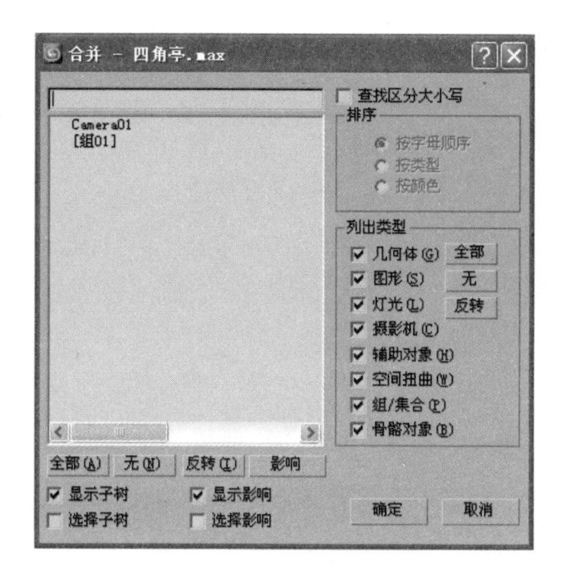

图2.6.34

图2.6.35

参考CAD平面图，利用【移动】命令将亭子移到它正确的位置，此时，亭子的角度不对，单击【旋转】，顶视图中选择亭子，亭子的坐标符号变成内外两个圆的形式，如图2.6.36所示，鼠标移到外圆上拖动鼠标，将亭子旋转到合适的角度，渲染如图2.6.37所示。

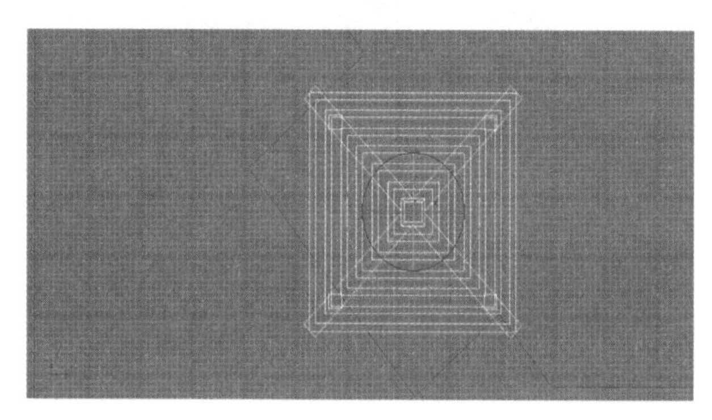

图2.6.36

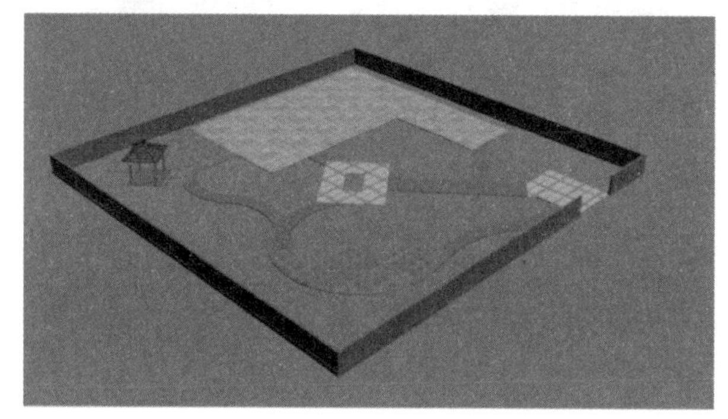

图2.6.37

同样的方法也可合并进来之前建过的花架廊和景墙。

（2）合并花架廊：开始菜单中选择【文件】|【合并】，跳出【文件合并】对话框中找到花架廊.max文件，单击【打开】按钮，跳出【合并】对话框，如图2.6.38所示的对话框有6个对象（因为花架廊并未建立组团），按下键盘上【Ctrl】，鼠标逐个选择6个对象，单击【确定】，跳出【重复名称】警告对话框（这表示花架廊.max文件中的对象有与当前文件中的对象名称相同，如图2.6.39所示），勾选【应用到所有】，单击【自动重命名】 自动重命名 ，此时又跳出【重复材质名称】警告框（这表示花架廊.max文件中的对象材质与当前文件中相应的材质球所携带的材质不同，如图2.6.40所示），勾选【应用到所有】，单击【自动重命名合并材质】，此时屏幕中已出现花架廊，渲染如图2.6.41所示。

（3）同样的方法合并景墙。渲染如图 2.6.41 所示。

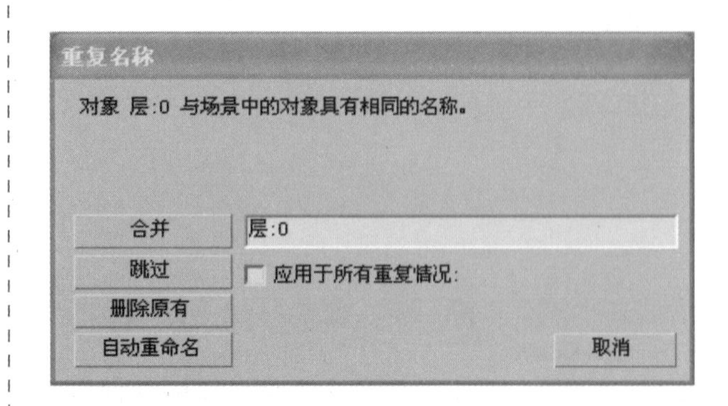

图 2.6.38

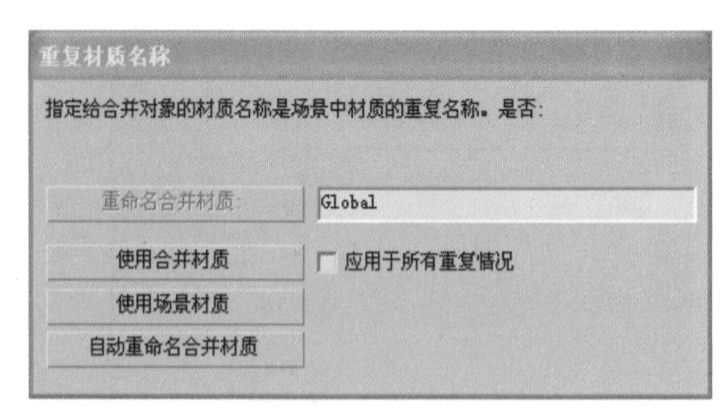

图 2.6.39

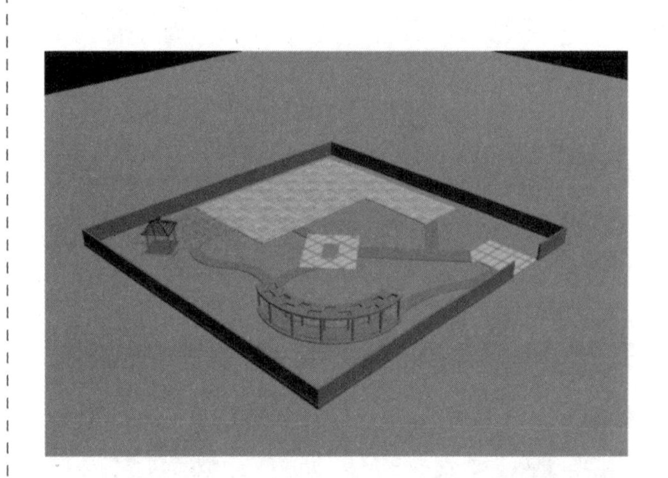

图 2.6.40

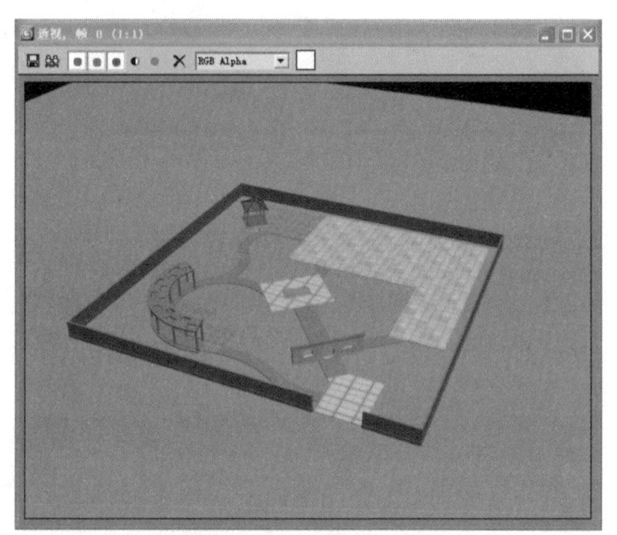

图 2.6.41

模块三

利用Photoshop技术绘制园林设计平面效果图

在园林设计图纸绘制过程中，为增加图纸的表现力，更为形象地表现园林景观及展现设计构思，需要绘制园林设计彩色平面效果图。园林彩色平面效果图是通过造型、彩色、纹理（质感）、空间等处理表现手法，使造园要素在平面上具备一定空间感，表现设计构思的一种图纸表现形式。

Photoshop 是 Adobe 公司旗下最为出名的图像处理软件之一，集图像扫描、编辑修改、图像制作，图像输入与输出于一体的图形图像处理软件，深受广大平面设计人员和电脑美术爱好者的喜爱，是园林设计人员需要掌握的三大绘图软件之一，其强大的图形绘制与图像处理功能，为园林设计人员对图纸的后期制作与效果的渲染提供了方便。在园林彩色平面效果图绘制方面，该软件可以帮助完成造园要素形状的绘制、色彩的处理、质感的塑造，以及造园要素的布置与安排等工作，该软件可以与 AutoCAD 和 3dsMax 等软件联合使用，为园林计算机绘图提供了极大的方便。

本模块主要辅助设计者通过熟练掌握 Photoshop 软件的使用，完成园林设计彩色平面效果图的绘制。本模块设置了三个项目，具体包括 Photoshop 图像处理技巧在园林设计图中的应用、园林设计色彩平面效果图的绘制、园林景观图水面倒影效果。

项目一

Photoshop图像处理技巧在园林设计图中的应用

任务目标

熟练使用 Photoshop 软件，掌握软件的使用方法与技巧，能够灵活自如的利用软件进行图像处理，为园林设计图绘制和效果渲染服务。

任务解析

本任务通过对颜色调整、色调调整、抠图、图片拼合等技术训练，锻炼设计者熟练 Photoshop 软件的使用方法与技巧。

一、颜色调整

颜色对于图像来说非常重要，一幅设计图纸若想打动用户，除了科学、合理、艺术的构思以外，在图纸的感官形式上，也需要有艺术的表现。尤其是效果图，想达到一个满意的效果，色彩处理是很大一项工作。在效果图后期制作过程中，往往需要很多素材图片，不是所有的素材都可以直接利用，需要取舍选择、精细调整才可以充分发挥作用。颜色调整，是素材使用的常见工作，素材图片的色相、明度、纯度等要素往往都需要经过调整以后才可以使用。如想要一种金碧辉煌的效果，以烘托设计中尊贵的感觉。可是素材图片无法达到表现的目的，这时就需要对现有素材进行颜色调整，以完成任务（需要调整的图片在本书配套可下载素材内容中模块三项目一中素材 1）。

（一） 图像的明暗调整

Photoshop 是一个很好的图片处理软件，经过不断的发展其功能已经非常完善，在 Photoshop 中有很多工具和命令可以对图像的明度进行调整，下面介绍几种常见的明暗调整方法。

1. 色阶调整

色阶调整是调节颜色的重要方法之一。色阶表示图像的高光、中间调和暗调分布情况，且可以对其进行调整。当图像的三种颜色分布有所失衡，可以利用色阶面板进行调整。

色阶调整面板主要包括通道、输入色阶、输出色阶等调整选项。通道：在其下拉列表中可以选择要调节的颜色通道。输入色阶：用于控制图像中最亮、最暗和中间过渡色，与三个滑块相对应的分别是三个数值框；调整第一个滑块，数值越大，图片中较暗的颜色就会随之越暗，反之会越亮；调整第二个滑块，数值越大中间过渡色就会越暗，反之就会越亮；调整第三个滑块，数值增大最暗色变亮，反之就会使最亮色变暗。由于色彩完整的图片中间过渡色较多所以在对其调整时，中间过渡色是非常重要的。输出色阶：用于调整图像的亮度和对比度，它的调整和输入色阶的操作十分相似。另外还可以用吸管拾取图片中最暗的、中间过渡色和最亮的颜色。用第一个吸管单击图像后整个图像变暗；用第二个单击图片后，会根据所选择的颜色进行明暗变化，选择的颜色较亮，图片会变亮，反之就会变暗；用第三个单击后就会使整个图像变亮。

实例：使用色阶调整图片的曝光度如图 3.1.1 ~ 图 3.1.3 所示。

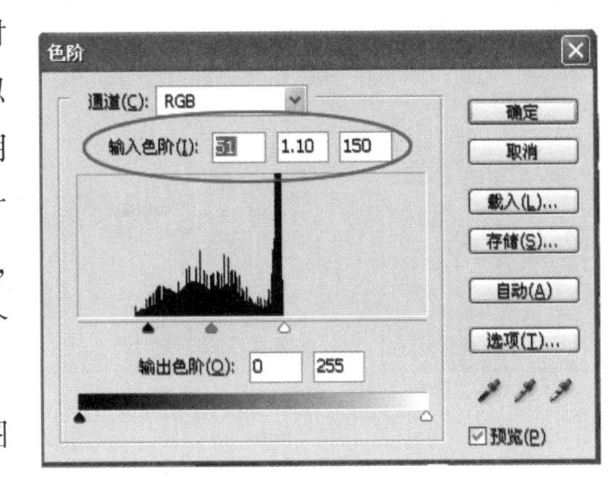

图 3.1.1　打开色阶面板对色阶进行调整

图 3.1.2　打开需要调整的图片

图 3.1.3　色阶调整后的图片

2. 曲线调整

使用"曲线"命令可以对图像的色彩、亮度以及对比度进行更加综合和灵活的调整，也可以使用单色通道对图片进行单一颜色的调节。

曲线调整面板主要包括预设、通道等调整选项。

（1）预设。软件为我们设计好的一种调节方式，可以一步达到最终效果，里面有反冲、负片和彩色负片等多种效果。

（2）通道。同色阶中通道的作用，在混合通道中是调节图像的明暗对比度，在单色中是调节图片的颜色平衡。

（3）工具。前者是默认选项，当它被激活时，可以通过利用鼠标单击面板中的线条增加控制点，以调整曲线工具的走势；激活后者，移动鼠标，当鼠标变成铅笔形状的时候，就可以根据自己的需要来自行绘制曲线的走势了。

实例：利用曲线调整图片的明暗，如图 3.1.4 ~ 图 3.1.7 所示。

通过将曲线上扬，图片变亮；曲线下降，图片变暗。将曲线下面的滑块向右滑时，纯度提高；向左滑时，纯度降低。

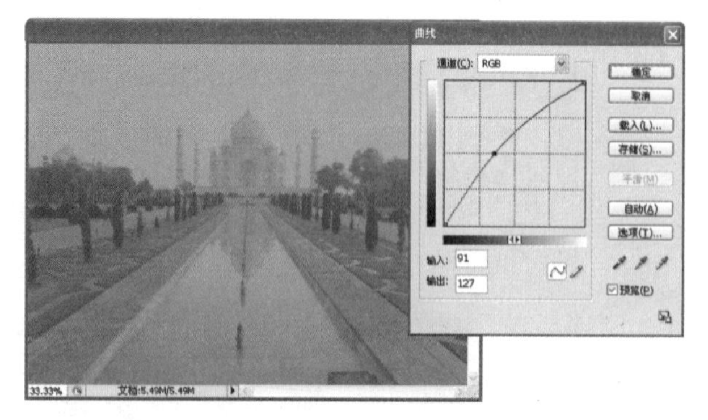

图 3.1.4　曲线上扬

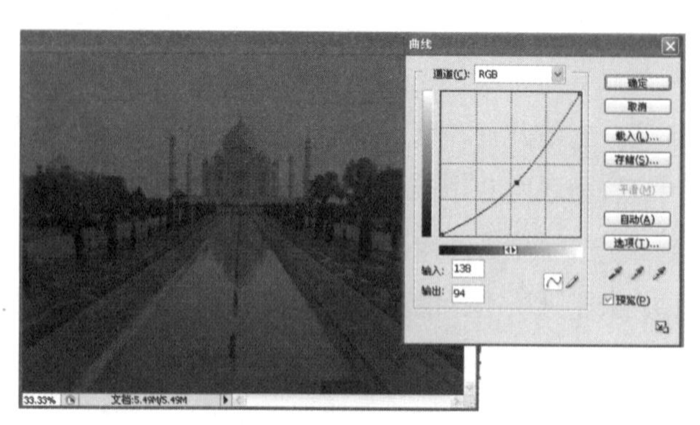

图 3.1.5　曲线下降

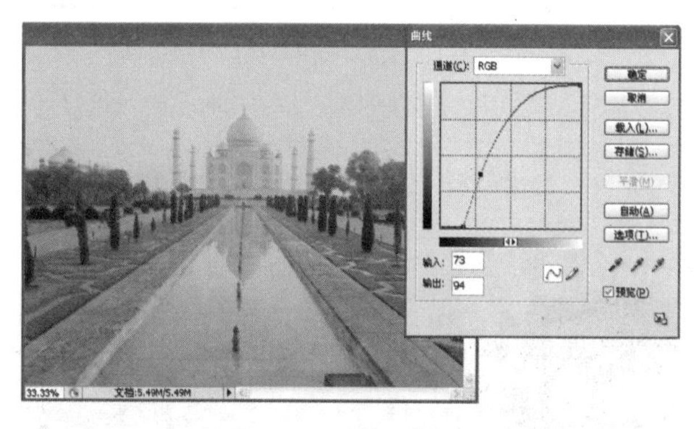

图 3.1.6　曲线滑块右滑

图 3.1.7　曲线调整后的图片

3. 亮度/对比度调整

调节图片的明亮，还可以用过亮度/对比度进行调整。亮度/对比度调整，主要是通过推拉亮度和对比度滑块来调节图片色彩亮度和纯度，从而使图片达到想要的效果。向右滑动亮度滑块，图片增亮；反之，变暗。向右滑动对比度滑块，色彩纯度提高；反之，降低。

实例：利用曲线调整图片的明暗，如图 3.1.8 ~ 图 3.1.11 所示。

图 3.1.8　原图片

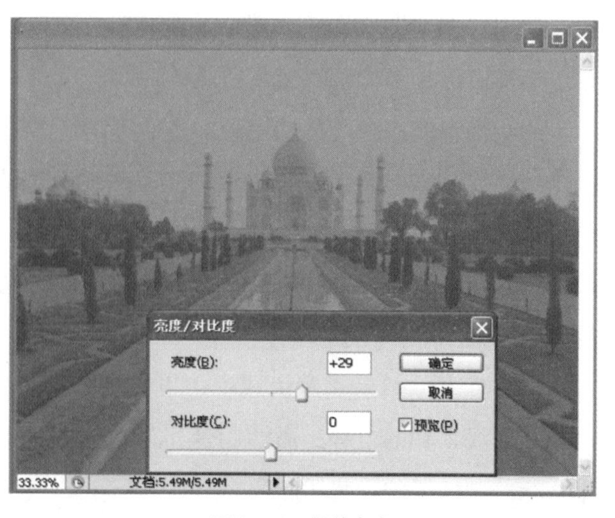

图 3.1.9　调整亮度

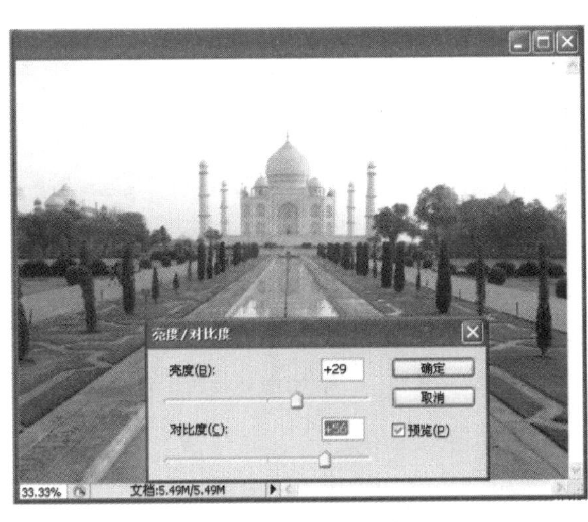

图 3.1.10 调整对比度

图 3.1.11 亮度/对比度调整后的图片

（二） 图像的色彩调整

想让图片达到满意的效果，很大程度来源于对图片的色彩调整，下面就介绍几种色彩调整的方法（需要调整的图片在本书配套可下载素材模块三项目一中素材 2）。

1. 色彩平衡调整

色彩平衡是 Photoshop 中最直接的调整颜色工具，同时也是使用方法最简单的工具。

色彩平衡面板主要包括色阶、色调平衡等调节选项。

（1）色阶。直接输入数值，随之三个滑块就会根据数值进行相应的改变。

（2）滑块。移动滑块偏向哪种颜色，图片就会偏向哪种颜色。

（3）色调平衡。包含阴影、中间调、高光选项，选择一项后，与之相对应的图片中的最暗、中间调和最亮的颜色将发生明显的变化。

应注意的是一般情况多选择中间调进行调整，原因是一般一张图片都是中间过渡色是最多的，所以，这有利于最大限度地改变整张图片的色调。保持明度：选中此项后，调整时图片的对比以及明暗是不会改变的。

实例：色彩平衡处理图片的效果，如图 3.1.12 ~ 图 3.1.14 所示。

图 3.1.12 需要调整的图片

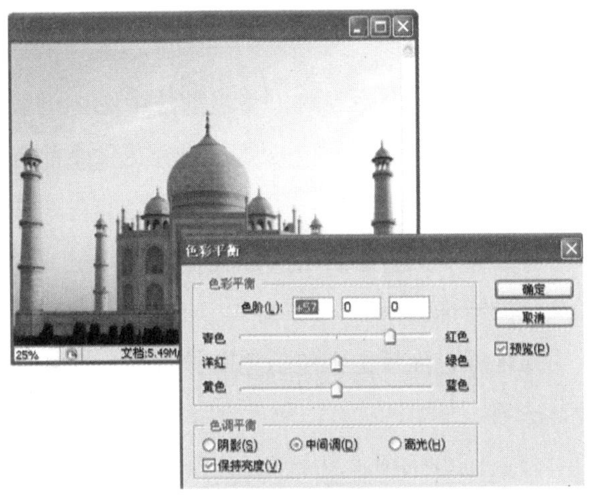

图 3.1.13 通过“色彩平衡”调整

图 3.1.14　经“色彩平衡”调整后的效果（更显辉煌）

2. 色相/饱和度调整

色相/饱和度是 Photoshop 最重要的颜色调整命令，通过它。以自如的调整一张图片，达到任意需要的色彩效果（需要调整的图片在本书配套可下载素材模块三项目一中素材 3）。

色相/饱和度面板主要包括：编辑、色相、饱和度、明度等调节选项。

（1）编辑。主要是选择需要调整的不同颜色，主要包括全色喝六个基本色。

（2）色相。主要是调整颜色的色相变化。

（3）饱和度。在此来调整颜色的纯度。

（4）明度。用于调整颜色的明亮程度。

另外在面板上还有着色选项和滴管工具。着色是指单纯的上色，一般用于黑白图片的上色；滴灌工具用于拾取图片中某一种颜色进行上色调整。

实例：通过色相/饱和度调整图片的色彩，如图 3.1.15 ~ 图 3.1.17 所示。

图 3.1.15　需要调整的图片

图 3.1.16　通过“色相/饱和度”进行调整

3. 匹配颜色

使用匹配颜色命令可以将当前选中图像的颜色与另外一个图层图像的颜色或其他图像文件中的颜色相匹配，一般有 2 种用途：①图像合成之前对两幅图像进行颜色的匹配；②利用其修复不正常颜色或实现图像颜色的特殊效果。

匹配颜色面板主要包括色图像选项、图像统计等调节选项。

（1）图像选项。用于调整匹配颜色后的亮度、颜色强度和消退程度。

图 3.1.17　经“色相/饱和度”调整后的图片

（2）图像统计。主要是设置匹配颜色的图像来源和所在的图层。

实例：通过匹配颜色调整图片的色彩，如图 3. 1. 18 ~ 图 3. 1. 21 所示。

第一步，打开需要调整的图片和匹配图片。

图 3. 1. 18　需要调整的图片

图 3. 1. 19　打开匹配图片

第二步，调出匹配颜色面板，在源中选择匹配图片。

图 3. 1. 20

图 3. 1. 21

通过“匹配颜色”调整后，就给原来的图片添加上了朝霞的效果。

二、抠图

在进行园林设计时往往需要很多素材图片，但是不是每一张图片上所有的景象都可以被利用，这就需要对图片的景象进行择取，为此不得不介绍一项常见的工作——抠图。抠图质量的好坏、速度的快慢直接关系到整个设计表现的进程，所以就需要根据图片的状态，适当地选择抠图的方法，以便使设计表现顺利进行。下面就介绍几种方便快捷的抠图方法。

（一）　套索工具抠图

套索工具箱共包含套索、多边形套索和磁性套索三个工具，在抠图工作中多边形套索和磁性套索工具用得较多。

1. 使用多边形套索抠图

利用多边形套索抠图，抠图效果比较细腻，边缘光滑，但工作速度较慢，不适合大面积作业。比较适合图像边缘直线条较多的图片。

（1）打开一个素材图片（本书配套可下载素材模块三项目一素材4），双击背景图层，使之变为可编辑图层，为便于检查抠图效果，可以在图像图层的下面新建一个图层并填充白色，如图3.1.22所示。

图3.1.22

（2）选择多边形套索工具，沿着图像的边缘将需要删除的部分细细选取，之后用“Delete”键删除。为方便起见可以使用放大镜工具将图片放大选取。切忌一次选取的不宜过多，随选随删，如图3.1.23所示。

（3）依次选取并删除，得到最后抠图效果如图3.1.24所示。

图3.1.23

图3.1.24

2. 使用磁性套索抠图

使用磁性套索抠图方便快捷，速度要远远大于多边形套索，而且也比较适合，边缘曲线多、转弯比较多的图片。但图片上景象界限不明显的图片不适合使用其进行抠图（抠图图片在本书配套可下载素材模块三项目一中素材5）。

使用方法与多边形套索一致，使用左键先点击一点作为起始点，之后沿着景象边缘拖动鼠标，最后双击左键即可制造一个选取之后用“Delete”键删除即可，如图3.1.25所示。

在使用磁性套索时，有选取不理想之处可以使用多边形套索进行修复，以达到满意效果。最后得到的抠图效果如图3.1.26所示。

图 3. 1. 25

图 3. 1. 26

（二） 使用钢笔路径工具抠图

路径事实上是些矢量式的线条，因此，无论图像进行缩小或放大时，都不会影响它的分辨率或是平滑度。编辑好的路径还可以保存在图像中，另外路径还可以转化为选择区域，这也就意味着可以选择出更为复杂的选择区域。使用路径工具抠图也是一种很常见的抠图办法，而且抠图效果圆润细腻。

（1）和套索工具抠图一样，首先打开本书配套可下载素材 6 图片，用鼠标左键双击背景图层，变为可编辑图层，如图 3. 1. 27 所示。

（2）选择路径工具用路径勾画出汽车轮廓，如图 3. 1. 28 所示。

图 3. 1. 27

图 3. 1. 28

绘制一个封闭的路径以后，到路径面板将路径变为选取，如图 3. 1. 29 所示。

（3）“Ctrl + Shift + I” 反向选择，最后用 “Delete” 键删除背景，得到最终效果如图 3. 1. 30 所示。

（三） 使用魔棒工具抠图

魔棒是以图像中相近的色素来建立选取范围，在进行选取时，可以选取图像颜色相同或者颜色相近的区域。在工具箱中选取魔棒工具后，针对选择物体的不同，可以在其属性工具栏中进行设置，魔棒工具经常需要设置的参数值就是容差。容差值用于设置颜色选取范围，其数值可以为 0 – 255。数值越小，选取的颜色越接近，即选取的范围越小。

图 3.1.29

图 3.1.30

使用魔棒进行抠图，比较适用色彩比较单一的图片，一般来说，景物与背景区分明显的图片而且背景色彩变化不大的图片比较适合用其进行抠图。

首先打开本书配套可下载素材 7 图片，将背景层变成可编辑图层。之后，选择魔棒工具，在需要删除部分单击，选中选删除部分，如图 3.1.31 所示。

选中后用“Delete”键删除即可将背景清除掉。如果一次不能全部选中背景，可以适用相加模式，逐渐的扩大选取区域，最后抠图效果如图 3.1.32 所示。

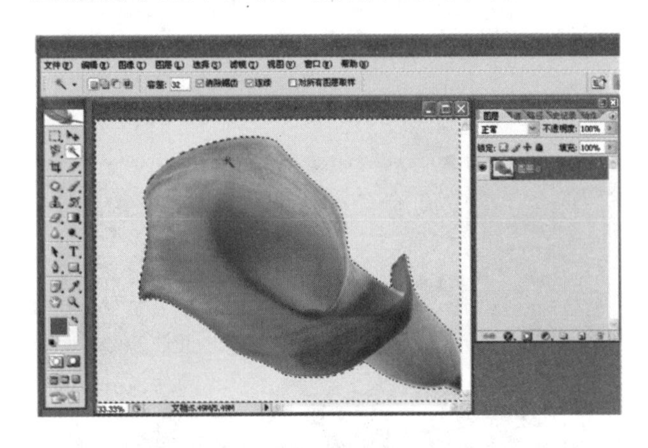

图 3.1.31

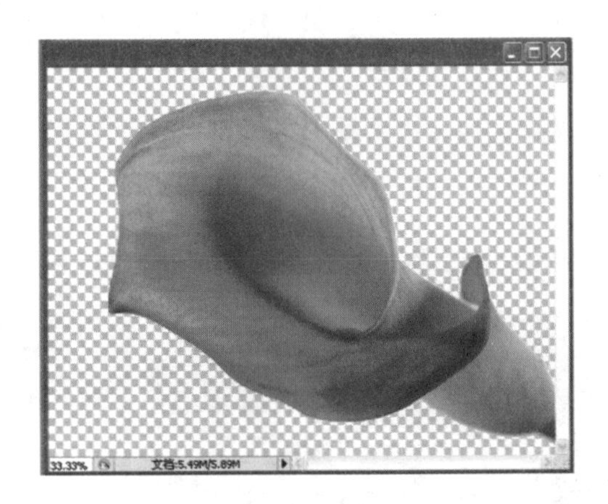

图 3.1.32

（四） 使用其他工具抠图

素材图片的景象过于复杂的，比如人的发丝、树木的细枝条、花蕊、昆虫的触角、翅脉、天上的云彩、水中的涟漪等，抠除背景很不容易进行。这时可以考虑用其他方式解决。

1. 使用“色彩范围”抠图

选择菜单中的“色彩范围”命令是一个利用颜色范围来选取图像区域的命令，该命令可以让用户在整张图像或者已经选取过的范围中进行多次选取。

（1）打开本书配套可下载素材 8 图片，将背景层变为可编辑图层，如图 3.1.33 所示。

（2）选择“选择/色彩范围”命令，调出其对话框，并使用“取样颜色”吸管在图中灌木黑褐色树干上吸取颜色，如图 3.1.34 所示。

图 3. 1. 33

图 3. 1. 34

（3）吸取完成后的效果如图 3. 1. 35 所示。

（4）形成一个选择区域以后“Ctrl + Shift + I”反向选择，最后用“Delete”键删除背景即可得到最后效果，如图 3. 1. 36 所示。如有没有被删除的地方可以使用“选区”、“橡皮擦”等工具辅助删除，或是在此进行“颜色范围”命令进行选取后删除。

图 3. 1. 35

图 3. 1. 36

2. 使用抽出工具抠图

在有些情况下，图像中需要选取的物体边缘较为复杂，即使花费很大的精力也很难进行准确的选择。“滤镜”菜单下的“抽出”滤镜功能强大，可将具有复杂边缘的景物从其背景中分离出来，并将背景删掉。

（1）打开本书配套可下载素材 9 图片，将背景层变为可编辑图层，并在该图层下面新建一个图层，填充黑色（便于观察抠图效果），如图 3. 1. 37 所示。

（2）选择“滤镜/抽出”命令，调出“抽出”对话框，使用“边缘高光器”工具在树木的边缘描出树木的轮廓，如图 3. 1. 38 所示。

图 3. 1. 37

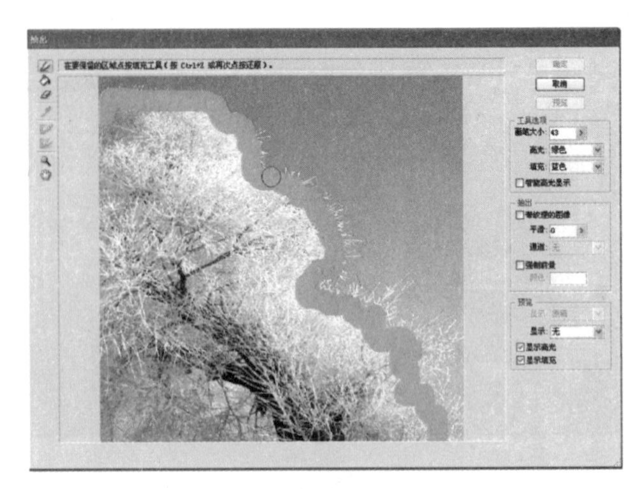
图 3. 1. 38

（3）使用“填充”工具在所选择区域内进行填充如图 3. 1. 39 所示。

（4）确定最后，使用边缘修饰工具，对选取的物体进行修饰。边缘修饰工具可减去不透明度并具有累积效果。另外，使用清除工具还可以提取素材图像中的缝隙。最终效果如图 3. 1. 40 所示。

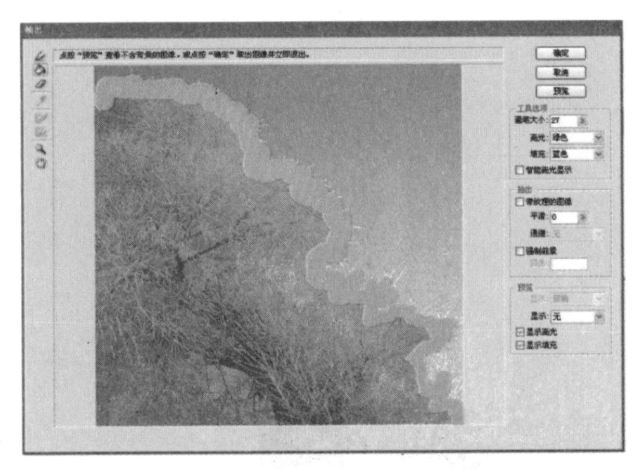
图 3. 1. 39

图 3. 1. 40

三、细节修饰

在进行效果图绘制过程中，有很多细节需要修饰，才可以实现一个真实、精美的设计表现。图像素材不是全部都能够满足表现的需要，就需要对其进行一系列的调整修饰才可以使用。

1. 配景边缘的柔化

在园林效果图制作过程中，需要很多植物、人物、动物、园林小品、建筑、水、云、光线等配景来装点画面，烘托设计环境，渲染效果。这些素材的取得往往需要在其他素材图片上择取。然而在择取过程中，由于操作、技术等原因，会出现边缘过于粗糙、存在杂色等现象，可以使用 Photoshop 将配景的边缘柔化，使其更加自然真实。具体方法如下。

（1）打开需要柔化的本书配套可下载素材 10 图片，如图 3. 1. 41 所示。

（2）将素材图片的背景抠除，如图 3. 1. 42 所示。

图 3. 1. 41

图 3. 1. 42

（3）通过放大以后看见配景汽车的边缘很不光滑，而且留有原背景图片的杂色，如图 3. 1. 43 所示。

（4）下面就开始柔化边缘。先是调出配景汽车的选区，之后选择“选择”菜单中的“修改”命令中的“收缩”选项，在收缩量中给一个值为“1”（收缩量值可根据图片大小而定），如图 3. 1. 44 所示。

图 3. 1. 43

图 3. 1. 44

（5）下一步，选择“选择”菜单中“羽化”命令，在羽化半径中给一个值“1”（羽化半径值可根据图片大小而定），如图 3. 1. 45 所示。

（6）之后，反向选择，使用 Delete 键进行删除，即可达到满意效果，如图 3. 1. 46 所示。

图 3. 1. 45

图 3. 1. 46

2. 利用仿制图章工具修复图像

很多素材图片中都会有不需要的对象，或是有划痕等损伤，可以利用仿制图章工具对素材图片进行修复以便使用。具体修复方法如下。

图 3.1.47

(1) 打开需要修复的图像如图 3.1.47 所示（本书配套可下载素材 1），在图片中有个人物存在，而设计中不需要这个人物在画面上，因此需要处理掉这个人物。

(2) 选择仿制图章工具，按住 Alt 键在距离人物附近用鼠标单击取样，之后将仿制图章工具移动到人物上进行绘制，如图 3.1.48 所示。

(3) 反复取样，依次在人物上绘制就将画面中不需要的任务去掉了，如图 3.1.49 所示。但应该注意的是在绘制工程中尽量避免损伤其他不需要去掉的部分，可以使用选区工具辅助完成。

图 3.1.48

图 3.1.49

3. 利用修补工具修复图像

在 Photoshop 中用于修复的工具很多，可以利用修补工具对图像进行修复。比如选择的素材 12 图片上有一行文字，如图 3.1.50 所示。需要将这行文字去掉，又要使整个图片显得自然真实，就可以利用修补工具实现。

图 3.1.50

(1) 选择修补工具，在文字的周围画上选区如图 3.1.51 所示。

(2) 将光标放在选区内，按住左键向无文字区域拖拽，即可将画面上不需要存在的文字去掉，画面也会显得非常自然，如图 3.1.52 所示。

图 3. 1. 51

图 3. 1. 52

四、图像的拼接

在完成好园林设计表现所需要的素材后，就需要将这些素材合理的安排到画面上，以烘托整个设计效果。图像拼接整合的好坏，直接关系到整个设计效果的表现。下面介绍几种图像整合的办法。

1. 天空的处理

绘制好设计效果的主要景物以后，为了模拟真实性，让用户产生身临其境的感觉，还需要对效果进一步装饰，首选来添加天空。

（1）打开使用 3dsMax 绘制建完模，并附加了一定材质的设计效果图（素材 13），如图 3. 1. 53 所示。

（2）使用选择工具将黑色背景清除掉，如图 3. 1. 54 所示。

图 3. 1. 53

图 3. 1. 54

（3）打开一张天空素材图片如图 3. 1. 55 所示。

（4）由于图片上有不需要的树木、建筑等景物，所以需要进行清除处理，使用“仿制图章”和“修补”等工具进行处理，如图 3. 1. 56 所示。

（5）将处理好的天空图片图拽到效果图文件中，并使天空图层位于建筑图层下方，如图 3. 1. 57 所示。

由于天空图片太小，不能覆盖整个背景，所以需要扩大提空图片，不能使用“自由变换”命令将图片放大，会影响整个效果。所以需要对天空进行拼接。

（6）复制天空图层，之后使用移动工具将复制的天空图片移动左侧。注意要使两张图片有一定的衔接，如图 3.1.58 所示。

图 3.1.55

图 3.1.56

图 3.1.57

图 3.1.58

（7）由于两张天空图片中间接缝明显，需要将接缝处理掉，使两张图片衔接自然。在上一张图片上建立一“蒙版”，之后使用“渐变”工具向左拖拽渐变，即会将上一张图片渐变状态删除一部分，从而与下一张图片实现无缝拼接，如图 3.1.59 所示。

（8）可以沿用上一步将天空背景逐渐扩大，以完全覆盖背景，最终效果如图 3.1.60 所示。

图 3.1.59

图 3.1.60

2. 背景环境的处理

无论是建筑还是绿地，在现实生活中都不可能是孤立存在的，都应该处于一定的环境之中，因此在设计表现时，也应该考虑到这一问题。为增加设计表现效果的真实性，在完成主体设计的表现后，还应为设计主体配以一定的环境。还以上面的建筑为例先来表现背景环境。

（1）选择一张比较适合设计环境的背景图片，如图3.1.61所示。

（2）在Photoshop中打开该图片，将其拖拽到添加完天空的建筑图片中，使背景环境图层处于天空图层之上，建筑图层之下，如图3.1.62所示。

图3.1.61

图3.1.62

（3）由于背景环境素材图片景物的比例与建筑比例相当，所以可以直接使用“自由变换”将其放大到合适程度，如图3.1.63所示。

（4）可以依照天空处理的方法，使用“蒙版”和“渐变”工具将背景环境和天空间的接缝处理掉，实现最终效果，如图3.1.64所示（当然，这只是一个简单的环境添加，大型的园林设计还需要更加复杂的拼接）。

图3.1.63

图3.1.64

3. 前景环境的处理

延续上一实例，介绍一下添加前景环境。

（1）选择恰当的树木素材图片，并抠除背景，如图3.1.65所示。

（2）将树木拖拽到效果图中，根据主景光线的方向制作投影，并对其大小进行调整，最后安置在恰当位置，如图3.1.66所示。树木的大小要考虑到整个设计效果的比例和主题效果的表现。过大会影响到主体的体现，过小会显得不够真实。

图 3. 1. 65

图 3. 1. 66

（3）为增加远近景的层次感，往往要在画面的一角添加些近景树木的枝叶，以增添效果，如图 3. 1. 67 所示。

依照此法还可以添加其他景物，如车辆、飞鸟等。但数量不宜过多，过多会喧宾夺主，影响主体效果的表现。

图 3. 1. 67

项目二

园林设计彩色平面效果图的绘制

本项目主要锻炼设计者使用 PS 绘制平面造园要素，掌握彩平的绘制程序、绘制方法与技巧，最终实现使用 Photoshop 软件绘制园林设计彩色平面效果图。

任务分解

以小游园为例，通过锻炼设计人员绘制平面造园要素的绘制技能，训练设计人员使用 Photoshop 绘制园林设计彩色平面效果图。

任务目标

掌握园林设计彩色平面效果图的绘制程序、绘制技巧，完成彩色平面效果图的绘制。

一、园林设计平面图的导入

本任务主要锻炼设计者导入底图。绘制彩平的第一步就是底图的导入，导入底图的目的是为彩平的绘制提供依据。

导入底图有很多方法可以实现，在设计中常用的有以下几种。

1. 扫描仪导入

扫描仪导入底图就是利用扫描仪等输入设备，将建设方的设计基础图纸扫描成数码文件导入计算机，进而在 PS 中打开并编辑使用。

此种方法导入的底图需要在 PS 中重新描线整理后方可进一步绘制。值得注意的是描线时要细致，需尽量按照底图线原有位置进行描线，避免出现偏差；描线过程中不要出现断线，出现断线会造成区域线不闭合，致使后面的填充出现麻烦。

PS 描线，最简便的方法就是使用画笔工具按住 Shift 键沿着底图的线型向前移动鼠标点击进行。在转弯处点击的间距要短，是弯角光滑。也可以使用钢笔路径工具和多边形套索工具，在通过编辑菜单中的描边工具完成描线。使用何种方法看个人爱好，可以任意选择，无定数。

2. 通过 CAD 导入

在园林设计中，绘制彩平之前往往已经使用 AutoCAD 软件开始绘制设计平面图了，如果这项工作已经完成，绘制彩平时可以直接调用 CAD 绘制的图纸文件。这种导入底图的方法免去了进一步描线整理的麻烦，图 3.2.1 是使用此法调入 Photoshop 中的底图。

图 3.2.1 是某小游园的设计底图，在以后的绘制中将以其为基础进行绘制。在图上有水体、道路、广场、建筑、草坪、驳岸、桥、廊、树木等造园要素，依据绘图的原则和绘制工作的先后顺序依次绘制。在进行分项绘制之前，先将不同区域用相关色彩填充，标识出来的不同彩色区域便于绘图的顺利进行，如图 3.2.2 所示。

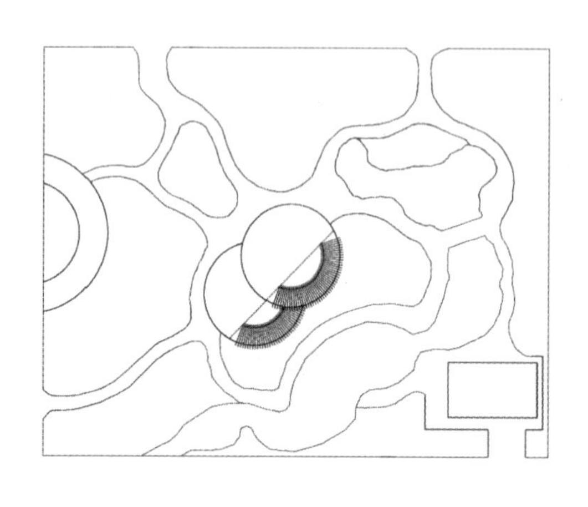

图 3.2.1

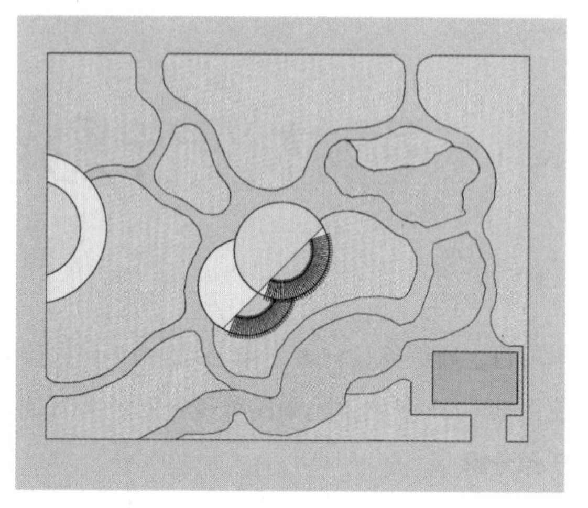

图 3.2.2

二、道路、广场的绘制

（一） 道路绘制

1. 道路填充

（1）在底图基础上使用魔棒工具调出道路选区，如图 3.2.3 所示。

（2）新建图层，命名“道路”，如图 3.2.4 所示。

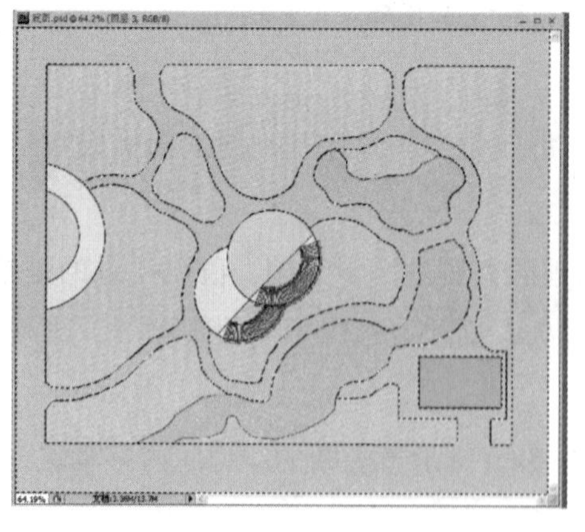

图 3.2.3

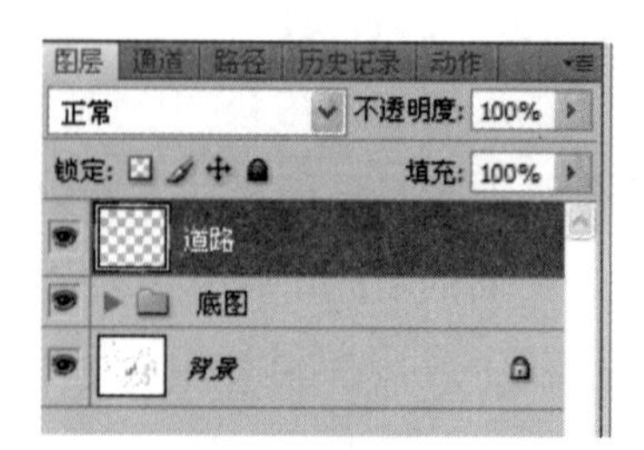

图 3.2.4

（3）调出拾色器面板，设置前景色为亮灰色（R：195、G：195、B：195），如图 3.2.5 所示。

（4）将道路选区填充前景色，如图 3.2.6 所示效果。

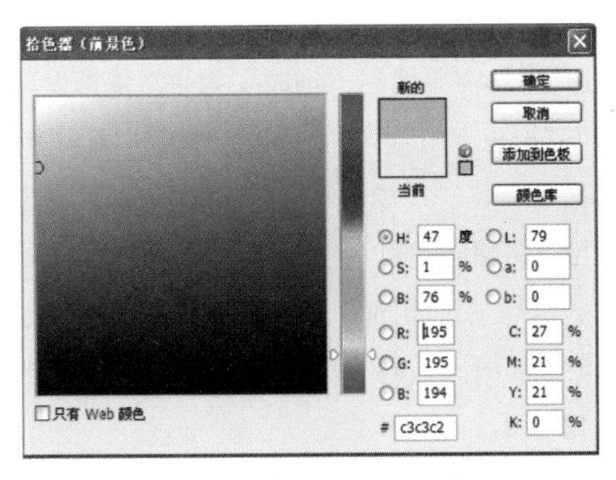

图 3. 2. 5

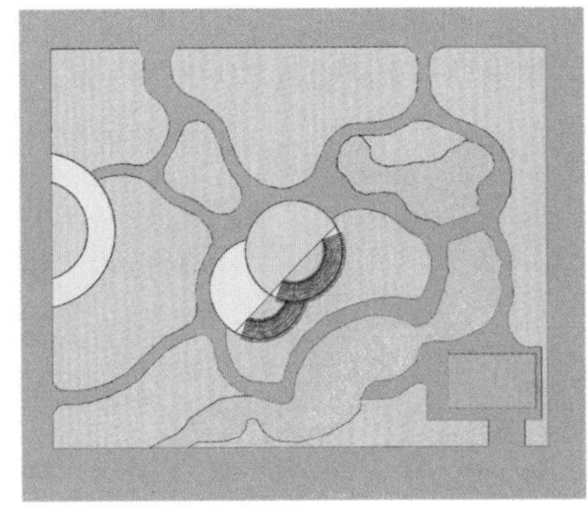

图 3. 2. 6

2. 路边绘制

（1）新建图层，命名为“路边”。

（2）调出道路选区，将前景色设置为暗灰色（R：152、G：152、B：152）。选择“编辑 > 描边”命令，调出描边面板，进行设置并描边，如图 3. 2. 7 所示。描边设置时，在“位置”选项中要选择“居外”，防止各区域填充后，边缘衔接露白。描边后效果，如图 3. 2. 8 所示。

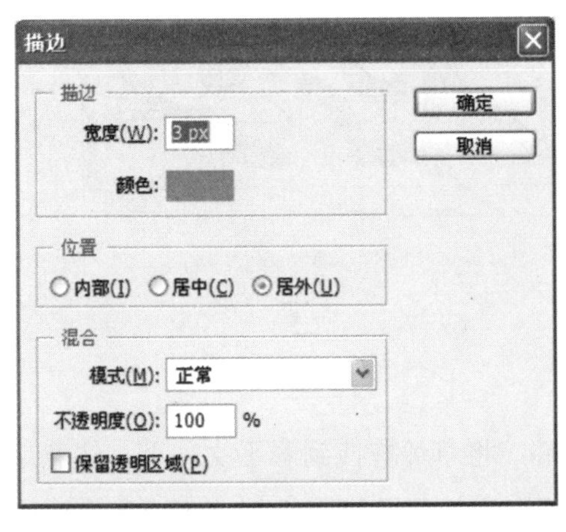

图 3. 2. 7

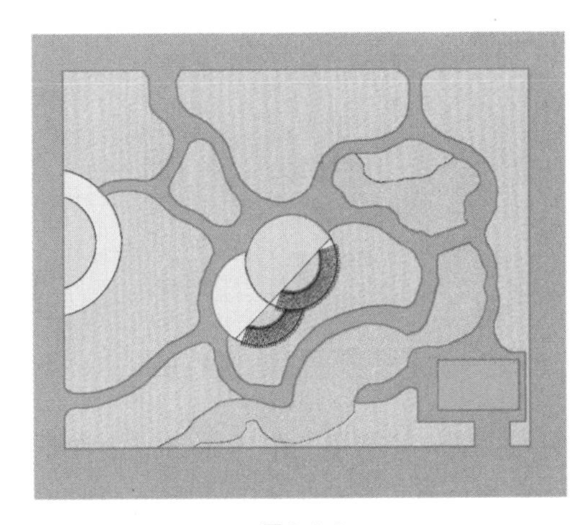

图 3. 2. 8

（3）给路边图层设置“投影”图层效果，如图 3. 2. 9 所示路边最终效果如图 3. 2. 10 所示。

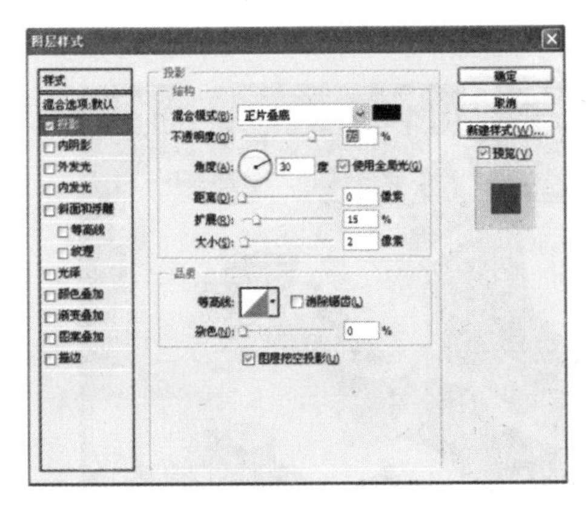

图 3. 2. 9

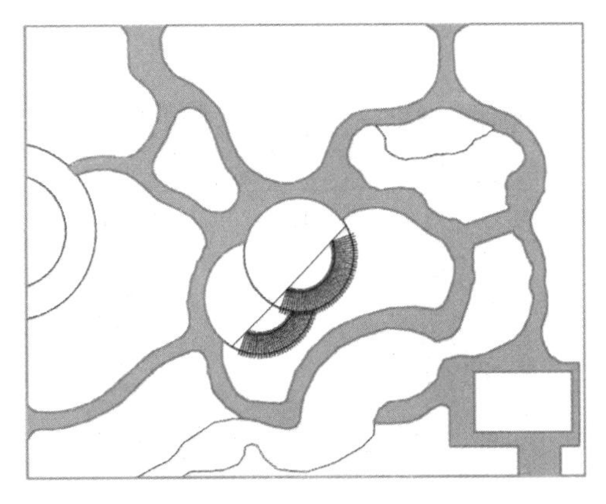

图 3. 2. 10

（二） 广场绘制

广场绘制方法与道路绘制方法大体一致，不同之处是广场需要绘制“铺装”效果。依据设计意图绘制铺装效果，本案例以“彩色方砖”为例绘制铺装效果。具体方法如下。

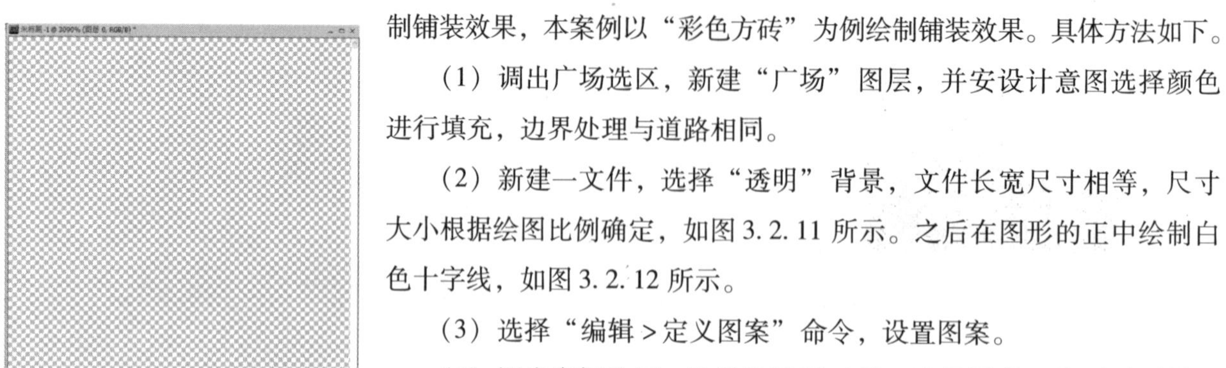

图 3.2.11

（1）调出广场选区，新建“广场”图层，并安设计意图选择颜色进行填充，边界处理与道路相同。

（2）新建一文件，选择“透明”背景，文件长宽尺寸相等，尺寸大小根据绘图比例确定，如图 3.2.11 所示。之后在图形的正中绘制白色十字线，如图 3.2.12 所示。

（3）选择“编辑 > 定义图案”命令，设置图案。

（4）调出广场选区，选择油漆桶工具，选择图案，找到刚刚设置的图案，对广场进行填充，效果如图 3.2.13 所示。

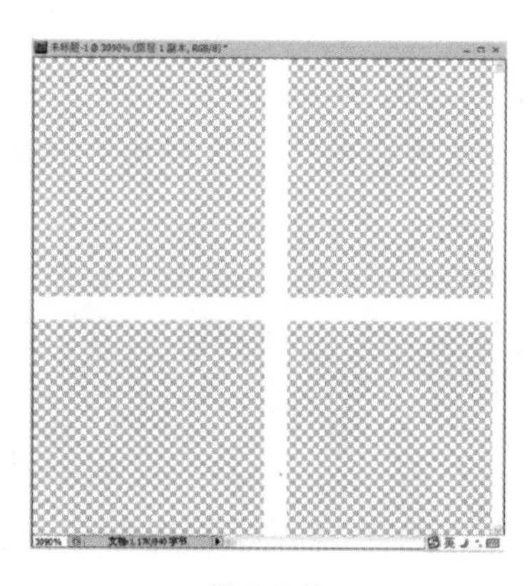

图 3.2.12

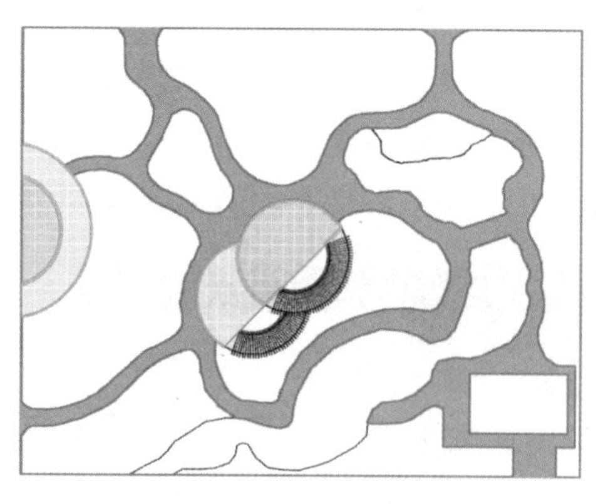

图 3.2.13

三、草坪、铺装等元素的绘制

在素材中选择草坪图片，在 Photoshop 中打开草坪文件。将草坪拖拽到彩平文件上，注意草坪的尺寸比例，方向等因素，控制好使其与彩平的比例、方向等相当。草坪块边缘衔接不要留有痕迹，可以在草坪布置好之后，选择“修饰工具”对边缘衔接处进行修饰。在所有需要栽植草坪的区域布置好草坪，如图 3.2.14 所示。

调出草坪选区，可以利用“反向选择”将没有草坪区域的草坪全部删除。最终效果如图 3.2.15 所示。

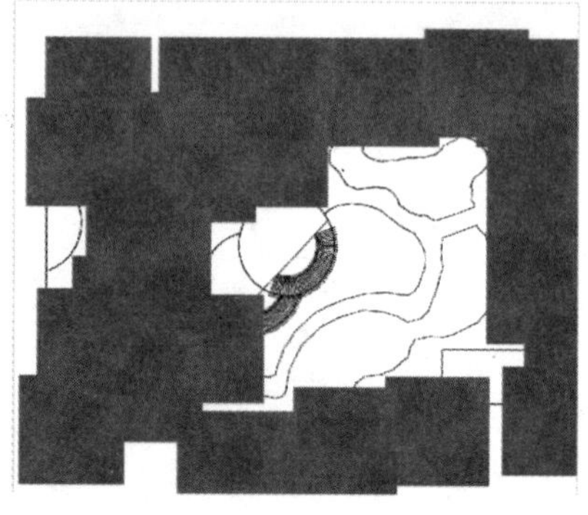

图 3.2.14

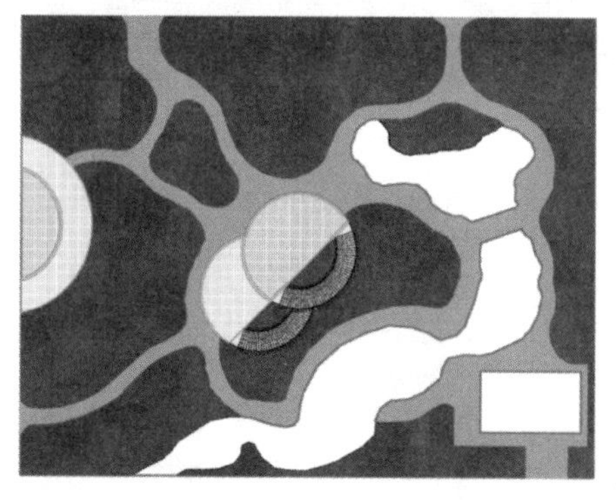

图 3.2.15

四、水体地形的处理

1. 水体绘制

在彩平的绘制过程中，水体的绘制要注意模仿自然的真实性。对于水体来说，一般是中间较深边缘较浅，因此中间色彩需重一些，边缘部位浅一些。

水体的绘制与道路广场基本相同，只是对于水体色彩变化处理有所不同。其基本方法如下。

（1）调出水体区域选区，填充白色。

（2）在上一步骤基础上，新建一层。调出水体选区，选择“选择 > 修改 > 收缩”命令，将选区缩小。之后进行“选择 > 修改 > 羽化”设置，如图 3.2.16 所示。

（3）将前景色设置为浅蓝色（R：203、G：238、B：253），并进行填充，如图 3.2.17 所示。

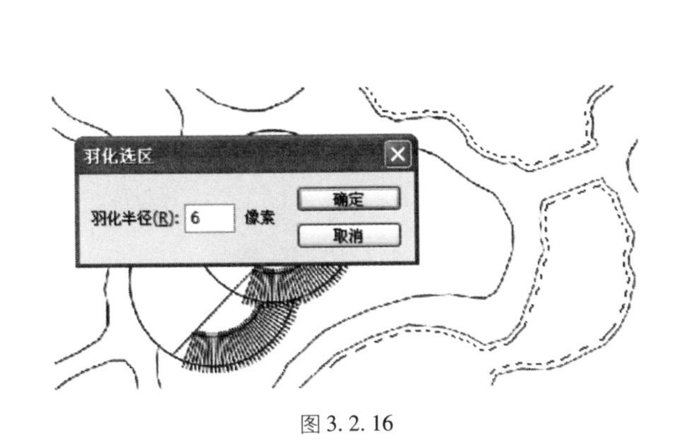

图 3.2.16

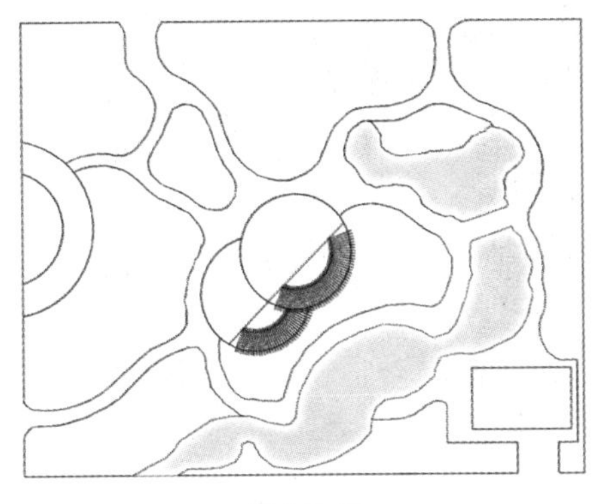

图 3.2.17

（4）重复上一步操作，继续新建图层，缩小选区，加深颜色并填充，得到如图 3.2.18 效果。

（5）继续重复上一步操作，最终效果如图 3.2.19 所示。

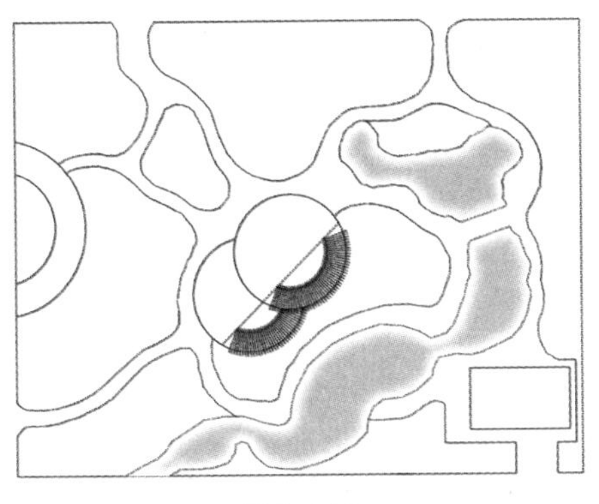

图 3.2.18

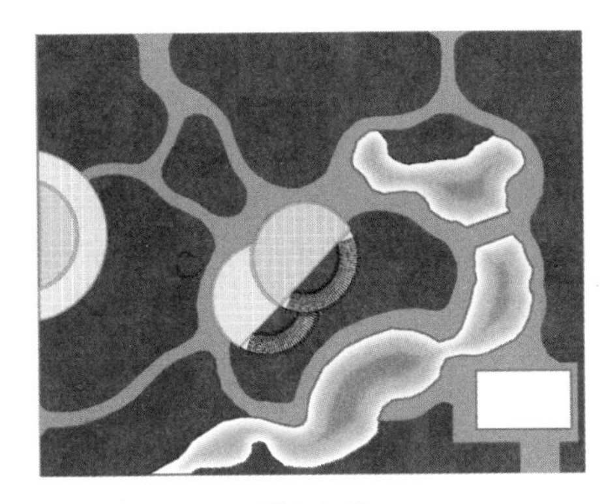

图 3.2.19

2. 驳岸及地形的绘制

驳岸绘制与路边绘制方法基本相同，具体步骤如下。

（1）调出水体选区，将前景色设为（R：162、G：138、B：116）。选择“编辑 > 描边”命令，进行描边，注意线宽要比路边大些，在“位置”设置中选择“居内”，描边效果如图 3.2.20 所示。

（2）在驳岸图层下一层，新建图层。加深颜色，扩大线宽，继续描边，得到的最终效果如图 3.2.21 所示。

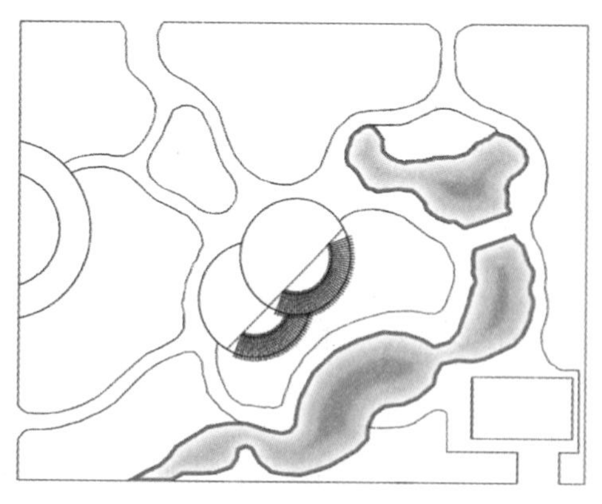

图 3.2.20

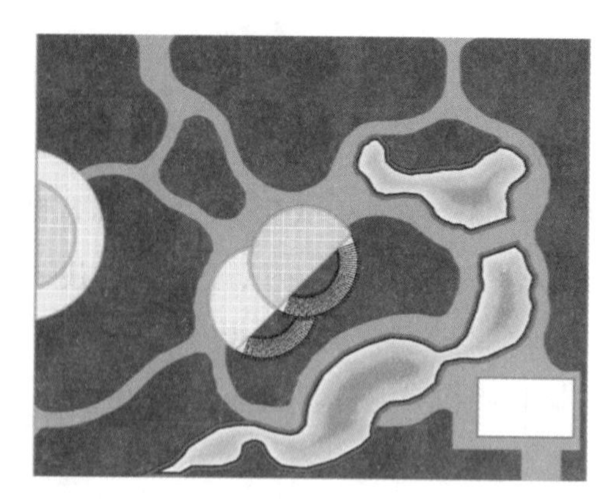

图 3.2.21

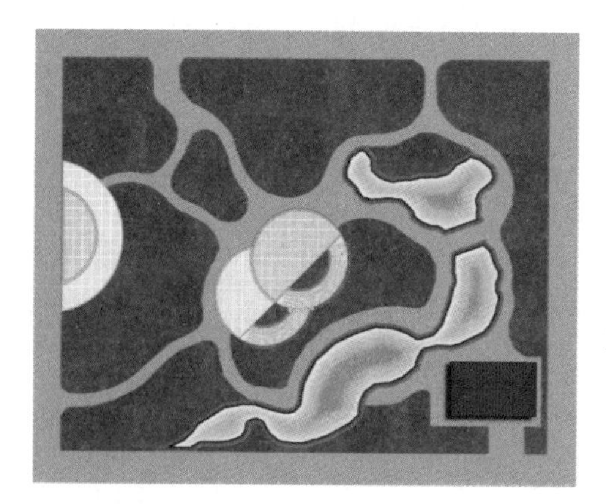

图 3.2.22

五、建筑元素的绘制

此图建筑元素较少，建筑元素的绘制一般按照建筑的形状、色彩、质感的基础上完成。为体现彩平的效果，在建筑平面造型绘制完成后，添加投影效果，以突出空间感。本图建筑元素绘制的最终效果如图 3.2.22 所示。

六、植物元素的绘制

1. 植物素材的选择

按照设计的要求选择所需的植物元素素材，注意素材与植物的特征特性相对应，乔木中针叶与阔叶要有所区别，常绿与落叶要区别开，灌木与乔木要分开，观花与观叶要有区别。植物元素可以按照植物特性进行绘制，也可以从网络等媒体中获得。如图 3.2.23 和图 3.2.24 所示为植物素材图样（植物素材 1 在本书配套可下载内容中模块三项目二）。

2. 植物元素的添加

选择好植物元素后，从素材图片上将该植物元素拖拽到彩平图上，在图层面板将自动建立该植物的图层，注意将图层名称更改为与植物名称相吻合，以免过后忘记。控制好元素的大小比例，添加投影等图层效果后，进行栽植，如图 3.2.25 所示。

按照设计要求在图上添加植物元素，同种植物最好一次添加完成，如图 3.2.26 所示。

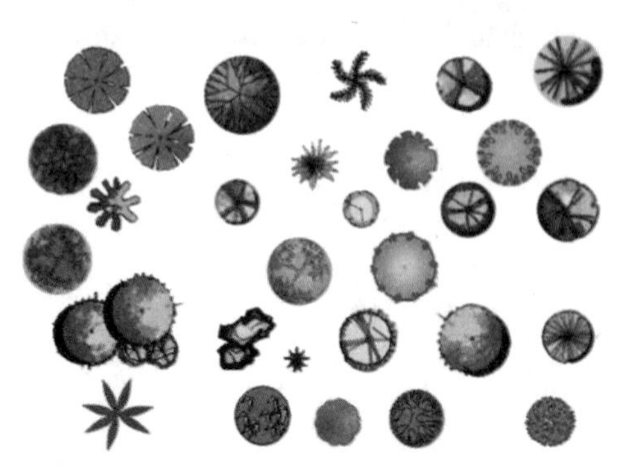

图 3.2.23

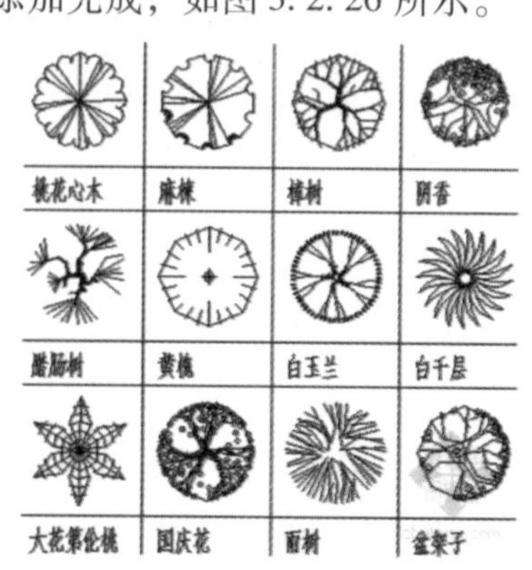

图 3.2.24

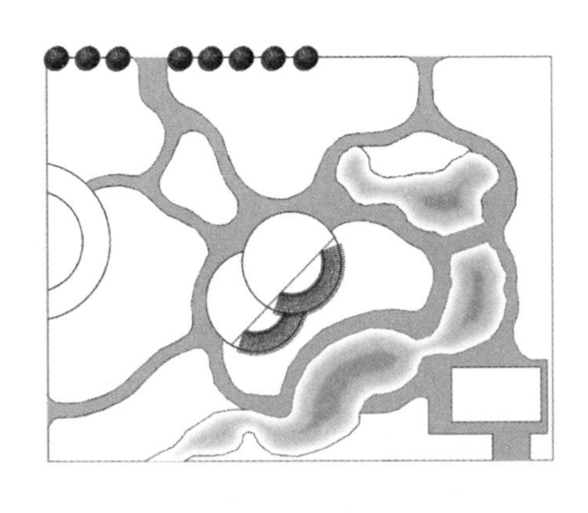

图 3.2.25

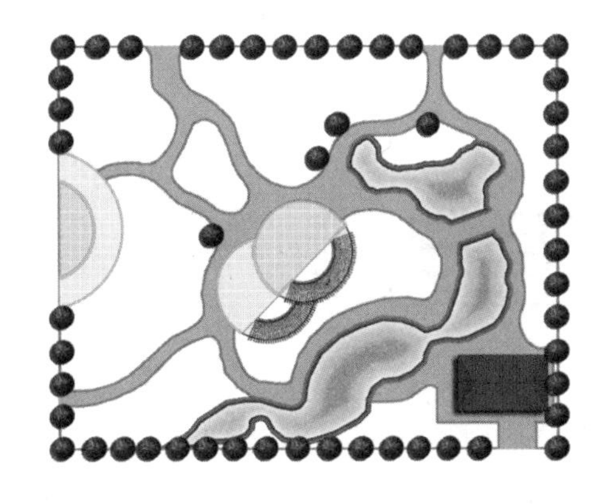

图 3.2.26

栽植植物时，最好建立图层组，将一类植物放在同一图层组中，便于管理和编辑。在没有最后完稿时最好不要合层，以便后期更改编辑。

依照上面步骤将所有植物元素全部添加到图纸上，最终效果如图 3.2.27 所示。

七、山石、雕塑、小品等元素的绘制

山石、雕塑、小品等元素的绘制注意其结构、色彩、纹理、质感等方面的处理，控制好大小比例，按照设计的目的合理地安排在图纸上。

彩色平面图的最终效果如图 3.2.28 所示。

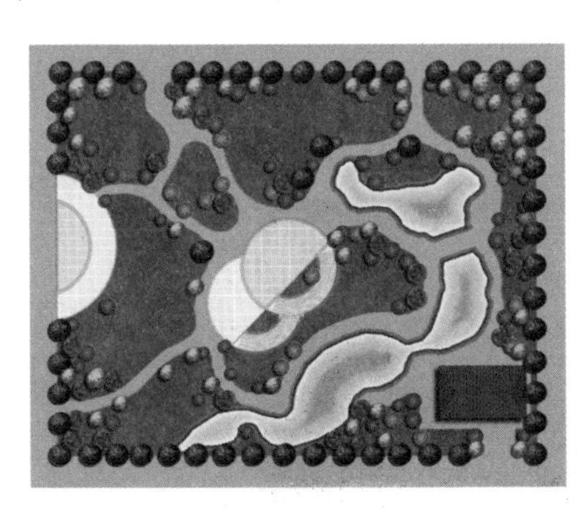

图 3.2.27

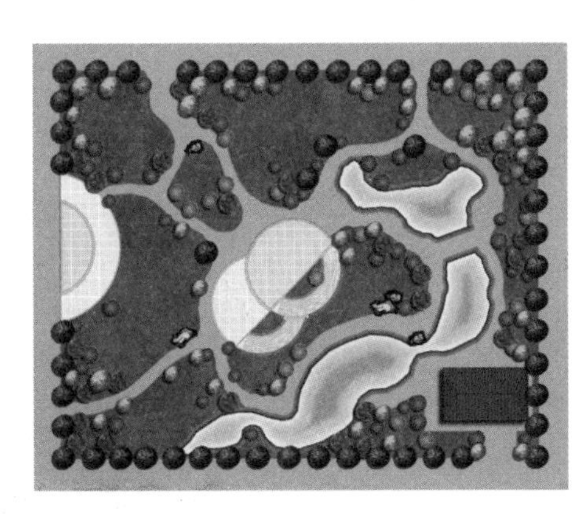

图 3.2.28

项目三

园林景观图水面倒影效果图的制作

任务目标

利用 Photoshop 中的滤镜功能制作园林景观水面倒影效果图。

任务解析

通过滤镜知识的引用，能够使 Photoshop 功能更加广泛的应用在园林设计中。

素材图片有很多水面，但是适合设计者的不一定很多，同样可以利用 Photoshop 知识很快制作符合设计者要求的倒影。下面来完成某公园公共建筑倒影效果图，如图 3.3.1 所示。

实训项目

制作公园公共建筑水面倒影效果图。

图 3.3.1　公园公共建筑倒影效果图

1. 新建图像文件

新建一个宽度为5cm高度为6cm，分辨率为300Qpi的图像文件，再打开教材所附可下载素材中带公园的图片，全部选择，粘贴到新的文件中，命名原图，如图3.3.2所示。

图3.3.2 打开的原图

2. 制作倒影图片

（1）图像先使用多边形套索工具在图片中选择一块区域作为水平面位置，如图3.3.3和图3.3.4所示。

（2）复制原图到新图层，为原图副本，选择：编辑/变换/垂直翻转命令，将图层垂直翻转并将该层向下垂直移动，直到与上一层内相同的图象内容形成垂直镜像，再利用旋转命令旋转至图像吻合如图3.3.5所示。

图3.3.3 多边形套索工具

图3.3.4 选取的水面位置

图3.3.5 镜像后的图像

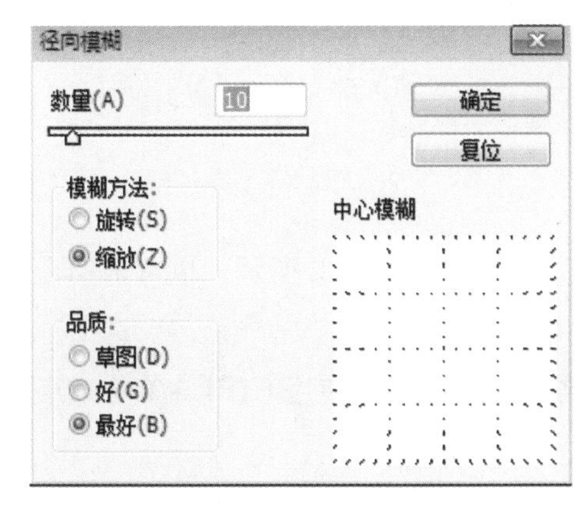

图3.3.6 径向模糊参数

（3）选择原图副本，设置羽化大小为40像素，使用：滤镜\模糊\径向模糊命令，模糊方法为缩放，品质为最好，数量为10，如图3.3.6所示，最后效果图如图3.3.7所示。

（4）选择原图副本：滤镜\模糊\动感模糊命令，设置角度为0，距离为15像素，如图3.3.8动感模糊效果如图3.3.9所示。

3. 制作水面波纹效果图片

（1）现在开始创建水波效果，新建一个文档，大小自定，将前景色和背景色还原为默认前黑后白。选择滤镜\渲染\云彩命令，如果不满意可反复使用CTIL + F键执行云彩滤镜，如图3.3.10所示。

（2）选择：滤镜 \ 渲染 \ 光照效果命令，设定默认即可，当然光照中心要根据所选图像来判断，效果如图 3. 3. 11 所示。

图 3. 3. 7　径向模糊后的效果

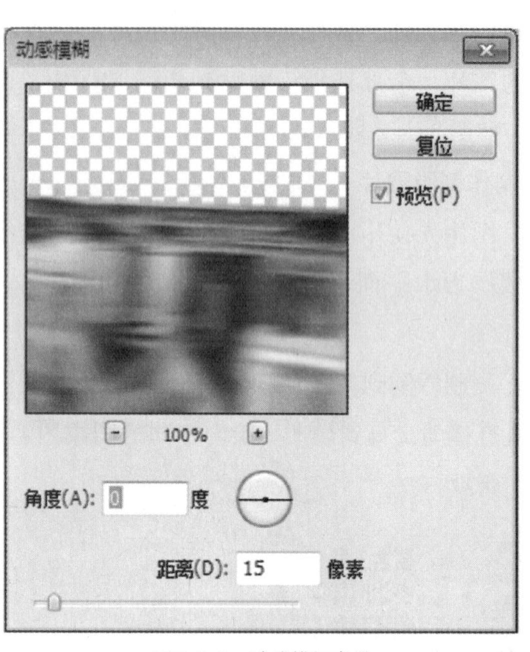

图 3. 3. 8　动感模糊参数

图 3. 3. 9　动感模糊后的效果图

图 3. 3. 10　云彩效果

图 3. 3. 11　光照效果

（3）选择：滤镜 \ 扭曲 \ 海洋波纹命令，波纹大小为 8，幅度为 16 如图 3. 3. 12 所示，也可根据个人感觉自行调整，效果如图 3. 3. 13 所示。

（4）再将制作好的水波图像全选并复制，粘贴到原文档，命名光影图层，再使用 CTRL + T 将该层自由缩放大小如图 3. 3. 14 所示。

（5）选择光影图层调整其不透明度为 15，填充为 80%。最后合并所有图层，使用模糊工具在水平面上涂抹，消除生硬边缘。利用 工具裁剪图幅，完成最终如图 3. 3. 15 所示效果。

图 3.3.12　海洋波纹对话框

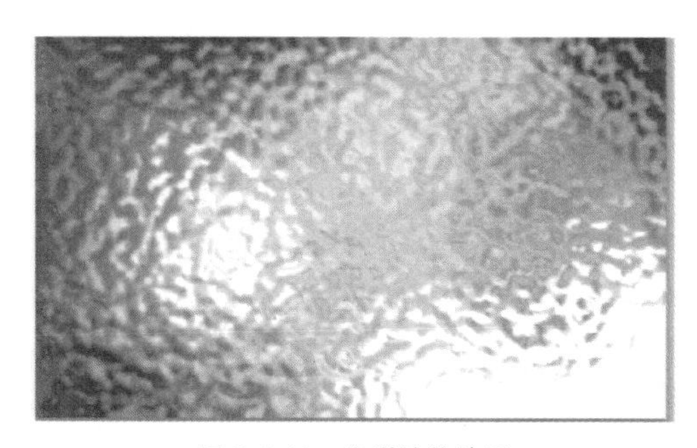

图 3.3.13　海洋波纹效果

图 3.3.14　将海洋波纹粘贴到原图中的效果

图 3.3.15　制作完成的水面倒影效果图

实训作业

完成光盘模块三项目三中公园亭子水面倒影图。

模块四

综合利用CAD-3D-PS知识完成园林景观效果图制作

园林设计是一门研究如何应用艺术和技术手段处理自然、建筑和人类活动之间复杂关系，达到和谐完美、生态良好、景色如画之境界的一门综合性艺术学科。工作范围包括庭园、宅园、小游园、花园、公园，以及城市街区、机关、厂矿、校园、宾馆饭店等园林用地。

现代园林景观设计要求“适用、经济、美观”。设计者如何更好地表现地形、置石、筑山、理水、植物、建筑、雕塑、照明、色彩等景观元素的形式美与韵律美，在现阶段中国园林发展中，综合运用 CAD - 3D - PS 技术是最行之有效的方法。CAD - 3D - PS 是 AutoCAD、3dsMax、Photoshop 计算机图像处理软件的简称。

综合 3 个软件在园林设计中的功能，可完成各种设计方案效果。本模块主要设置了五个项目，通过各个项目介绍，给大家分享这 3 个软件在园林设计中灵活应用，快速高效地帮助设计者完成设计方案。

项目一

建筑规划总平面图的绘制

任务目标

利用学过的CAD、Photshop知识完成建筑规划总平面图的绘制。

任务解析

通过建筑规划总平面图的绘制，要求学生掌握景观、建筑、城市规划等于园林相关行业总平面图的制作。

实训：某街头绿地规划总平面图的制作。

一、CAD图纸的整理

室外彩色平面图，多用于建筑规划总平面图、流线分析等图，基本流程也是差不多，但是比室内多了很多内容。通常有总平面图、设计意向图、景观分析图、交通流线分析图、功能分区图等，这些都是CAD图层功能与Photshop图层功能密切相关的。做总图的时候，需要输出的CAD图纸内容有：用地红线、道路轮廓与地面铺装、等高线、建筑物轮廓、植物（乔木、灌木以及绿篱等）、水体、文字标注等总图。

在开始制作总图前，要进行CAD的图纸整理如图4.1.1所示，冻结辅助线、填充等图层，把需要做的图在屏幕上最大化显示，最好利用图层开关功能将需要的对象分开几层进行虚拟打印，输出图像到PS中进行编辑。具体的打印项目由实际情况决定。

二、导入Photshop以制作底色

输出以后，从Photoshop中打开CAD输出的EPS图纸，接下来就可以对CAD虚拟打印的图纸进行批量的重复处理，这样会大大节省重复操作的时间，菜单→文件→自动→批处理如图4.1.2所示。

将所有CAD输出的图纸全部变成透明的Photshop格式图层，栅格化，参考“图像大小”设置合适的分辨率。设置合理图层，给图层进行命名如图4.1.3所示。

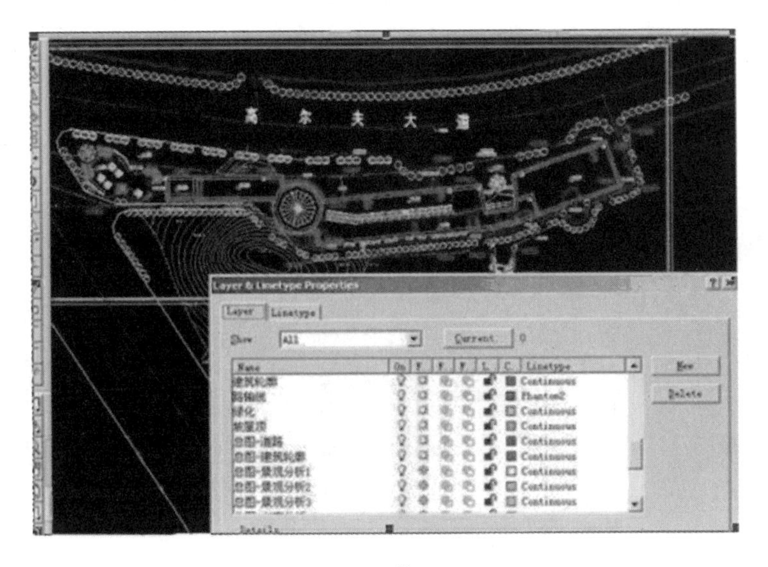

图 4. 1. 1　整理 CAD 图

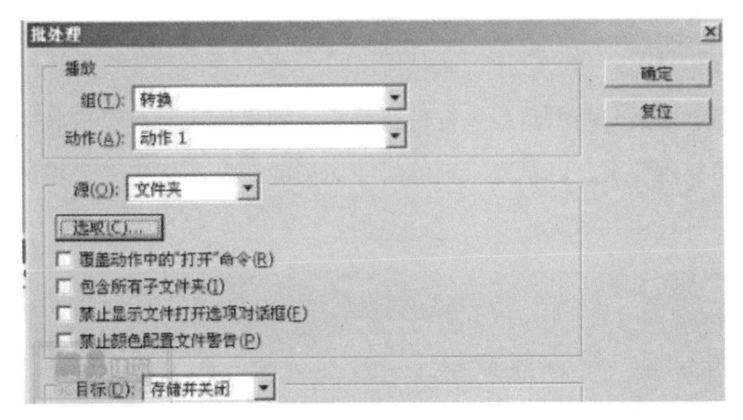

图 4. 1. 2　自动批处理对话框

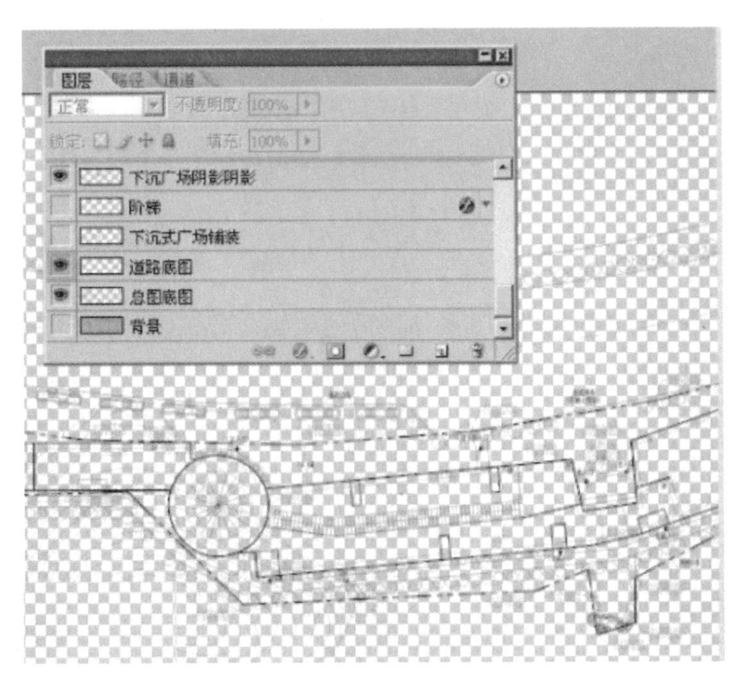

图 4. 1. 3　在 Photoshop 中导入图纸

三、制作总平面图底色

新建图层，命名草坪，填充淡绿色为底色，如图 4.1.4 所示。

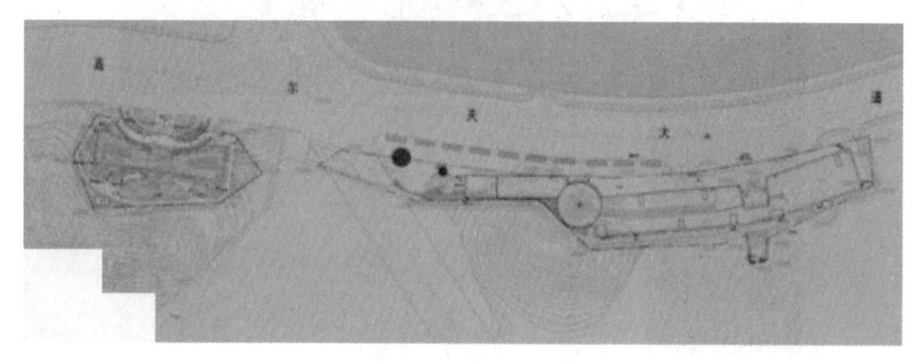

图 4.1.4　制作的底色

四、制作道路和铺装

选择要表现的区域，或者勾画出路面进行道路填充，如果填充时候没有纹理要求的画，可以用油漆桶工具，但是如果有纹理要求，也希望纹理的尺寸比例能符合场景中的环境的话，铺装也同样要做出来如图 4.1.5 所示。

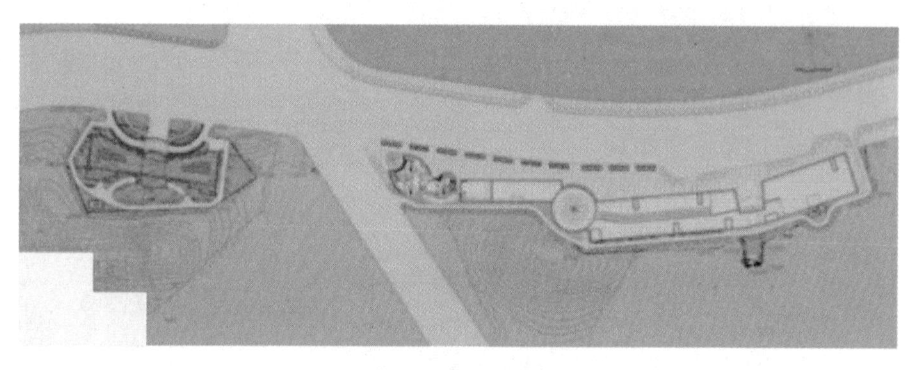

图 4.1.5　路面以及铺装的制作

五、制作建筑物

开始画建筑物，注意，对于想表现有高差不一的建筑物，最好是利用投影关系来实现，高大的建筑物，投影面积最长，反之就小。所以，可以根据设计方案来确定什么位置占投影面积大，该建筑物就设定为独立一个图层，以后在图层投影命令时候就可以单独控制其大小深度的参数。设置几个方便于绘制的的图层，全部合并为建筑图层组，便于编辑。有时有些图例没有图库，其实来源很简单，只需要在 3dsMax 里面将其的平面图渲染一个 TGA 格式的图就可以了，直接在 PS 里调用，自己想要什么样的就做成什么样的，如图 4.1.6 所示。

六、制作植物

开始布置绿化，绿化从环境树开始布置。分布疏密有致，要重点显示建筑主体。一般可以布置两层，第一层作为虚层，第二层作为实的放在上面，如图 4. 1. 7 所示，这样看起来才有立体感（利用模块三项目三的知识完成植物后期处理）。

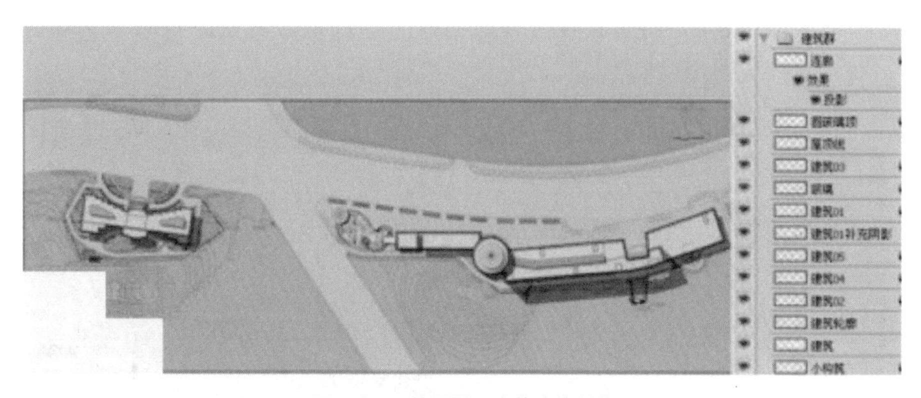

图 4. 1. 6　总平面图中的建筑制作

图 4. 1. 7　虚实两层植物的制作

布置行道树和乔木，尽量选用颜色比较鲜明的树贴图，比例要控制好，可以以 CAD 的绿化层为参照层，如图 4. 1. 8 所示。

图 4. 1. 8　行道树及乔木的制作

七、补全其他设施

完成其他设施的制作，或者表达某些重点区域，如图 4. 1. 9 所示。

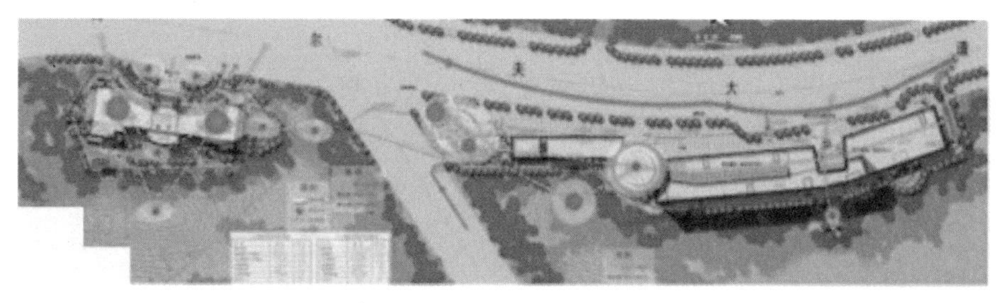

图 4. 1. 9

八、整合图层

将所有铺装合并为一个图层，将植物也合并于另外一个图层，利用图层效果选项，给树木设置阴影，如图 4. 1. 10 所示。

图 4. 1. 10　整合图层

九、说明书和指北针的制作

将文字层打开，就可以将总图所需要说明的内容显示出来，就可以节省打字的时间。再加好指北针，总图就可以说做好了。还可以另存一份为 JPG 格式，变成黑白图，用来做分析图的模板图如图 4. 1. 11 所示。

图 4. 1. 11　JPG 黑白图

最后，将图像的总体将颜色调整鲜明一点，就能更好的表现所做的总平面图。

实训作业

完成本书配套可下载素材中模块四项目一的园林绿地的彩色总平面图。

项目二

商业广场效果图的制作

商业广场在现代城市景观中越来越普遍，由于使用功能、占地面积、周围环境的千差万别，使得商业广场风格各异、形式多样、了解园林环境（广场）的风格特点，将有助于在园林环境的三维设计中有目的地表现环境景观设计的意境与精髓。

一、商业广场的基本特点

本项目讲述的商业广场是具有现代风格的景观环境，主要包括现代建筑（或构筑物）、对称布局的广场铺装及各式喷泉、花坛和座凳等设施。

现代建筑（或构筑物）风格开敞明朗，讲究艺术效果；多以石材为建筑材料，在历史的演进中，形成了决定古典建筑形式的柱子格式，称为柱式。柱式通常由柱子和檐部两大部分组成，典型的古典五柱式包括多立克柱式、爱奥尼克柱式、科林斯柱式、塔司干柱式和组合柱式。在18世纪后期欧洲兴起的古典复兴主义，使古典柱式的应用更加广泛，在园林环境中欧式构筑物——古典柱廊应用较为广泛。

布局多呈对称整齐的几何格式布置，是规整式园林的景观。广场中造园因素的配置讲求几何图案的组织，在明确的轴线引导下作左右前后对称布置，甚至花草树木都修剪成各种规整的几何形状。园林形式上整齐一律、均衡对称，强调表现人工美或几何美。

通过以下输入的商业广场地形文件，可以看出广场中对称整齐的布局均衡设置的园林建（构）筑物、铺装及小品景观成为商业广场构图与活动的中心我们在三维造型时要非常注重道路铺装的形式，通过材质创造环境氛围；根据整体风格，在植物设计中多采用花钵、植物整形色块，增添几何美的特征。

二、商业广场造型建模

在本项目建模的景物中，除了商业广场景观中常常采用的喷泉水池外，在制作商业广场效果图时，首先应该考虑效果图的整体构架，了解设计意图，在把握整体构架的基础上，再来进行局部造型的设计制作，然后在整体场景布局中将这些局部造型组合起来，构成一幅完整的效果图。局部造型建模应注意与整体格调相协调，这样才能达到预期的效果。

下面先讲述如何制作商业广场中建筑及装饰中常见的局部构件造型，再进行广场其余部分的基础建模。在制作本范例时，除了要掌握对平面造型进行布尔运算的方法外，还要学会使用环形阵列及镜像复制造型的方法。

任务一　将 AutoCAD 文件导入到 3dsMax 中进行三维建模和场景设置

任务目标

商业广场的建筑模型和景观模型创建。

任务解析

依照商业广场规划平立面图文件建筑图层进行建模，特殊材质制作和编辑、室外日景灯光设置，摄像机与构图等。

打开本书可下载内容中的“广场规划平立面图”．DWG 文件如图 4.2.1 ~ 图 4.2.4 所示，导入到 3dsMax 软件中依照平立面如图 4.2.5 所示。

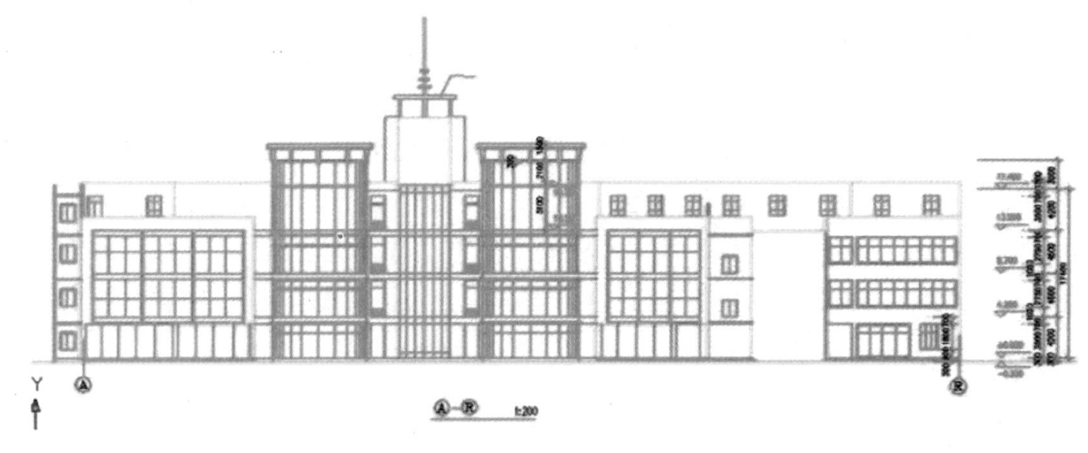

图 4.2.1

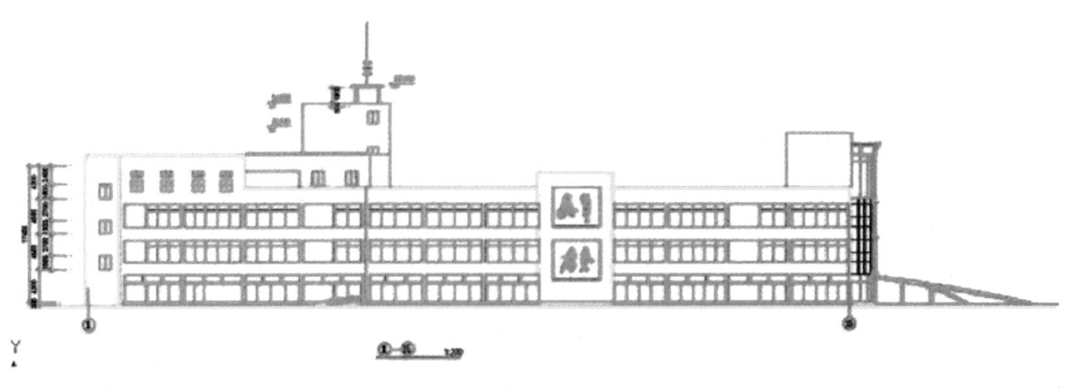

图 4.2.2

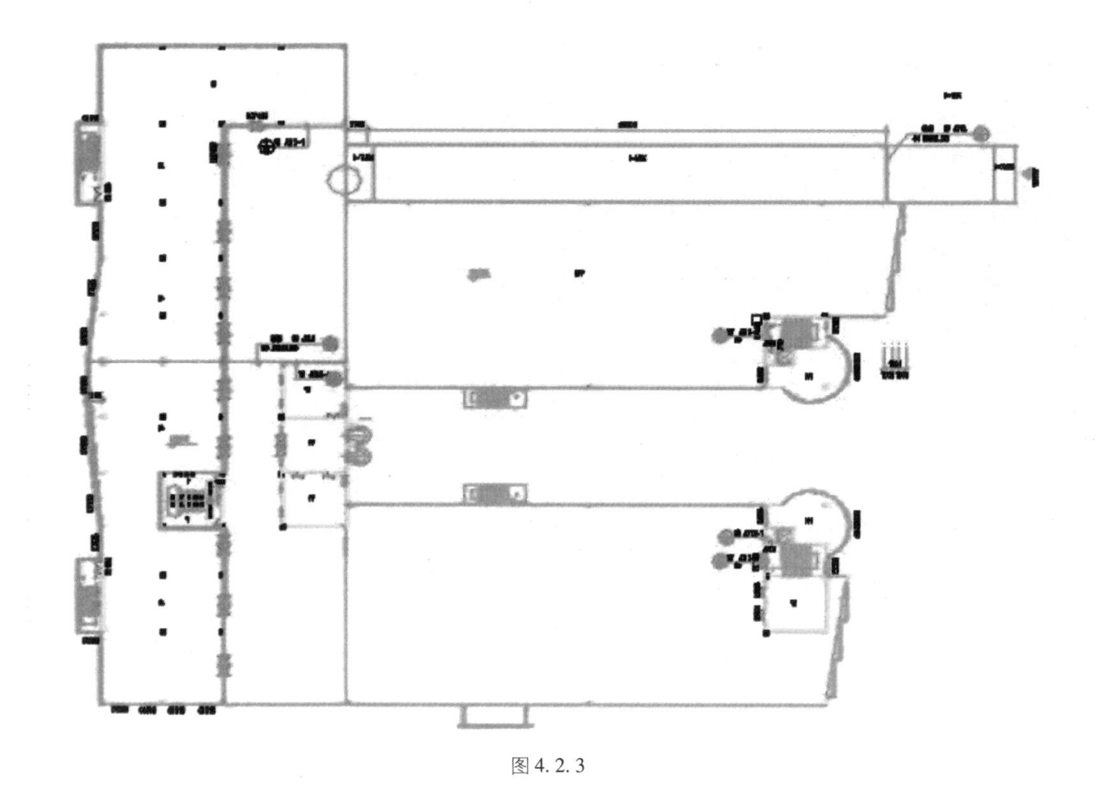

图4.2.3

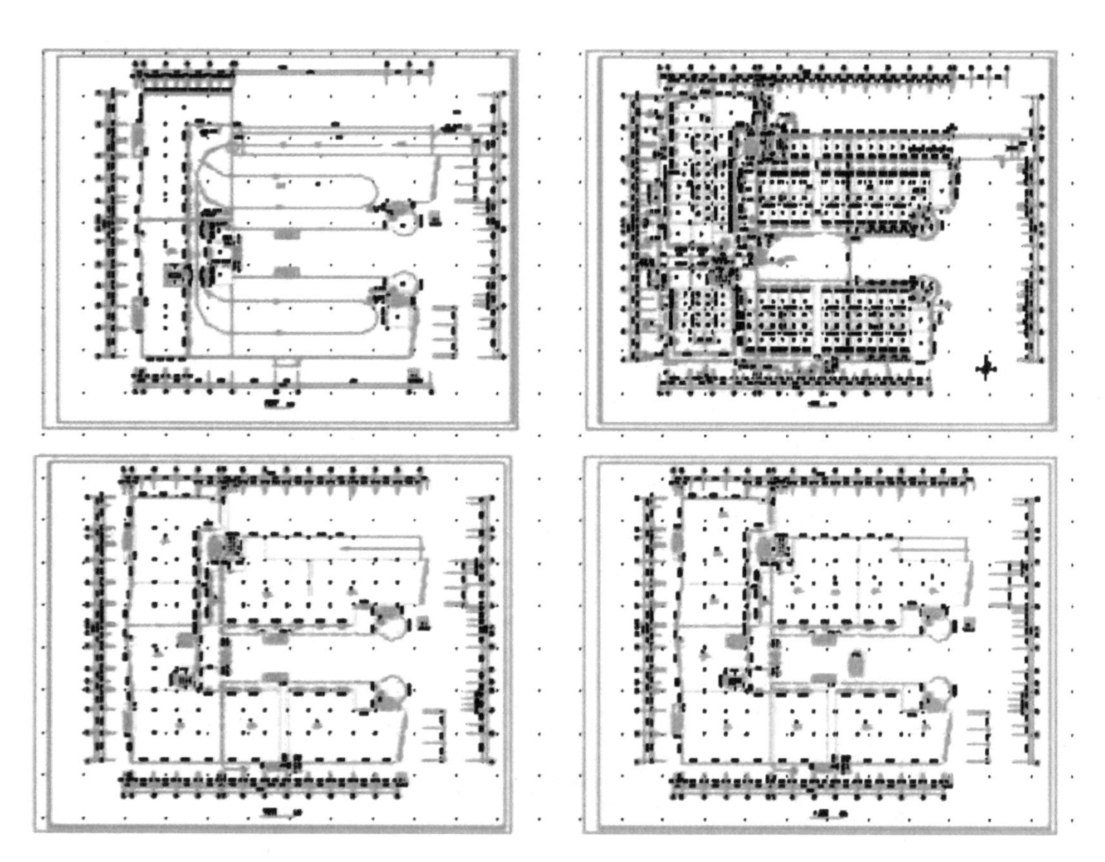

图4.2.4

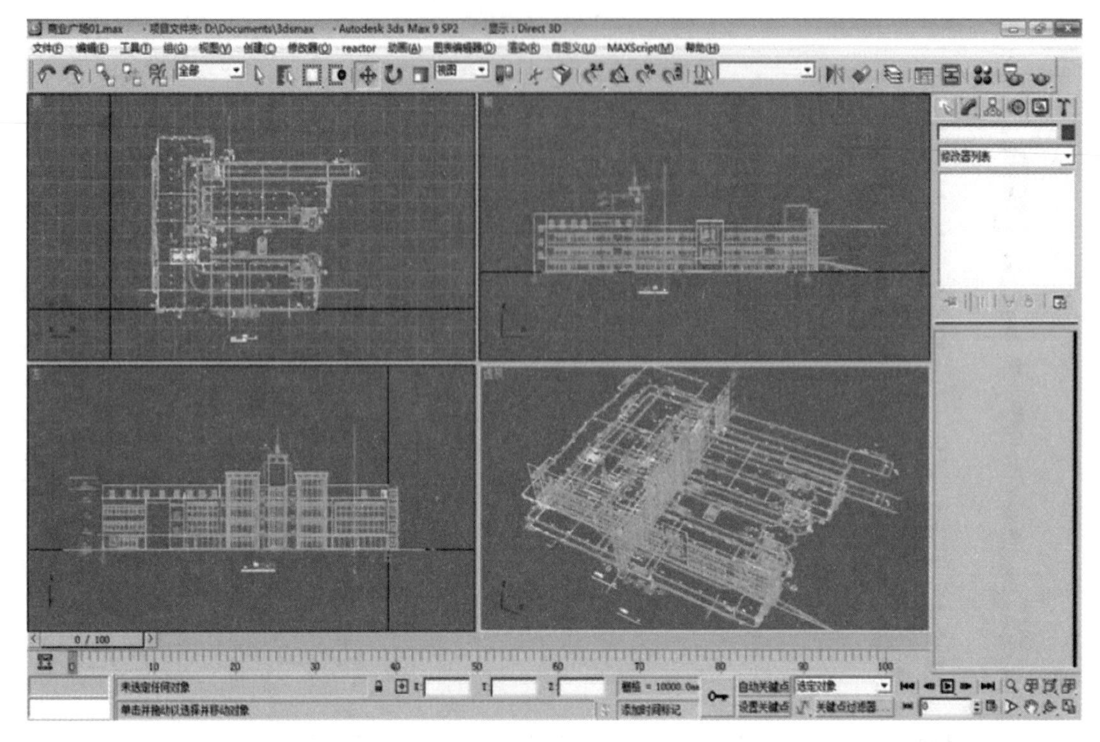

图 4. 2. 5

一、场景模型创建

依照平立面图形进行建筑的外墙体窗口的创建，单击创建命令面板中图形选项里的矩形按钮，在前视图中创建一个图形长度和宽度设置依照立面图形，为了使楼体外形符合实际外形，需要编辑这个二维曲线，再在刚绘制的方形物体内绘制一个方形，方形作为建筑外墙的窗户外形，进入编辑样条线中点层级按照立面图修改大小后并复制完成所有窗户外形，通过修改器中的挤出命令，挤出数值：200mm，如图 4. 2. 6 所示，完成墙体效果如图如图 4. 2. 7 所示。然后再运用同样的命令进行玻璃、窗格和窗框等其他场景模型创建，并把相应的材质指定给模型。

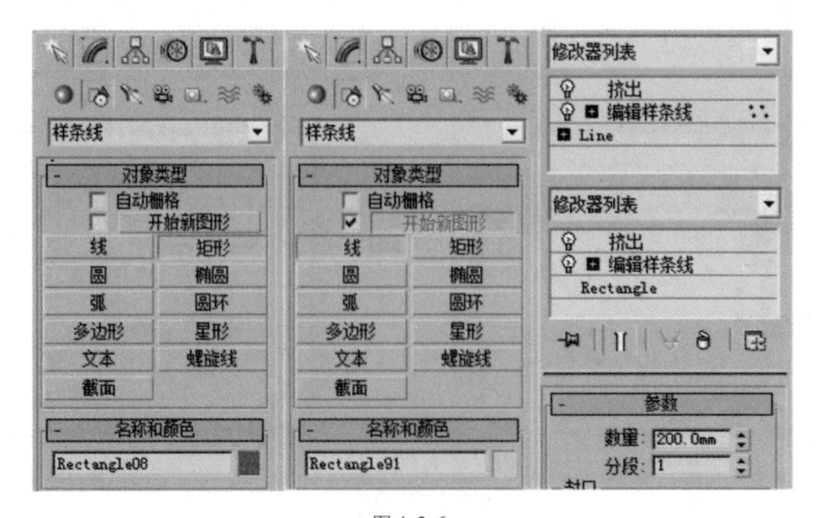

图 4. 2. 6

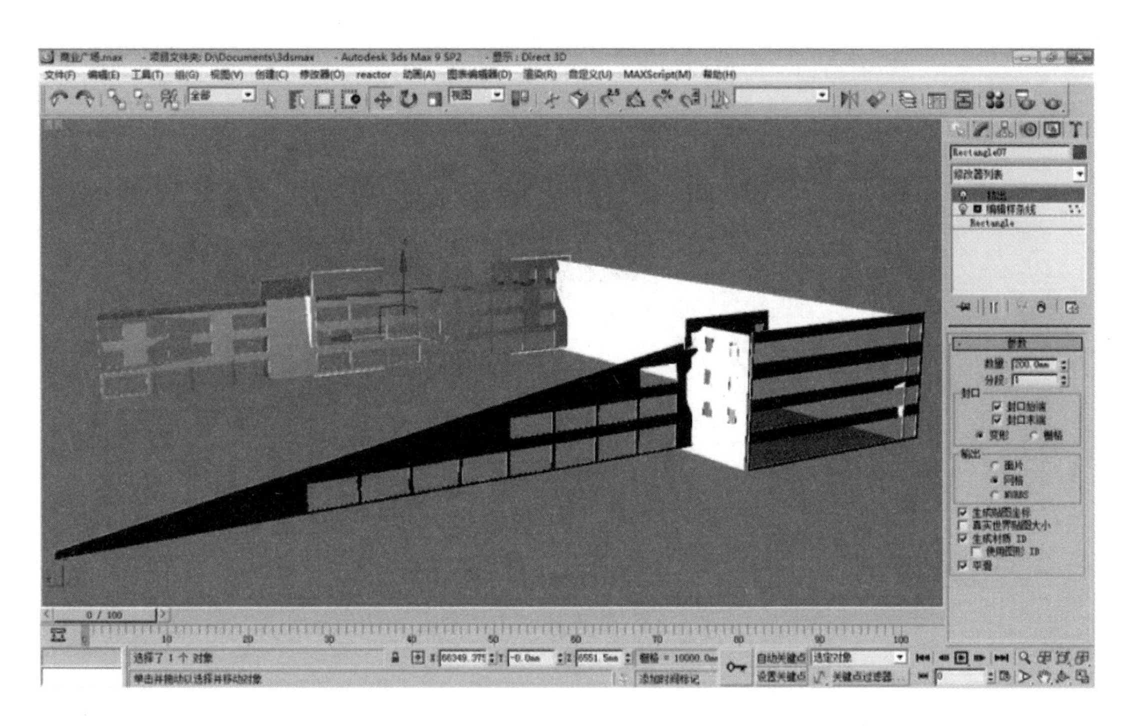

图 4. 2. 7

本案例中圆形玻璃景观建筑比较复杂，运用的建模方法均是二维图形的线、矩形、弧和星行等命令，通过修改器中的编辑样条线、挤出、撤销和编辑网格等命令完成场景模型的创建和编辑。例如先制作出窗户的基本模型，然后再利用复制命令，在楼面上排列窗户的位置。在这一过程中，要注意留出凉台的位置，同时在这一步中还将制作出窗户的材质，先来给窗户附上材质，这样在复制的时候就会连同材质一同复制。这样可以大大方便以后的编辑工作。

至此，基本楼体的造型制作完毕了，进行保存以备用。

二、场景灯光设置

材质指定完成后，进行灯光的设置为场景添加八盏灯光，三盏目标聚光灯一盏个作为主光源和其他两盏辅助光源，主光源参数设置为：强度倍增值为 1. 0，颜色默认白色，阴影选项启用高级光线跟踪，其他选项默认；辅助光源参数设置：强度倍增值为 0. 1，颜色默认白色，其他选项默认。另外五盏泛光灯也作为辅助光源，强度倍增值其中一个盏为 0. 3、其他倍增值均为 0. 1，其他选项默认。主光源与辅助光源创建的位置如图 4. 2. 8 所示，详细见附书光盘中的 Max 场景模型文件。

三、场景摄像机设置

摄像机设置为场景中添加三盏摄像机分别为 Camera01、Camera02 和 Camera03，视角分别为远景俯视、中景平视和近景仰视，由于中景平视和近景仰视透视角度对建筑物产生变形，对 Camera02 和 Camera03 两盏摄像机添加了摄像机校正，执行选择菜单中【修改器】|【摄像机】|【摄像机校正】命令完成，如图 4. 2. 9 和图 4. 2. 10 所示。

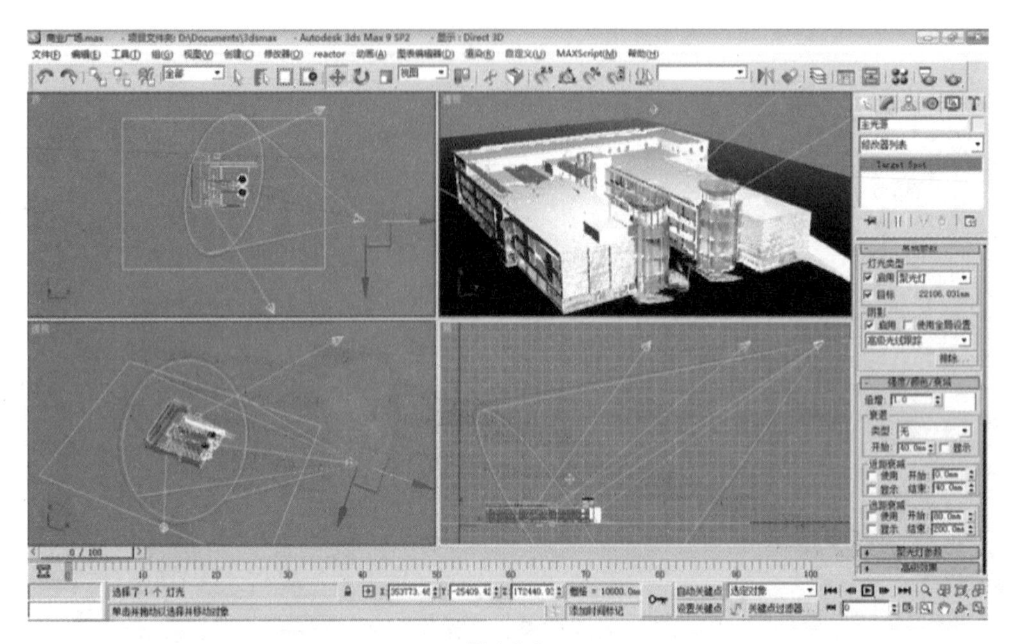

图 4.2.8

图 4.2.9

图 4.2.10

四、场景模型渲染设置

园林建筑效果图制作的前期工作完成了，在输入 Photoshop 软件中进行后期环境处理之前，首先要对图形进行场景渲染，设置渲染图像的尺寸和输出文件的名称、格式等。

具体操作步骤如下。

（1）单击工具栏的【渲染场景】按钮，弹出渲染场景对话框。在对话框中公用参数下输出大小中的【图像纵横比】值为 1.333 并单击按钮锁定比例；将其宽度值改为 2000，则高度自动变为 1500。

（2）在渲染输出选项单击【文件】按钮，弹出渲染输出文件对话框，在对话框中，单击【保存在】右侧窗口中的小黑三角，在弹出的下拉选项框中，设定保存路径；在对话框中【文件名】窗口中输入“商业广场效果图”字样；单击【保存类型】右侧窗口中的小黑三角，在其下拉选项框中选择 TGA 或 TIF 格式选项，如图 4.2.11 所示。单击对话框中的【保存】按钮，文件渲染后即转化为“商业广场效果图 . TGA”文件。对三盏摄像机分别进行渲染，渲染完成效果如图 4.2.12 ~ 图 4.2.14 所示。

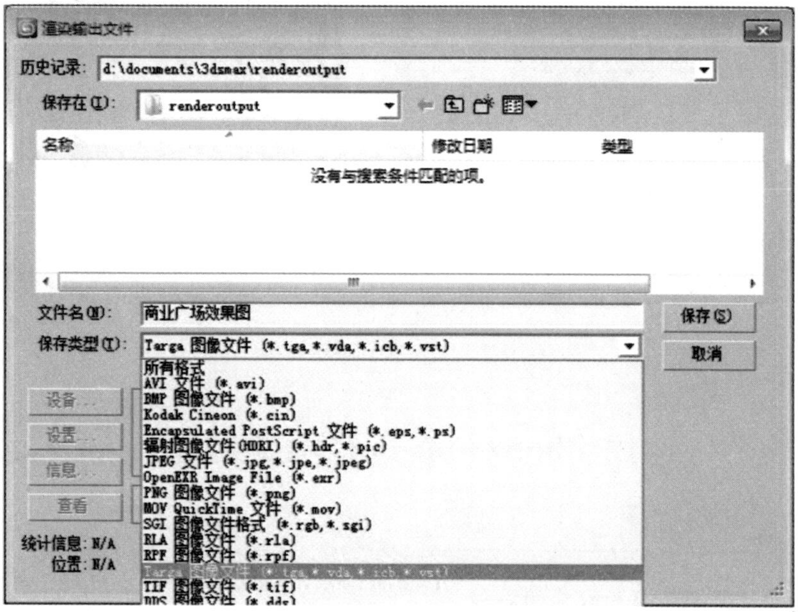

图 4.2.11

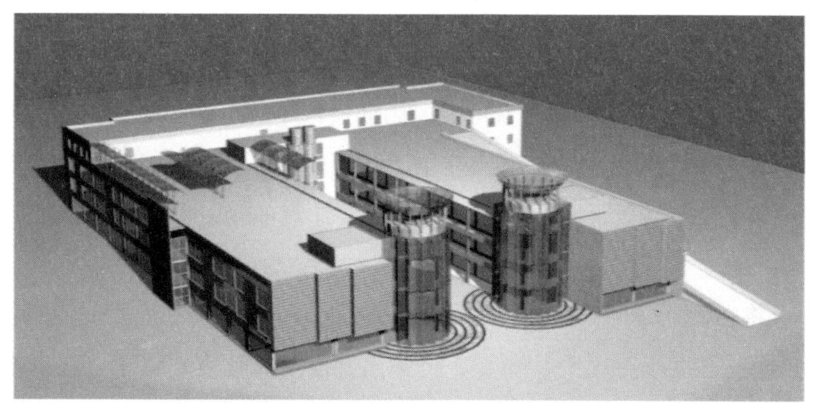

图 4.2.12

图 4. 2. 13

图 4. 2. 14

任务二　运用 Photoshop 进行渲染效果图后期处理

任务目标

对渲染效果图进行色彩调整和配景的添加。

任务解析

依照商业广场场景模型渲染出不同角度的效果图，各个侧立面效果图及配景添加，配景的透视角度与构图等调整。

由于在 3dsMax 中直接渲染的效果往往灰度大，因而层次不够分明，颜色不够鲜艳，为了清除这些弊病，可以利用 Photoshop 对色彩平衡、对比度等效果进行调整，而且同时并入一些其他的人物和植物等配景材料，这样可以更加丰富效果图的内容。不过需要注意的是，并入的图像要注意和主体建筑物的比例透视关系协调一致。

启动 Photoshop，将在 3dsMax 中制作好的效果图“商业广场效果图 . TGA”，文件打开，选择菜单中【图像】｜【调整】｜【亮度｜对比度】命令，将弹出亮度｜对比度对话框，在这个对话框中可以对图像的亮度和对比度进行调整，在该对话框中设置亮度为 0，对比度为 10，如图 4. 2. 15 所示，然后单击“确定”按钮完成设置。

打开一幅天空的图片（教材所附可下载素材中材质），如图4.2.16所示，拖拽至效果图中，执行菜单中【编辑】｜【自由变换】工具或按〈Ctrl+T〉键，调整至如图4.2.16所示的位置。

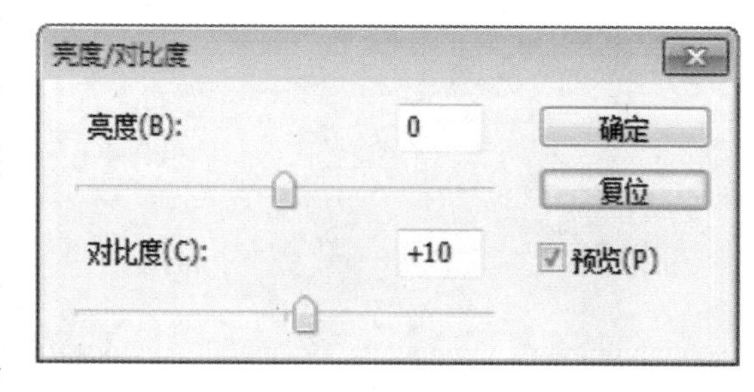

图4.2.15

下面为这张效果图加入树的造型，打开一棵树的素材文件，如图4.2.17所示，在工具条中选择【魔棒】工具或快捷键W键，然后在“树”图片视窗中蓝色区域内单击鼠标，执行菜单中【选择】｜【反选】｜命令或按〈Ctrl+shift+I〉键，将选区反选，这样就选中了图片中树的部分，效果如图4.2.18所示。

图4.2.16

图4.2.17

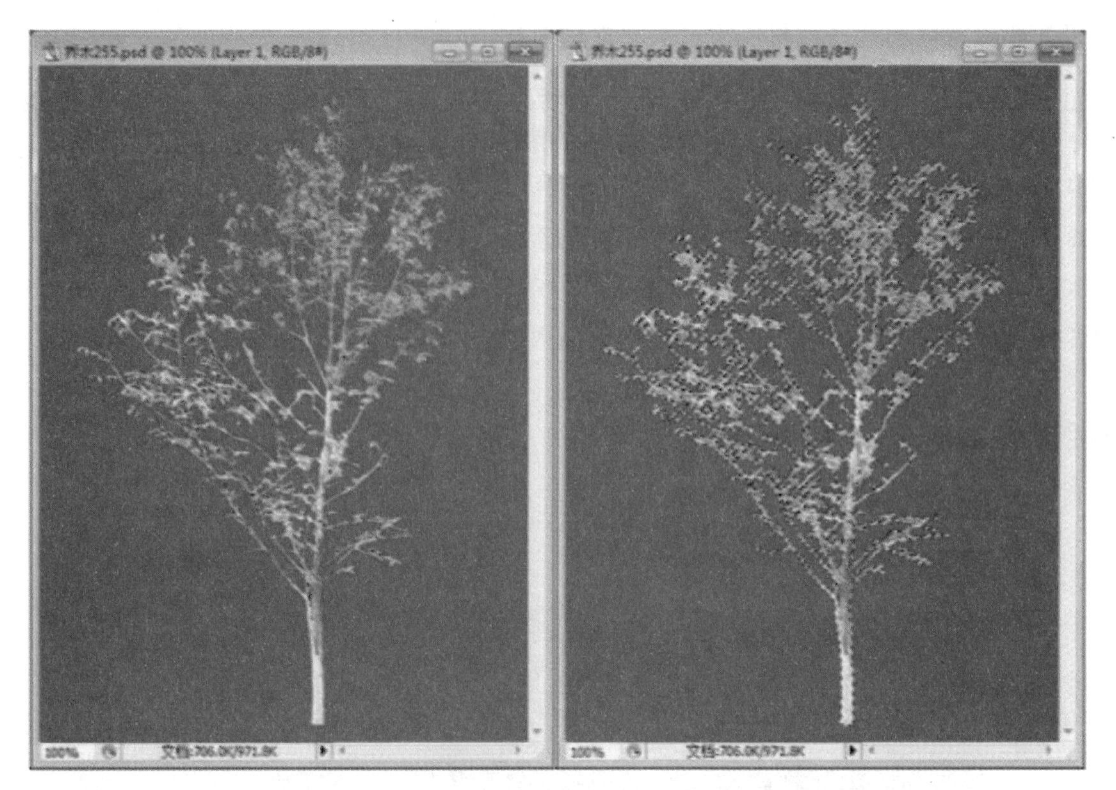

图 4.2.18

选择 Photoshop 工具栏中的移动工具或按快捷键 V 键，将树拖曳到“商业广场效果图”中，由于图像的分辨率不同，所以当树被拖曳到效果图中会显得偏大，需要重新调整树的大小。执行选择菜单中【编辑】｜【自由变换】命令或按〈Ctrl + T〉键，然后通过其矩形调整框对树的大小进行适当调整。参照步骤树的操作方法将各种人物粘贴到渲染效果中，并按照渲染图的透视规律对图片的大小进行调整，然后在工具条中选择【移动】工具，调整各图片的位置。

在图层面板中可以看到，每一个并入的图片都是一个图层，为了在制作阴影时不影响其他图层，需要将阴影放置在单独的层上，单击图层面板底侧的【创建新的图层】按钮，以建立一个新的图层，然后单击工具条底部的前景色样框，打开拾色器对话框，在该对话框中设置阴影颜色为浅灰色，在菜单栏中执行【编辑】｜【填充】命令或按〈Alt + Delete〉键，以前景色填充到选区内完成阴影的绘制，参照上述方法为引入的人和树添加阴影。

为了以后复制方便，把树和树的阴影合并为一层，按照平面规划图的意思，将前面左右的树移动到合适的位置，并按照渲染图的透视规律对各位置的图片的大小进行调整，然后在工具条中选择【移动】工具，调整各图片的位置至适当位置。

参照上述步骤的操作方法，在本书配套可下载材质库中选择合适的图片，将大门内部喷泉、天空的飞鸟前景树等配景素材粘贴到渲染效果中，并按照渲染图的透视规律对图片的大小进行调整，最后选择菜单中【图像】｜【调整】｜【色彩平衡】和【图像】｜【调整】｜【亮度｜对比度】命令对效果图作最后的调整效果，如图 4.2.19 所示。

注意：

（1）及时保存文件可以避免因意外情况或误操作而丢失工作成果，在每完成一部分操作或在自己认为需要的时候将文件保存一下，是必须养成的良好操作习惯。

图4.2.19

（2）在制作墙体造型中通常会有较多的相同造型，这就要大家在创建墙体造型前，先进行分析，找出哪些造型必须单独创建，哪些造型可以通过复制方式获得。这样，可以避免不必要的重复性工作，提高工作效率。

（3）场景的建模下面依照输入的地形图，对广场上其余部分进行基础建模，为了节省电脑资源，提高运行速度，选中上文创建的模型，鼠标右键选择隐藏当前选择命令，将它们隐藏处理。

（4）在Photoshop后期效果处理时，运行文件比较大时需要设置择菜单中【编辑】｜【首选项】｜【增效工具与暂存盘】指定盘符。

问题讨论

场景模型文件的创建、材质纹理的编辑和后期效果处理的写实性。

实训作业

依照本书所附可下载素材中的“商业广场.MAX和JPG”案例文件，进行鸟瞰图的后期处理和各个立面图效果练习，案例文件练习效果，俯视鸟瞰图如图4.2.20所示；黑夜透视效果图4.2.21所示；东立面效果图4.2.22所示；南立面效果图4.2.23所示；西立面效果图4.2.24所示；北立面效果图4.2.25所示；中庭侧立面效果图4.2.26所示；中庭正立面效果图4.2.27所示。

图4.2.20

图 4. 2. 21

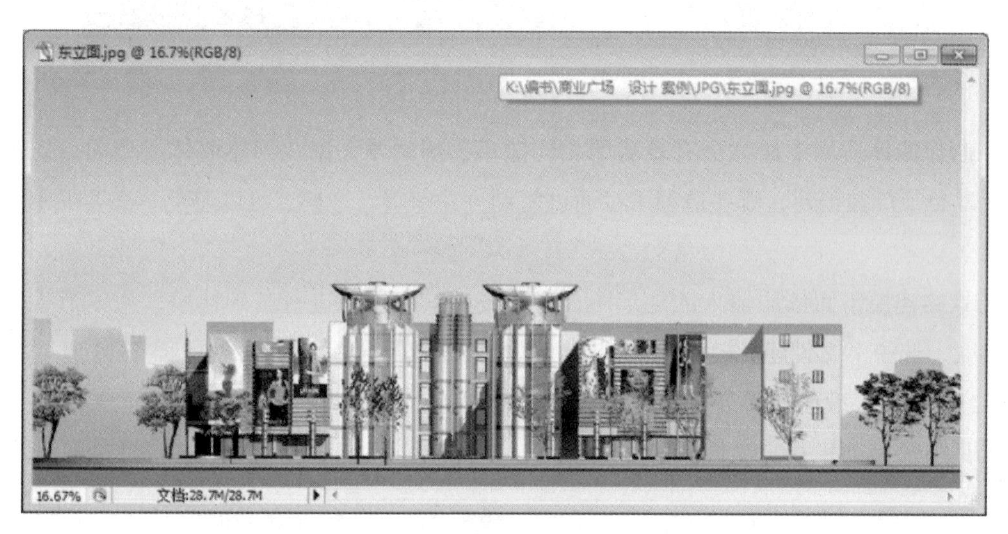

图 4. 2. 22

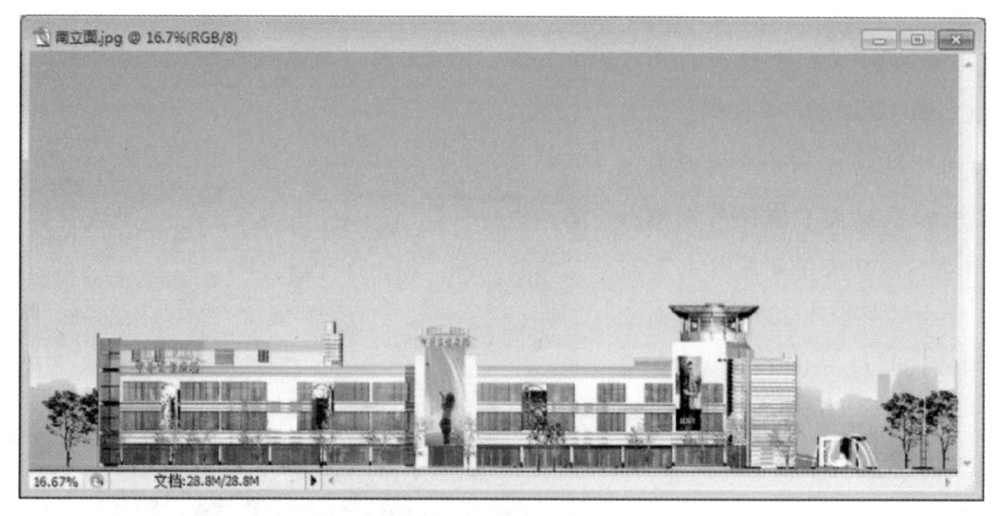

图 4. 2. 23

图 4. 2. 24

图 4. 2. 25

图 4. 2. 26

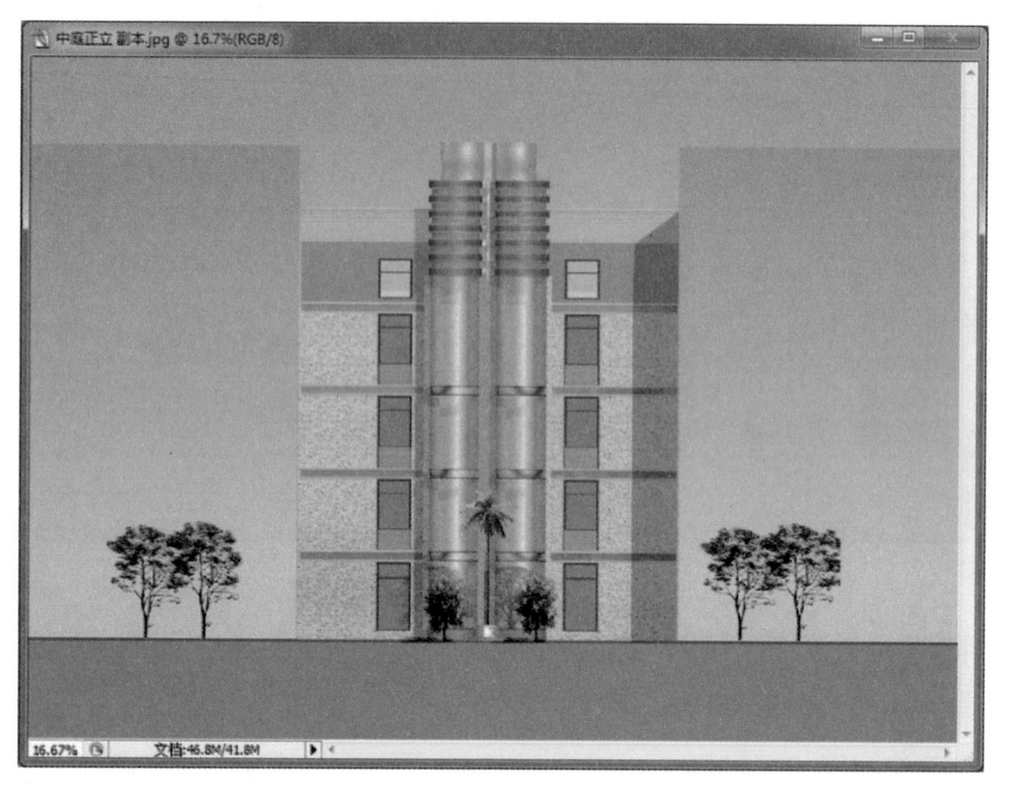

图 4. 2. 27

项目三

居住区效果图制作

一、居住小区规划思路

本项目规划的居住小区根据用地情况，以主楼为中心，将园林绿地分为南、北两处主要景区：北部景区以规则式园林景观为主，南部景区以自然式园林景观为主，相互对比呼应，同时，又不局限于各自的风格，灵活应用造景手法，在各有侧重的基础上，将整体风貌完整统一。小区北部广场总平面以圆形及方形为母体，秩序井然，规则中寓变化，并以绿色植物形态来弱化广场布局生硬的线条，使绿色的自然形态与广场硬质景观的规则秩序形成有趣的对比、呼应、穿插，最终融合为文化广场独具特色的形象。

南部广场景区的主景为一座花架，标示出安逸的休息气氛。

虽然一南一北两处景区在风格侧重上有所不同，但通过植物景观的塑造追求整体上的统一协调。植物景观突出表现了简洁明快的特点，乔木、灌木、地被及草坪显示出绿化的层次性，丰富了小区立面景观。

二、规划效果图配景的类型与技巧

在外环境景观设计效果图的制作中，常常要把周围环境引入画面，以突出整体效果，外环境的场景主要是周边的建筑、道路、河流、地形等，在景观的周边环境处理中，通常采取以下几种方法。

（1）先对设计的景观进行建模，而后根据视图选取的角度，即摄像机的角度综合视图原理，直接从图库中选取合适的背景图片，拖到处理后的景观效果图中并调整，使之符合视觉原理。

（2）选取合适的角度，拍摄所设计的环境周围实景照片作背景，拖到处理后的景观效果图中进行处理。

（3）对周围环境进行虚拟建模，即根据场景需要建模，如在设计的景观周围绘制建筑、道路等，这类场景旨在烘托气氛、突出设计效果，与实际的环境有出入。

（4）对周围环境进行实际建模，把周围场景的实际情况以准确的尺寸塑造出来。

一般来说，方法 1 和方法 2 主要是效果图在后期处理中应用的技巧；方法 3 可以虚拟场景或以实际景物为依照，根据设计表现效果的需要，大致地建造出场景的模型，应用得较多；方法 4 最为繁琐、工作量最大，而且实际的环境很难选取较好的视点烘托设计的氛围，应用得较少。同属于虚拟环境，方法 1 多用于规划鸟瞰图，表现大的场景氛围中常常会用到，方法 3 多用于视点较近、范围较小、表现内容较少的景观环境。为了较轻松地表现实景环境，方法 2 可以与方法 4 结合，进行局部建模，或选好视角后部分使用符合透视原理的照片贴图。

三、基本楼体的造型建模

本节以景观的背景建筑为主，主要介绍小区住宅建模的方法与技巧。大部分住宅小区的建筑物都有着很规则的几何形状，而且具有很高的重复性，所以室外效果图的建模工作一般来说比较简单。

室外设计对建筑物的外部构造和颜色要求比较严格，其中外部构造取决于内部结构，我们在设计建筑外部构造的时候要充分考虑到建筑物的内部结构特点；建筑物的外部颜色与建筑材料、环境光线的明暗有着密切的关系，如时间、天气的不同，建筑物的外部颜色都会反映出不同的变化，这也是制作室外效果图的难点之一。在制作室外效果图的时候，还要注意所绘制的建筑物周围环境（包括建筑）对它也会产生影响，否则便会给人们一种不真实的感觉。

室外建筑物的建模方法和技巧都比较简单，主要是以规则的形体为主，在制作的时候要把重点放在细节的刻画上，如各种装饰和窗户的边框等，在制作基础模型时我们所采用的方法是，先绘制楼体的二维剖面图形，然后再通过挤压命令将其转化成三维的造型。

任务一　居住区场景模型制作

任务目标

掌握校园鸟瞰图制作方法和技巧，配景的添加合成与整体色调调节。

任务解析

依照居住区规划平面图文件进行场景模型创建，同时设置单位统一，常用材质制作和编辑、室外日景灯光设置，摄像机与构图等。

一、基本楼型的制作

1. 定义 3dsMax 的工作尺寸

执行菜单中【自定义】|【单位设置】，在弹出的对话框中显示单位比例选中公制选项，并在其下拉列表中选择毫米，把计算单位设置成毫米制单位。

绘制出楼体一层的正面二维图形，单击创建命令面板图形选项【矩形】命令按钮，在前视图的中心位置。

绘制出一个方形曲线作为楼体一层的外立面，设置它的参数为长度 4000，宽度 3000，为了使楼体外形符合实际外形，需要编辑这个二维曲线，单击创建命令面板图形中选项【矩形】命令按钮，再在刚绘制的方形物体内绘制中、小两个方形，中方形作为一层的窗户外形，设置它的参数为长度1500，宽度1400。将这三个方形焊接在一起。让大方形处于选中状态，进入修改命令面板，单击修改器列表下拉菜单中的【编辑样条线】，给这个方形加入编辑样条线命令，单击选择展卷栏中的【顶点】进入正方形曲线的次物体级别—顶点层级，在几何体展卷栏中选择【附加】按钮，在前视图中单击中方形曲线，再单击小方形的边线，这样三个方形就焊接在一起了，接下来移动曲线到合适的位置。这样一个住宅楼的一层截面形状就绘制好了。现在可以进行挤出操作了，单击命令面板中的修改标签按钮，以进入修改命令面板。单击修改器列表下拉菜单中的【挤出】命令刚刚绘制好的曲线加入挤出命令，然后更改参数卷展栏中的挤出数值为240。

2. 制作窗户的基本模型

先制作出窗户的基本模型，然后再利用复制命令，在楼面上排列窗户的位置，在这一过程中，要注意留出凉台的位置，同时在这一步中还将制作出窗户的材质，这样可以大大方便以后的工作。

先来制作出窗户的基本模型。单击创建命令面板几何体中的【长方体】按钮，在前视图中创建6个长方体物体，其中4个为楼体的窗户的外边框2个作为窗户中间的垂直横撑。利用复制的方法，复制出楼体一层窗户的边框和横撑，并在修改命令面板中修改参数以使其符合窗户的形状。完成效果如图4.3.1所示。我们先来给窗户附上材质，这样在复制的时候就会连同材质一同复制。以方便我们以后的编辑工作。窗户的材质是在3dsMax中默认提供的，这也是3dsMax中的一个新特点，如图4.3.2所示。

图4.3.1

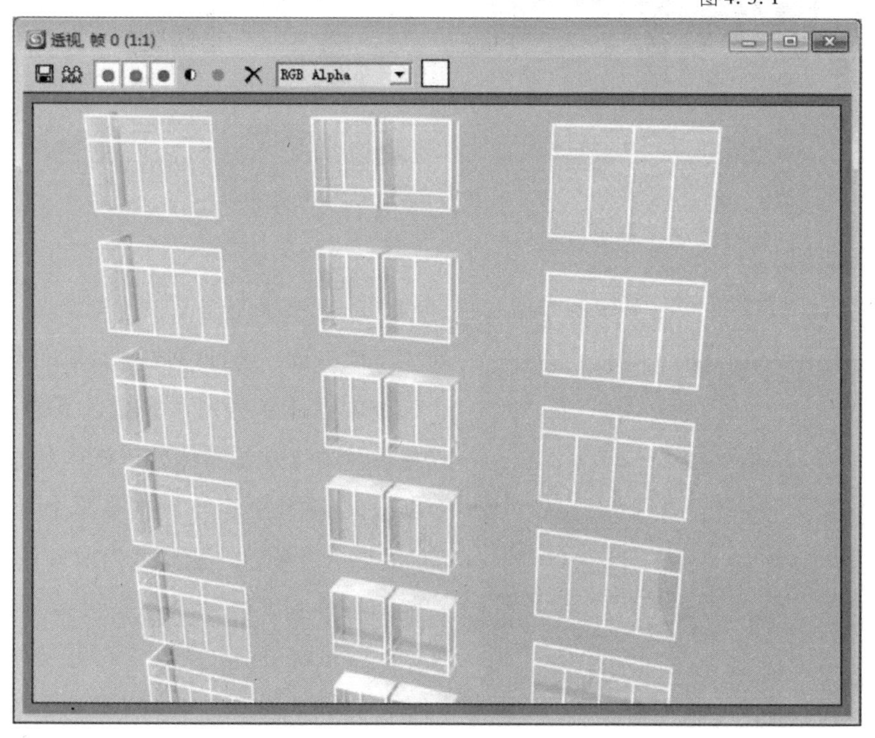

图4.3.2

用框选的方法，将窗套和窗户的造型群组起来，选择菜单中【组】|【成组】弹出组对话框，在对话框中改组名为“窗户”，完成窗户的创建。

3. 制作楼体的阳台

阳台的结构主要由两个部分组成，一部分是阳台门的造型，另一部分是阳台主体的造型。制作阳台主体的造型，将通过绘制二维曲线再用旋转的方法来制作这一部分的造型，单击建命令面板图形选项【线】命令按钮，在顶视图中绘制出一条曲线，然后进行旋转操作。单击修改器列表下拉菜单中的【撤销】命令完成创建，阳台上其他的装饰性造型参考上述步骤和方法进行制作（可以自行选择制作装饰性造型）并在4个视图中将它们和阳台主体移动到相应位置上。

4. 制作楼体的正面造型

先单击命令面板图形选项【矩形】命令按钮，在前视图的中心位置中绘制出两个矩形曲线作为楼体的外立面，设置它的参数；再利用复制的方法复制出楼面的窗户造型，调整两个矩形和窗户的位置，最后形体如图4.3.3所示。

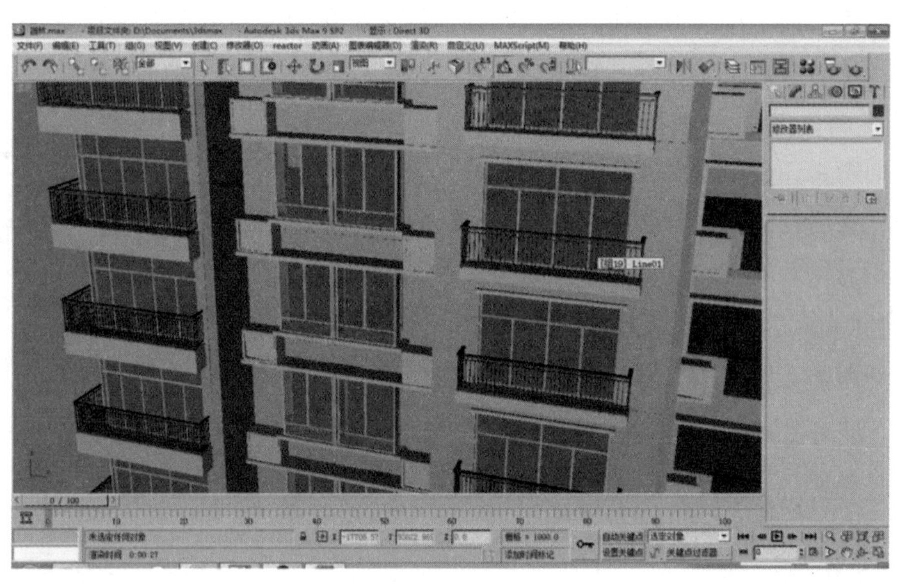

图4.3.3

5. 制作屋顶的造型

屋顶的造型要运用布尔运算，利用制作窗套顶部构件的方法来制作屋顶，先建立一个长方体物体作为屋顶构造，进行缩放后屋顶的形态，再制作几个长方体物体作为屋顶露台，下面进行布尔运算，让编辑过的长方体物体处于选中状态，选择创建命令面板几何体三角号下拉菜单中选择复合对象中【布尔】命令按钮，选择【拾取操作对象B】按钮，在视图中分别点选4个小长方体，完成屋顶创建，如图4.3.4所示。

图4.3.4

框选中所有物体，执行菜单栏中【组】|【成组】弹出组对话框，在对话框中改组名为“楼体”。至此，基本楼体的造型制作完毕了，进行保存以备用。

6. 制作小区地面造型

在上文中我们已经将住宅小区中基本楼型等造型都制作好了，下边将是输入小区整体住宅规划图来制作小区平面部分。占据图面的主要是3部分：①比较大的草坪；②人行道的造型，其中人行道的造型将通过二维曲线再挤出的方法来制作；③水体的创建，造型也是通过二维曲线再挤出的方法来制作。

7. 楼体结构合并

在制作好的地形图上，根据楼体在CAD平面图中的平面位置，执行菜单栏中【文件】|【合并】命令，弹出合并文件对话框，把上文制作的楼体等造型一一合并到地形图中。详细操作请参考以前的知识，自行操作，如图4.3.5所示。

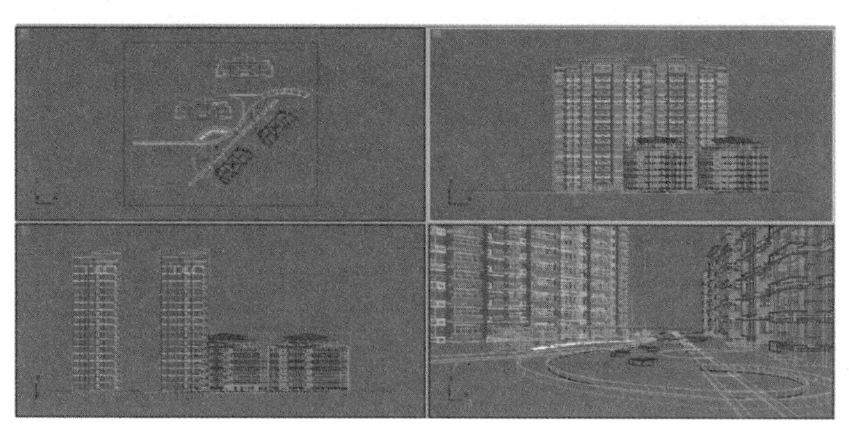

图4.3.5

二、场景中模型材质的编辑制作

我们将为当前的场景添加材质，在制作材质的时候读者要注意玻璃材质的制作方法，在主体材质制作完成以后，还将使用Photoshop软件对这幅效果图进行外部环境的加工。详细设置见配套光盘中模型文件材质参数设置。

三、摄像机与灯光的设置

（1）设置摄像机，为了表现出居住区整体场景的视野开阔感，烘托环境氛围，在设置摄像机时采用全景鸟瞰角度；根据居住区规划总平面图，将视点定在居住区的左侧前上方，以更好表现住宅小区整体风格与布局特点。

在场景较大的规划设计中，仅仅一个鸟瞰图是不够的。为了更深入细致地表现规划设计的内容，常常会有不同角度的鸟瞰图和多个单体的平视或仰（俯）视图，共同丰富、表现制作效果。在本例的住宅小区规划中，为了更细致地表现出住宅小区的单体环境，还制作了一张建筑单体的环境效果图。

（2）添加灯光，将为当前的鸟瞰场景添加灯光。室外效果图的照明工作将非常简单，将主要使用泛光灯来完成对场景的照明工作。

对于室外效果图来说，最常用到的灯光类型就是泛光灯，因为这种灯光在作用场景的时候都能够得到较大的照射范围。在为室外效果图设置灯光的时候一定要注意灯光的角度对灯光效果的影响，灯光与建筑物的距离越大，光线越趋向垂直的方向，建筑物表面越亮，但建筑物表面的明暗变化就会越小，详细设置见配套光盘中”居住区整体场景”模型文件灯光参数设置。添加灯光如图4.3.6所示。

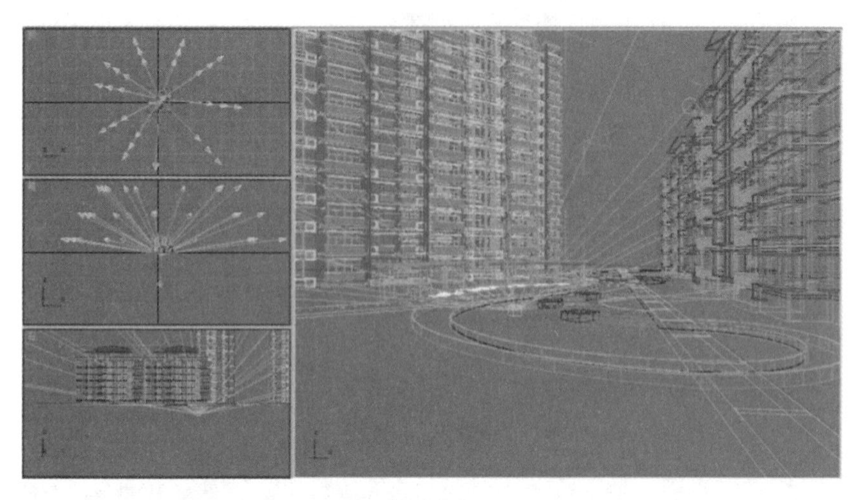

图4.3.6

对于单体住宅楼的灯光设置，请前面的操作和上文的步骤，自行尝试添加。注意调节光照强度和方向，要表现楼宇材质的华丽与气派感。

四、场景的渲染

在进行Photoshop处理之前，先要对图形进行渲染，而后转换图片的格式为“.TGA”。

单击工具栏中【渲染场景对话框】按钮或按下F10键，系统弹出渲染场景对话框，可以进行图像尺寸，输出文件名和类型的设置。

【渲染场景对话框】对话框中输出大小类参数下，单击锁定按钮【图像长宽比锁定】按钮，将其宽度值改为4000，其高度值自动变为3000。渲染效果如图4.3.7所示。

图4.3.7

注意：

（1）在制作墙体造型中通常会有较多的相同造型。这就要大家在创建墙体造型前，先进行分析，找出哪些造型必须单独创建，哪些造型可以通过复制方式获得。这样，可以避免不必要的重复性工作，提高工作效率。

（2）在创建物体造型时，由于创建的造型太多，不便于以后进行选择，所以一般在创建完成某一类造型时，就将所有的造型成组，这样会减少以后用于修改的时间，便于操作。

（3）及时保存文件可以避免因意外情况或误操作而丢失工作成果，在每完成一部分操作或在自己认为需要的时候将文件保存一下，是必须养成的良好操作习惯。

任务二　居住区效果图 Photoshop 后期制作

任务目标

掌握居住区效果图后期制作方法和技巧，远中近景配景的添加合成。

任务解析

依照居住区规划设计要求进行建模，同时单位要统一，常用材质制作和编辑、灯光设置、摄像机透视运用等。

由于在 3dsMax 中直接渲染的效果往往灰度大，因而层次不够分明，颜色层次不够分明，颜色不够鲜艳，为了清除这些弊病，可以利用 Photoshop 对效果进行处理，同时并入一些其他的配景，丰富效果图的内容，不过需要注意的是，并入的图像要和主体建筑物的比例透视关系协调一致。

（1）启动 Photoshop，将在 3dsMax 中制作好的效果图文件打开，执行菜单栏中【图像】｜【调整】｜【亮度/对比度】命令，将弹出“亮度/对比度”对话框，在这个对话框中可以对图像的亮度和对比度进行调整，在该对话框中设置亮度为 0，对比度为 10，然后单击【确定】按钮完成设置。

（2）下面为这张效果图加入树的造型。打开一棵树的素材文件，在工具箱中选择【魔棒】工具或按快捷键 W，然后在“树”图片视窗中蓝色区域内单击鼠标，执行菜单栏中【选择】【反选】命令或按快捷键〈Ctrl + Shift + I〉，以将选区反选，这样我们就选中了图片中树的部分。

（3）选择 Photoshop 工具栏中的【移动】工具或按快捷键 V，接下来可以将树拖曳到原效果图中。

（4）由于图像的分辨率不同，所以当树被拖曳到效果图中后会显得偏大，需要重新调整树的大小。执行菜单栏中【编辑】｜【自由变换】中缩放命令或按〈Ctrl + T〉，然后通过其矩形调整框对树的大小进行适当调整。

（5）参照步骤 2～4 的操作方法，在工具箱中选择【魔棒】工具或按快捷键 W，将效果图远处浅蓝色和绿地选中，按键盘〈Delete〉键删除，执行菜单栏中【选择】｜【取消选区】命令或按〈Ctrl + D〉取消选区，效果如图 4.3.8 所示，然后为效果图添加远景图片和草坪图片，如图 4.3.9 所示。同样方法将园路、水体和水中楼体倒影制作完成，如图 4.3.10 所示，可以在本书配套可下载材质中选择各种人物图片，并将其粘贴到效果图中，并按照渲染图的透视规律对图片的大小进行调整，然后在工具箱中选择【移动】工具或按V键，调整各图片的位置。

（6）在图层面板中激活一个人物图片所在的图层，选择【魔棒】工具（或按W键）在图片视窗中单击鼠标，可以看到并入的图片周围出现了选区，执行菜单栏中【选择】｜【反选】命令或按〈Ctrl + Shift + I〉，将选区反选，然后执行菜单栏中【选择】｜【变换选区】命令，通过矩形调整框将选区压扁拉长，这个选区将作为阴影的轮廓。

图4.3.8

图4.3.9

图4.3.10

图4.3.11

（7）在图层面板中可以看到，每一个并入图片都是一个图层，为了在制作阴影时不影响其他图层，需要将阴影放置在单独的层上，单击图层面板底侧的【创建新的图层】按钮，以建立一个新的图层，然后单击工具箱底部的前景色样框【打开拾色器对话框】在该对话框中设置阴影颜色为浅灰色，在菜单栏中执行【编辑】｜【填充】命令或按〈Alt + Delete〉键，以前景色填充到选区内完成阴影的绘制，最后参照上述方法为其他引入的物体添加阴影。

（8）为了以后复制方便，把树和树的阴影合并为一层，按照平面规划图设计复制，将前面左右的树移动到合适的位置，并按照渲染图的透视规律对各位置的图片的大小进行调整，然后在工具箱中选择【移动】工具，调整各图片的位置至适当位置。

对于住宅单体的表现图配景，请参照上文的步骤和前部分章节的讲解，自己尝试制作。

在本项目中主要介绍了居住区中的各个组成部分的制作方法。这些造型只是居住区中的局部构件，一般不会独立使用，所以存实际应用中，还要注意使其与整体布局及周围环境相协调。在构建居住区造型时，不仅要考虑到造型排列的美观，也要考虑到整个造型布局的合理性，这就要求读者平时多注意观察，多看一些与居住区建筑及环境相关的书籍、图片和设计效果图，不断提高自己的鉴赏能力和设计水平面设计出品质上乘的效果图。

注意：

（1）及时保存文件可以避免因意外情况或误操作而丢失工作成果，随时按〈Ctrl + S〉键必须养成的良好操作习惯。

（2）在 Photoshop 后期效果处理时，尽量熟练运用快捷键全屏操作，可以大大加快绘制速度，运行文件比较大时一定要进行暂存盘设置，指定盘符。

问题讨论

Photoshop 后期效果处理的写实性。

实训作业

依照本书配套可下载素材模块四项目三中的“居住区 . MAX 和 TGA”案例文件，进行居住区鸟瞰图的后期处理案例练习，如图 4. 3. 12 所示。

图 4. 3. 12

项目四

校园效果图制作

运用 CAD－3D－PS 三个软件完成此项目，通过 AutoCAD 基本命令和编辑功能绘制校园平面图形，更重要的是运用 3dsMax 创建命令和修改器可以迅速完成相同或相近的校园的主体建筑、景观以及园路的三维模型场景的创建，并且操作方便快捷，熟练地运用图形在 AutoCAD、3dsMax、Photoshop 软件之间相互转化，操作流程：依照 AutoCAD 文件黑龙江农垦职业学院校园规划平面图如图 4.4.1 所示，将相关数据导入到 3dsMax 软件中进行三维建模如图 4.4.2 所示，在 3dsMax 中进行模型创建、材质编辑以及灯光和摄像机的设置完成，然后进行渲染效果图存储为 *.TIF 或 *.TGA 图片格式，最后运用 Photoshop 软件进行效果图后期处理如图 4.4.3 所示，达到自己或客户满意的效果图。如何快速的绘制好理想模型文件和效果图，就需要熟练掌握 AutoCAD、3dsMax、Photosho 三个软件的基本命令和编辑功能以及各自功能特点应用的领域，并且能灵活运用所有命令和相关的绘图技巧，能够达到意想不到艺术效果。

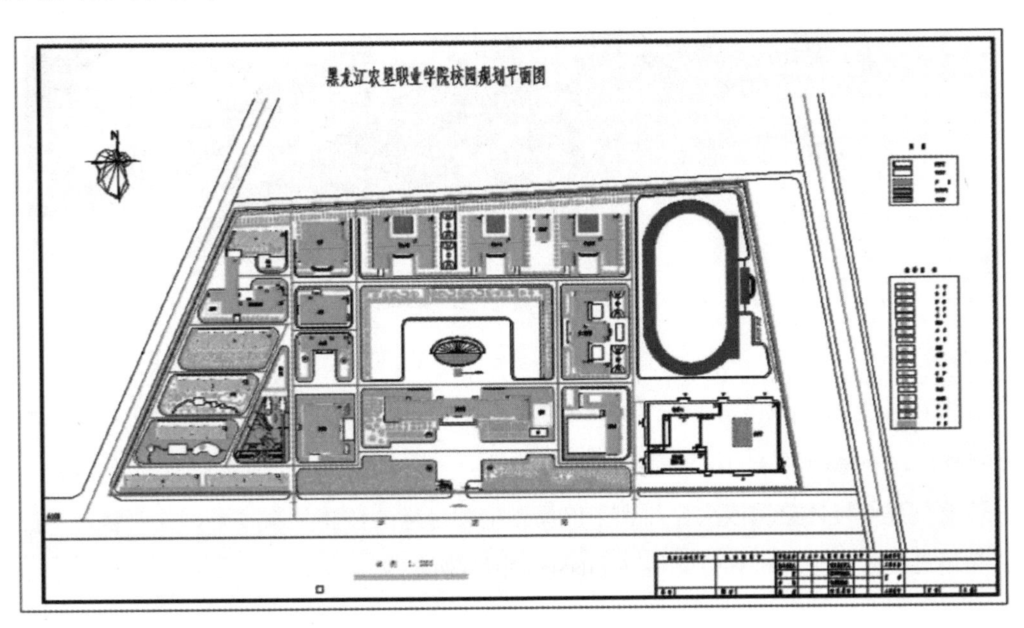

图4.4.1

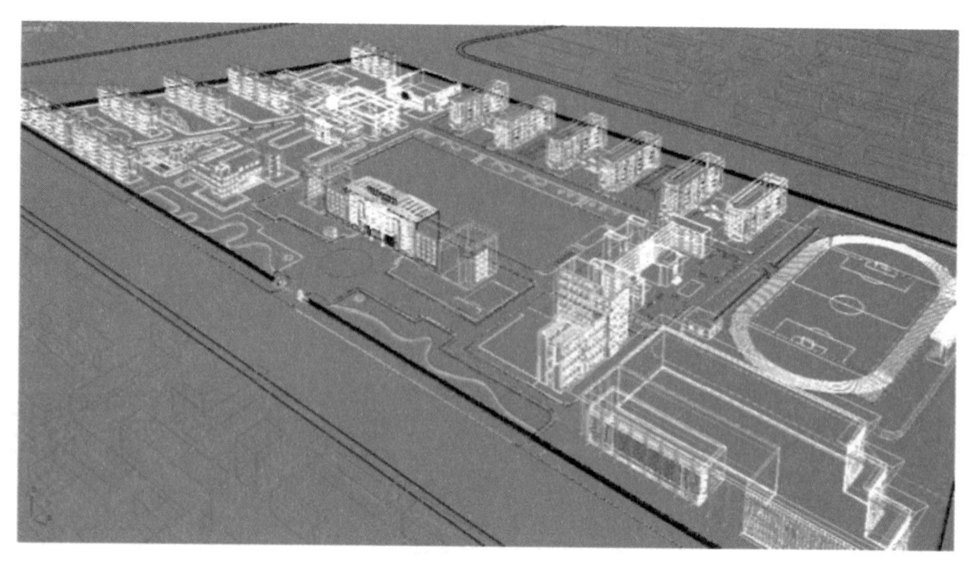

图4.4.2

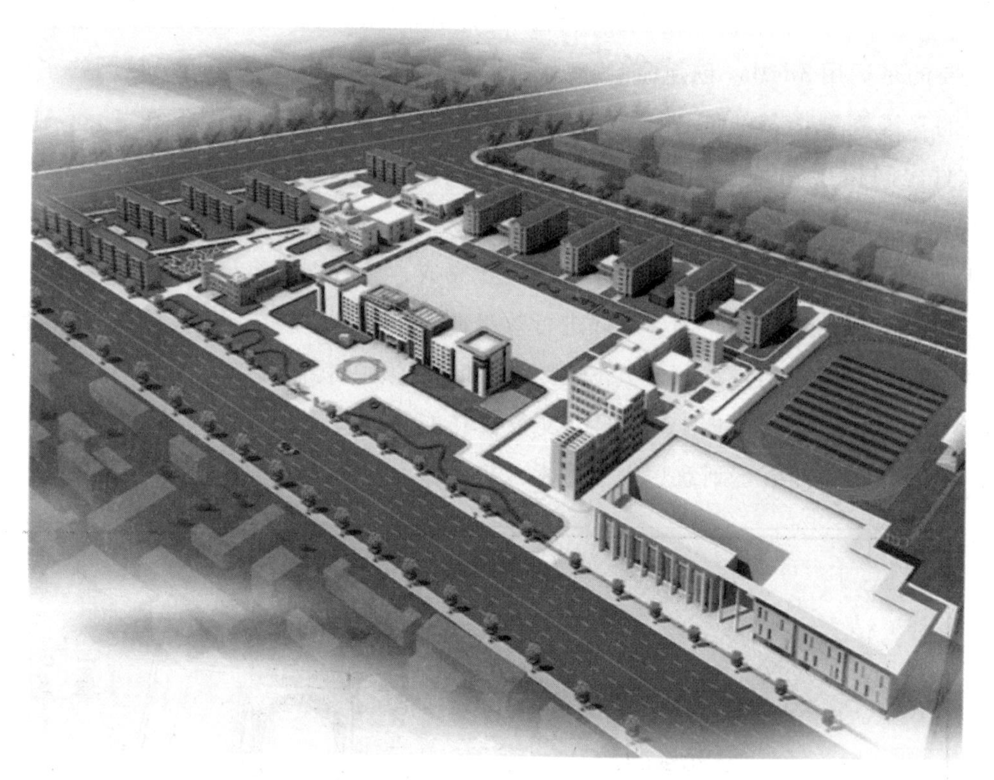

图4.4.3

制作构思如下。

(1) 首先在依照AutoCAD文件在3dsMax中使用线拉伸以及阵列复制等命令来完成鸟瞰效果图地形模型部分的制作，并将调制好的材质赋给各相应构件。

(2) 再将创建好楼体造型依次合并到当前场景中，一样的楼体复制多个，并调整好其位置。

(3) 为场景设置好摄像机和灯光后在3dsMax中渲染输出。

(4) 最后在Photoshop中为渲染出的鸟瞰效果图添加环境、人物、汽车、树木等配景，完成其最终处理效果。

任务一　利用AutoCAD文件对黑龙江农垦职业学院校园规划平面图进行整理

任务目标

对黑龙江农垦职业学院校园规划平面图建筑用地、公共用地以及道路边界进行分层整理。

任务解析

对校园规划平面图文件中的各图层进行归纳整理，方便下一步导入3dsMax建模准备，同时单位要统一，将图形尺寸调整到实际尺寸。

本部分内容对AutoCAD基本命令不再重复讲解，案例中相关命令运用。

启动AutoCAD软件打开本书配套可下载素材“黑龙江农垦职业学院校园规划平面图.dwg”文件，将平面图中的所有规划建筑的边线合并到一个图层、道路边线合并到一个图层，没有闭合的建筑物边线以及道路边线运用多段线命令描绘闭合图形或运用编辑多段线命令编辑原线形将其闭合，形成闭合图形如图4.4.4所示，将其他图层隐藏或删除并将文件另存为3D底图.dwg。

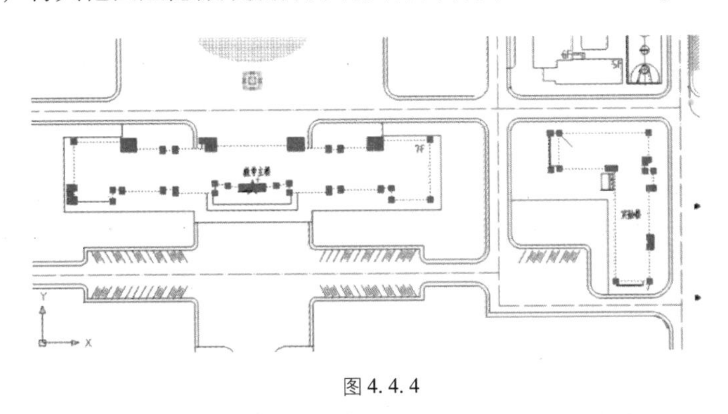

图4.4.4

注意：

（1）在对图形进行绘制，画线时尽量用多段线其便于编辑和画闭合图形。

（2）保证图形单位比例统一。

任务二　将AutoCAD文件导入到3dsMax软件中进行校园三维建模和场景设置

任务目标

校园内场景中所有建筑物模型的创建，材质灯光摄像机设置。

任务解析

依照校园规划平面图文件规划建筑图层进行建模，同时单位要统一，常用材质制作和编辑、室外日景灯光设置，摄像机与构图等。

启动3dsMax软件首先进行单位设置，然后选择菜单中【文件】|【导入】弹出【选择要导入的文件】对话框，将文件类型选择AutoCAD图形（*.DWG，*.DXF）为如图4.4.5所示，打开文件名为农垦职业规划平面图.dwg后弹出【AutoCAD DWG/DXF导入选项】对话框如图4.4.6所示，在几何体选项卡上勾选【重缩放传入的单位：毫米】其他选项默认；在层选项卡上选择【从列表中选择】勾选需要的图层如图。然后确定导入文件完成如图4.4.7所示。

（1）首先进行绿地、道路、广场铺装、绿篱等基本场景创建，完成效果如图4.4.8所示。

（2）将导入3dsMax中的层：道路边线和层：规划建筑线型选中进入修改命令面板可编辑样条线命令中的样条线层级，如图4.4.9所示，分别选中道路线型、建筑线型进行分离，如图4.4.10所示，分离出来的图形通过可编辑样条生成闭合图形，分别使用挤出命令按照实际尺寸创建。

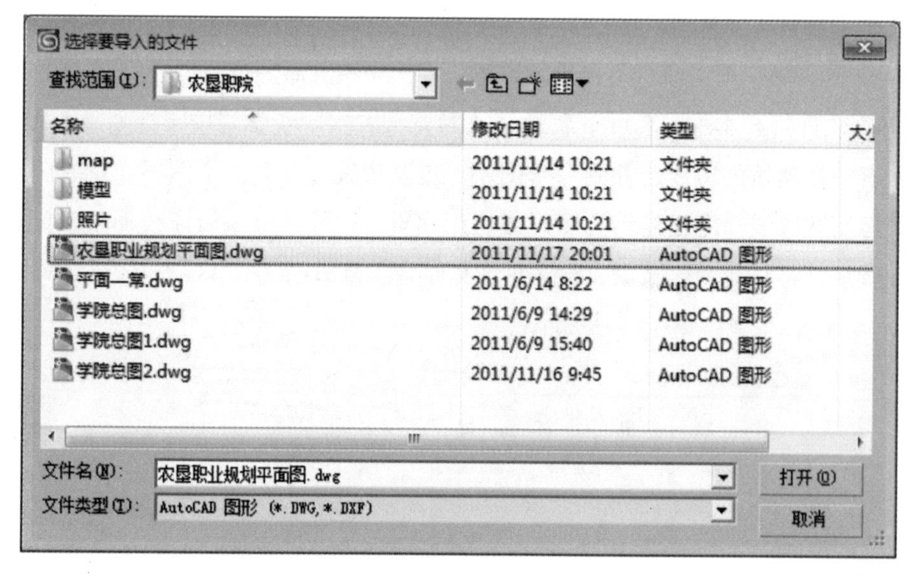

图4.4.5

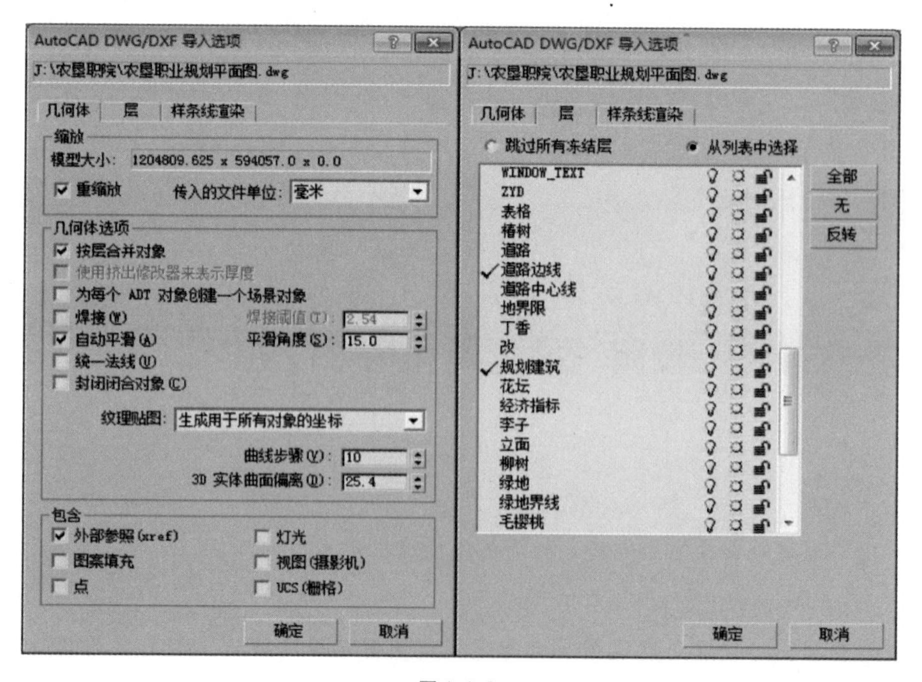

图4.4.6

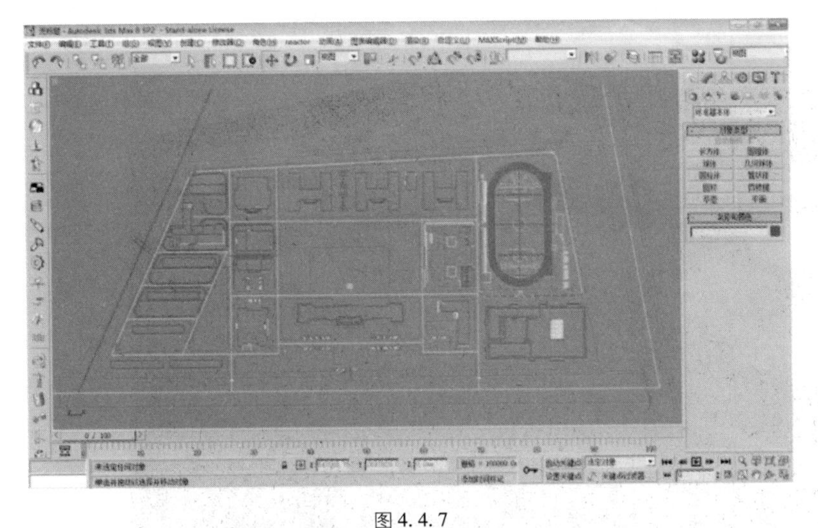

图 4.4.7

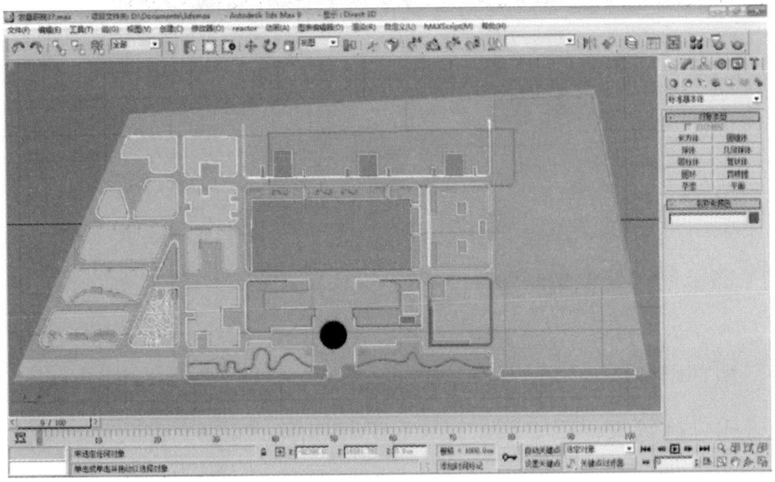

图 4.4.8

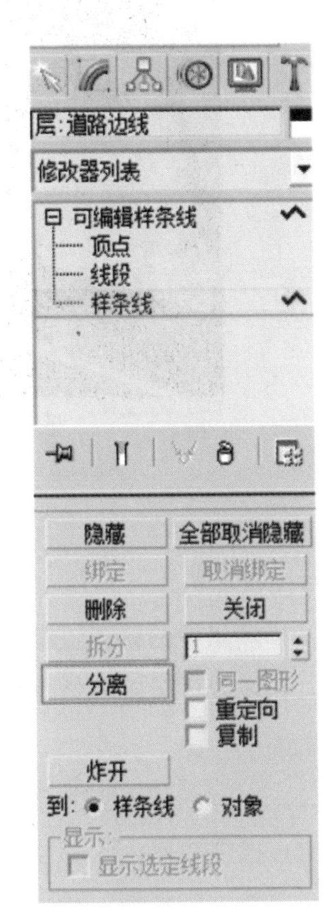

图 4.4.9

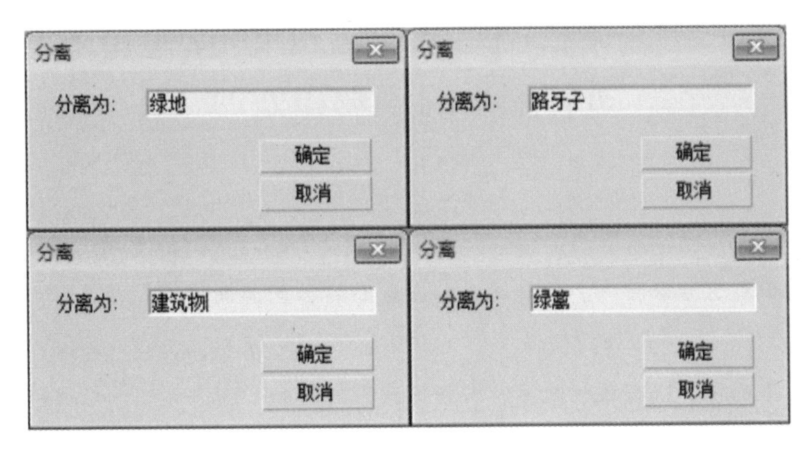

图 4.4.10

（3）进行绿地、广场铺装、道路、路牙子等地面大的场景信息的创建保存为主场景，然后进行场景中的建筑模型创建，案例中模型比较多，所以把建筑底图线型分离出来进行单体建筑模型创建赋予材质完成保存文件，待场景所有模型创建材质贴图完成后，将模型文件合并到主场景中相应位置，进行整体调整设置，添加灯光和摄像机，如图 4.4.11 所示。

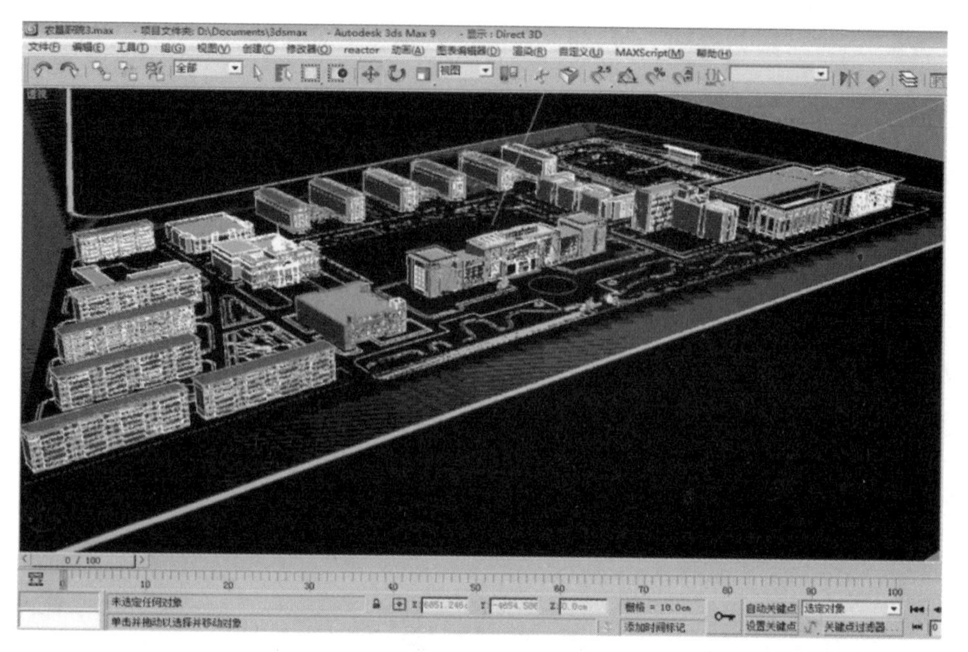

图 4.4.11

绘图技巧:

(1) 场景中的模型创建运用的二维图形的创建与编辑命令，修改器中挤出等命令完成。

(2) 场景中运用渲染插件 VRAY 渲染器。场景信息运用 VRAY 材质贴图。

注意:

(1) 在对场景模型进行创建时，场景中的信息尽量符合实际尺寸。

(2) 保证图形单位统一，场景中信息比较大，模型创建完成后进行塌陷，减小文件大小。

(3) 渲染鸟瞰图片保存为 * tga 或 * tif 格式。

任务三　渲染校园鸟瞰图运用 Photoshop 软件进行配景的添加和处理

任务目标

掌握校园鸟瞰图制作方法和技巧，配景的添加合成与整体色调调节。

任务解析

依照校园规划总平面图，进行植物配置、人物等配景的添加。

处理渲染图的色彩很重要，是一种比较难掌握的技能，不仅需要具备熟练的软件操作技能，还需要有一定的美术基础和艺术欣赏水平。打开本书所附可下载素材内容模块四项目四中的由软件渲染输出的“校园鸟瞰图 . TGA”文件，如图 4.4.12 所示。首先进行整体图像构图使用裁剪工具裁切图像，然后调整图像色彩，选择菜单中【图像】|【调整】|【曲线】命令或按〈Ctrl + M〉键，在“曲线”对话框中设置参数，如图 4.4.13 所示。调节图像中曝光过度的地方，在使用曲线功能后，还需要使用色阶功能对建筑的明暗分布进行调整。选择菜单中【图像】|【调整】|【色阶】

命令或按〈Ctrl + L〉键，如图4.4.14参数进行调节。调整后的效果，如图4.4.15所示。完成后进行草坪的制作和花卉、植物等配景添加。使用魔棒工具选择渲染图中所有的绿色地面部分选中，按〈Delete〉键将选区内的图像删除，删除后效果如图4.4.16所示。

图4.4.12

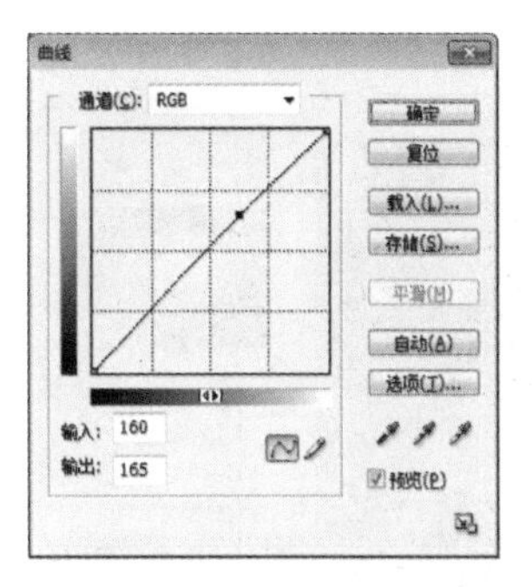

图4.4.13

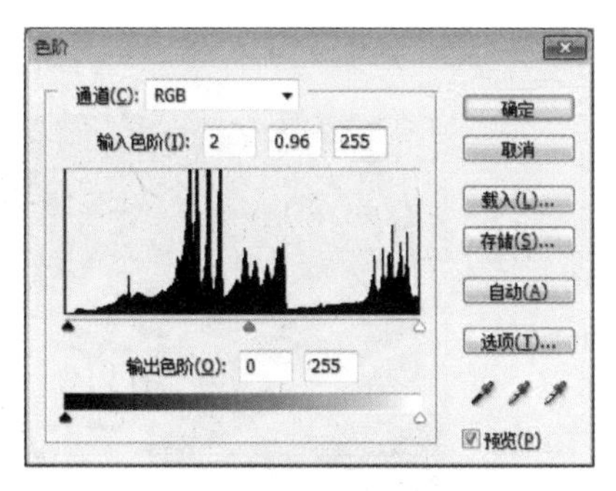

图4.4.14

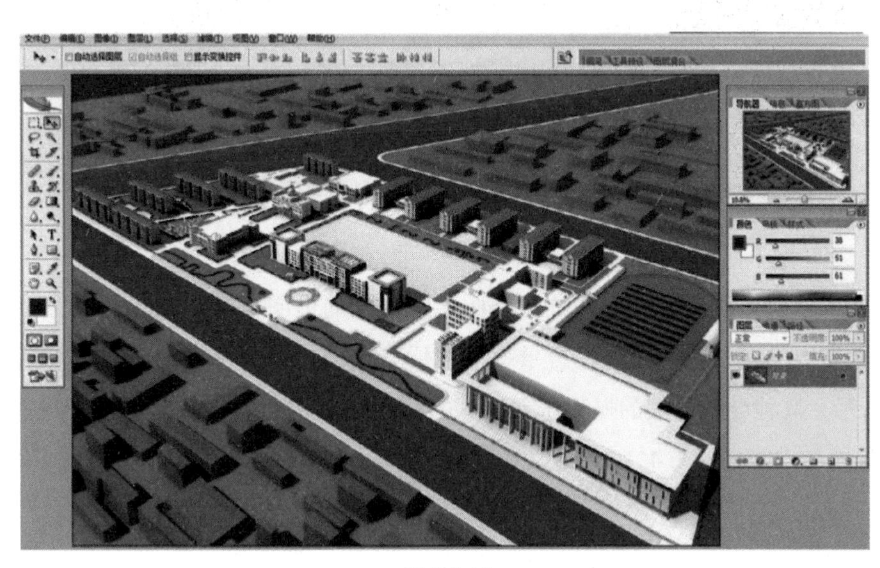

图4.4.15

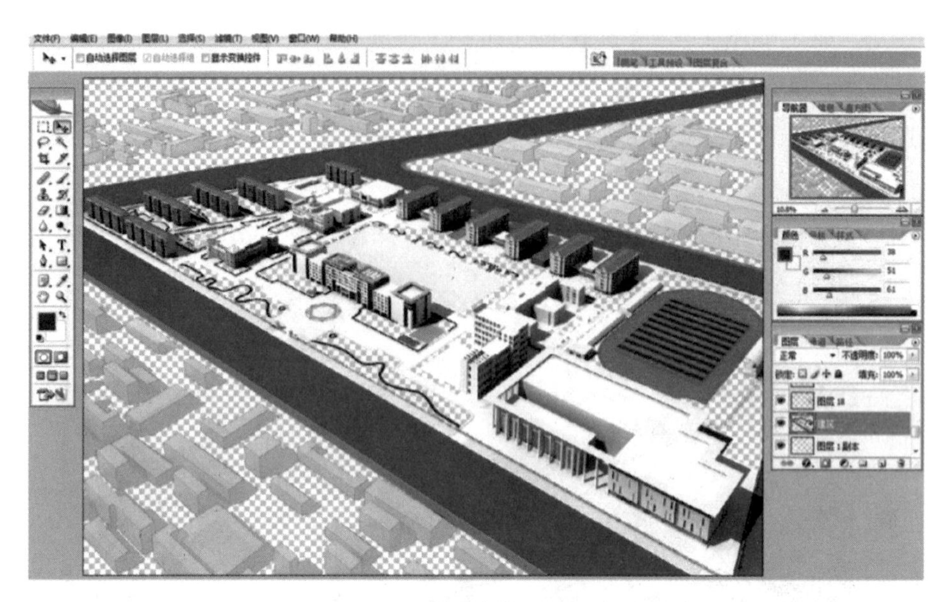

图 4. 4. 16

草坪的制作方法有很多，使用不同的方法可以制作出效果不同的草坪。首先打开本书所附可下载素材内容模块四项目四中的“草坪 . jpg”文件，按住鼠标左键不放，将草坪配景文件托入渲染图中。此时，草坪配景会形成一个新图层，将这个图层命名为“草坪”拖放到“建筑”图层的下方，为了突出校园主体绿地，将外围绿地调暗，如图 4. 4. 17 所示。

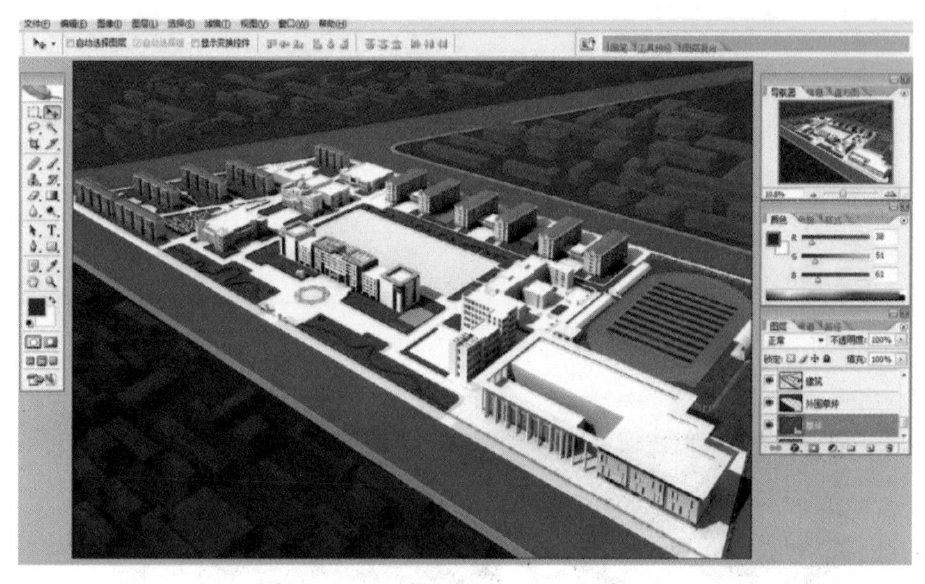

图 4. 4. 17

添加树木等配景素材大概可以分为两种：PSD 存储格式的透明背景素材，可以直接鼠标拖动到效果图中使用；单色背景的素材，要先选择背景颜色然后反选择，再鼠标拖动选择区域到效果图中，如图所示 4. 4. 18 所示，其他配景添加的操作步骤树木的相同（其他配学打开配套可下载素材模块四项目四），完成后的整体鸟瞰图如图 4. 4. 19 所示。

问题讨论

场景模型文件的创建、材质纹理的编辑和效果的写实性。

图 4.4.18

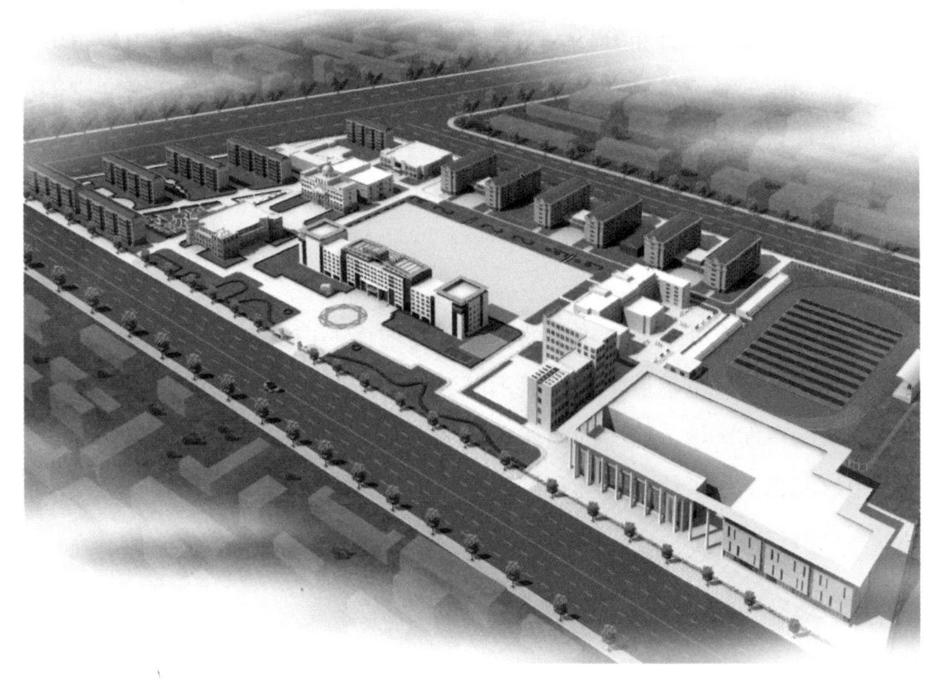

图 4.4.19

实训作业

依照本书所附光盘中的“黑龙江农垦职业学院校园规划平面图 .dwg，案例文件进行三维场景的模型创建和鸟瞰图的后期处理练习。

项目五

办公区效果图的制作

一、总体布局

项目整个规划从大局上把握，运用有机疏散的原理，合理安排各功能区，正确处理建筑与环境的关系，形成浑然一体的和谐办公场所。建筑在平面上呈 90°倒 T 型布局，图底关系明确，突出了主体建筑，传递了稳定、坚实的信息。建筑布局充分结合地形地貌，在节约用地的基础上追求整体品质。建筑之间形成的围合空间和开放空间分布有序，充分表现了空间的使用属性，运用建筑的摆布，既凸显了主楼与附属楼之间的功能关系，又将办公与生活广场巧妙的分开，贴合人在空间中的活动顺序，空间使用的归属感和舒适性得到淋漓尽致的体现。结合绿化景观精心设计私密空间和半私密空间，极大的丰富了空间的层次性，提供了良好的办公、生活、休闲平台。

二、功能分布

本项目功能分区清晰明确。处于地块正中的办公楼与前面的广场组成办公区，方便办公人员处理事务和对外服务，而且这个区域也是最大形象展示区，气势恢弘的广场和威武庄严的办公楼给人以强烈的视觉冲击。在地块的东面区域，前面的篮球场形成了生活区，提供了舒适的休息生活之所，篮球场和绿树，道路，小广场也提供了体育锻炼和健康娱乐的场所，所以阳光充足，空气清新，最大限度的提供了税务办公人员的生活优势。

三、景观规划

结合各功能区设计各自的景观，使每个功能区的景观都独具特色，争奇斗艳。精心打造入口广场，在广场上运用规则式、几何式的景观布局。在广场中心布置花坛和旗帜等重要景观元素，占据视线最集中点，突出广场主题。广场上的树丛绿篱修剪整齐，树木排布成行成列，体现严肃、庄重的氛围。利用广场不同的铺砌形式标志不同区域的性质以及活动的区别，暗示空间的划分。建筑周围则采用大片绿化，运用自然式布局，植物疏密有致，空间开合有序。广场和建筑周边用地上的绿化采用混合式布局，使布置即有人工之美，又有自然之美，与硬质铺地和俊朗的办公楼形成对比，又相互衬托。

任务一 在3dsMax中进行三维建模和场景设置

任务目标

办公楼的模型和场景创建，Photoshop效果图后期处理。

任务解析

依照办公区规划要求进行建模，特殊材质制作和编辑、室外光源设置，摄像机与构图等。

场景建模方法与前几个项目基本相同，详细步骤不再重复讲解。启动3dsMax软件打开本书所附可下载素材中的“办公楼的模型”.MAX文件，将办公区三维模型的材质重新指定，如图4.5.1所示，设置摄像机，调整最佳角度体现场景的表现效果，设置渲染图像尺寸宽度为4000，高度为3000。渲染输出效果，如图4.5.2所示。

图4.5.1

图4.5.2

任务二　Photoshop 效果图的后期处理

任务目标

运用 Photoshop 园林类图像素材进行效果图后期处理。

任务解析

依照办公楼透视角度，进行制作和编辑配景素材。

启动 Photoshop 软件打开办公楼效果图，首先将效果图背景删除，就剩下主体建筑，完成后效果，如图 4. 5. 3 所示。然后为效果图添加配景素材文件。

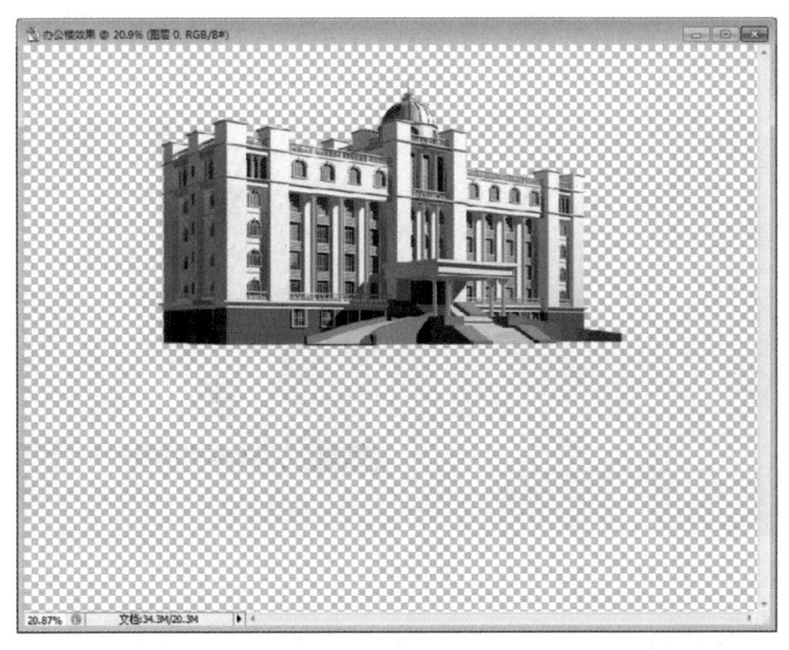

图 4. 5. 3

（1）为空白建筑后面添加天空背景和道路，注意符合当前建筑视角，调整图像构图进行裁切，效果如图 4. 5. 4 所示。

图 4. 5. 4

（2）在此基础上为效果图添加植物配景，打开附书光盘素材“植物.PSD”文件，拖拽到效果图中，调整大小符合当前效果图透视比例，完成效果如图4.5.5所示。

图4.5.5

（3）近景人物和前景树添加，整体构图调整图像完成，最后效果如图4.5.6所示

图4.5.6

注意：

（1）及时保存文件可以避免因意外情况或误操作而丢失工作成果，在Photoshop后期效果处理时尽量用少的图层做好的效果，能合并的层都合并到一个层里，便于管理同时也减少文件大小。

（2）Photoshop后期效果处理时，运用的图像素材一定符合当前效果图的透视角度，调整大小色彩与效果协调统一。

问题讨论

Photoshop后期效果处理时，图像素材编辑和后期效果处理的写实性。

实训作业

依照本书所附可下载内容中的“办公楼的模型.MAX”案例文件，进行鸟瞰图的后期处理。

参 考 文 献

[1] 吴银柱. 土建工程 CAD [M]. 北京: 高等教育出版社, 2008.

[2] 杨学成. 计算机辅助园林设计 [M]. 北京: 东南大学出版社, 2005.

[3] 刘自强. 计算机辅助设计 [M]. 武汉: 武汉理工大学出版社, 2006.

[4] 骆天庆. 计算机辅助园林设计 [M]. 北京: 中国建筑工业出版社, 2008.

[5] 伍乐生. 建筑装饰 CAD 实例教程及上机指导 [M]. 北京: 机械工业出版社, 2009.

[6] 陈敏. 聚焦 AutoCAD2008 之园林设计 [M]. 北京: 电子工业出版社, 2009.

[7] 郭慧. AutoCAD2008 建筑制图教程 [M]. 北京: 北京大学出版社, 2009.

[8] 赵云. 园林计算机辅助设计 [M]. 北京: 中国建筑工业出版社, 2008.

[9] 张俊玲. 园林设计 CAD 教程 [M]. 北京: 中国水利水电出版社, 2008.

[10] 潘雷. 景观设计 CAD 图块资料集 [M]. 北京: 中国电力出版社, 2005.

[11] 孙以栋. 园林景观设计施工 CAD 图块集 [M]. 北京: 中国建筑工业出版社, 2007.

[12] 武峰. CAD 室内设计施工图常用图块 [M]. 北京: 中国建筑工业出版社, 2009.

[13] 周士锋. 计算机辅助园林设计 [M]. 重庆: 重庆大学出版社, 2010.

[14] 朱军. Photoshop CS2 建筑表现技法 [M]. 北京: 中国电力出版社, 2006.

[15] 张莉莉, 苏允桥. Photoshop 环境艺术设计表现实例教程 [M]. 北京: 中国水利水电出版社, 2008.

[16] 张明真, 汪可. ADOBE PHOTOSHOP CS4 标准培训教材 [M]. 北京: 人民邮电出版社, 2009.